경이로운
우주

Originally published in the English langnage
by HarperCollins Publishers Ltd. under the title:
Wonders of the Universe
by Brian Cox, Andrew Cohen

경이로운 우주

낭만적이면서도 과학적인 시선으로 본 우리의 우주

WONDERS OF THE UNIVERSE

브라이언 콕스, 앤드루 코헨 지음 | 박병철 옮김

해나무

차례

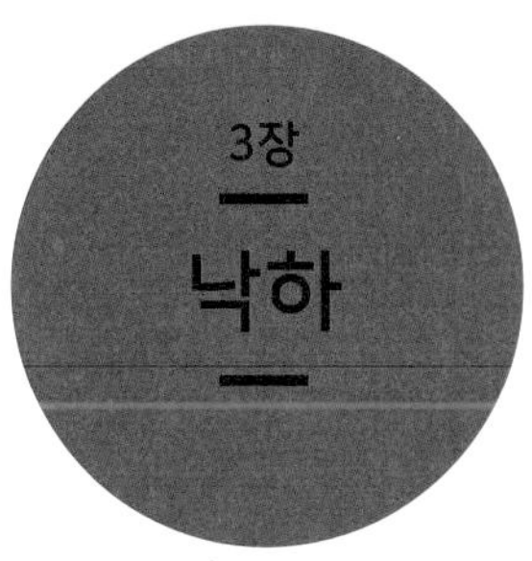
3장
낙하

4장
운명

G-STAR

들어가며

우주

나이: 137억 살, 크기: 450억 광년, 콘텐츠: 수천억 개의 별로 이루어진 은하 1000억 개. 현대 과학이 알아낸 우주의 실체는 실로 방대하고 아름답다. 그러나 역설적이게도 우주에 대한 지식이 쌓일수록 우주와 우리 사이의 경계는 모호해진다. 우주는 온갖 외계인이 득시글거리는 무한 공간일 수도 있지만, 필요 없이 존재하는 것은 없다. 우리가 지금처럼 존재하려면 모든 것이 필요하다. 별이 없으면 우리 몸을 구성하는 원소들은 애초부터 존재하지 않았을 것이고, 별이 있다 해도 우주가 지금처럼 충분히 '나이 들지' 않았다면 원소의 양이 부족하여 행성과 생명체는 아직 태어나지도 않았을 것이다. 또한 우주가 충분히 크지 않았다면 지금처럼 긴 수명을 누리지 못했을 것이며, 우주에 필요 없는 쓰레기가 넘쳐났다면 경이에 찬 눈으로 우주를 바라보는 관측자는 처음부터 존재하지 않았을 것이다.

그러므로 우주에 관한 이야기는 우리 자신의 이야기이기도 하다. 인간의 기원을 추적하다 보면 생명체의 기원과 행성의 기원을 넘어 빅뱅 후 수십억분의 1초 안에 일어났던 (우연인지 필연인지 확실치 않은) 사건까지 거슬러간다.

고대의 경이

1968년 12월 24일, NASA의 우주선 아폴로 8호가 달의 뒷면으로 사라지던 순간, 프랭크 보먼(Frank Boreman)과 짐 러벌(Jim Lovell), 그리고 윌리엄 앤더스(William Anders)는 인류 역사상 최초로 "지구가 보이지 않는 영역"으로 진입한 사람이 되었다. 그곳에서 우주선이 달을 반 바퀴 선회한 후 다시 빛의 세계로 나왔을 때, 그들의 눈앞에는 말로 형언할 수 없을 만큼 아름다운 풍경이 펼쳐졌다. 칠흑같이 검은 공간을 배경으로 초승달처럼 생긴 지구가 떠오르고 있었던 것이다! "이런 장관을 도저히 우리만 볼 수 없다"고 느낀 세 사람은 지구로 생중계하기로 결정하고 관제 센터와 교신을 시도했다. 지구로부터 거의 40만 km 떨어진 곳에서, 달 탐사선 조종사 윌리엄 앤더스는 차분한 어조로 자신의 소감을 피력했다.

"여기는 아폴로 8호, 지금 달에서 일출을 바라보며 지구에 있는 모든 사람에게 메시지를 전합니다.

태초에 신은 하늘과 지구를 창조했습니다.

그 지구는 형태를 갖추지 못한 채 텅 비어 있었고, 주변에는 어둠만이 존재했습니다.

그러던 어느 날, 신이 명령을 내렸습니다. '빛이 있으라.'

그리고 그 빛에 흡족한 신은 빛과 어둠을 분리했습니다."

어둠을 뚫고 나타난 빛, 이것은 모든 문명권의 창조 설화에 빠지지 않고 등장한다. 태초에 우주는 공허(空虛, void)에서 시작되었다. 마오리족(Maori, 뉴질랜드 원주민 — 옮긴이)은 이것을 '테 코레(Te Kore)'라 했고, 그리스인들은 '혼돈(chaos)'이라 불렀다. 고대 이집트인들은 창조 이전에 땅과 신들이 끝없이 깊은 바닷속에 잠겨 있었다고 믿었다. 또 다른 문화권에서는 신이 시간을 초월한 존재여서, 무(無)로부터 이 세상을 창조했고 세상이 사라진 후에도 영원히 존재한다. 힌두(Hindu) 문화권의 설화에 따르면 하늘과 땅이 생기기 전에 비슈누(Vishnu, 힌두교 3대 신의 하나로, 우주를 유지하고 보존하는 역할을 담당한다 — 옮긴이)가 원시 바다에서 거대한 뱀을 몸에 감은 채 잠들어 있다가, 어느 날 한 줄기 빛이 바다에 스며들자 홀연히 잠에서 깨어 이 세상을 창조했다고 한다.

우주의 탄생 과정을 후련하게 설명해주는 과학 이론은 아직 없다. 그

우주론이란 인간이 자기 머리를 숨길 수 있는
가장 작은 구멍에 관한 이야기다.
– G. K. 체스터턴(G. K. Chesterton)

러나 우리는 지금으로부터 약 137억 5000만 년 전에 '우주의 탄생'이라 부를 만한 흥미로운 사건이 일어났음을 보여주는 강력한 증거를 갖고 있다. 과학자들은 이 사건을 빅뱅(Big Bang, 대폭발)이라 부른다(용어를 선택할 때는 매우 신중해야 한다. 이 책의 주제는 과학이고, 좋은 과학 이론이 되려면 아는 것과 모르는 것을 분명하게 구별해야 하기 때문이다). 빅뱅은 지금 우리 눈에 보이는 만물의 근원으로 간주되고 있다. 빅뱅이 일어나기 전, 천억 개의 은하와 수천억×천억 개의 별들을 만드는 데 필요한 모든 재료는 원자 하나보다 작은 영역에 똘똘 뭉쳐 있었다. 이 조그만 '우주 씨앗'은 상상을 초월하는 초고밀도·초고온 상태를 유지하다가 어느 순간 거대한 폭발을 일으켰고, 그 후 137억 5000만 년 동안 팽창을 하면서 온도와 밀도가 꾸준히 낮아졌다. 또한 이 과정에서 물리 법칙이 적절하게 작동하여 복잡하고도 아름다운 우주가 형성되었으며, 우리의 고향 행성인 지구와 그 위에서 살아갈 온갖 생명체, 그리고 장차 우주의 기원을 탐구하게 될 인간이 탄생했다. 특히 인간의 '의식'은 무한한 우주 못지않게 정교하고 복잡하여, 그 기원을 밝히는 것은 우주론보다 어려울 수도 있다.

초창기(빅뱅 후 플랑크 시간[100만×100만×100만×100만×100만×100만×100만분의 1초]만큼 지났을 무렵)의 우주는 과연 어떤 모습이었을까? 아직은 아무도 모른다. 이 시점의 시공간을 서술하는 이론이 존재하지 않기 때문이다. 빅뱅의 순간부터 플랑크 시간 사이의 우주를 올바르게 서술하려면 현대 이론물리학의 성배(聖杯)로 일컬어지는 '양자 중력 이론(quantum gravity theory, 양자역학과 일반 상대성 이론을 하나로 결합시킨 이론)'이 있어야 하는데, 전 세계 이론물리학자들이 지난 반세기 동안 혼신의 노력을 기울여왔음에도 불구하고 아직 완성되지 않은 상태이다(알베르트 아인슈타인도 생의 마지막 수십 년 동안 이 이론을 찾아 헤맸으나, 별다른 성과를 거두지 못한 채 세상을 떠났다). 물리학자들은 플랑크 시간이 시작되었던 '시간 = 0'의 시점부터 시간과 공간이 존재하기 시작했다는 데 대체로 동의하고 있다. 이는 곧 빅뱅이 시간의 기원이자 우주의 기원이라는 뜻이기도 하다.

우주의 기원을 다른 방식으로 설명하는 이론도 있다. 예를 들어 초끈 이론(superstring theory)의 한 지류인 브레인 우주 가설에 따르면, 우주는 무한한 시공간에서 표류하던 두 개의 브레인(brane, 영어로 막[膜]을 뜻하는 membrane에서 따온 용어. 브레인 우주는 3차원 막이다 — 옮긴이)이 서로 충돌하면서 생성되었다고 한다. 즉, 두 브레인의 충돌이 바로 빅뱅이며, 이런 사건은 원래부터 존재해왔던 고차원 우주 속에서 수시로 일어나고 있다.

"우주는 왜 존재하게 되었는가?" 아마도 이것은 인간이 떠올릴 수 있는 가장 심오하고 근본적인 질문일 것이다. 우리는 이 질문의 답을 영원히 못 찾을 수도 있고, 운이 좋다면 이번 세대가 끝나기 전에 찾아낼 수도 있다. 그러나 중요한 것은 답이 아니라, 그것을 탐구하는 과정이다. 과학이라는 것 자체가 우주의 기원을 탐구하는 과정에서 탄생했기 때문이다. 사실, 과학의 역사는 인류 문명의 역사와 궤를 같이한다. 우주의 시작과 끝을 설명하는 이야기가 모든 문명마다 존재하는 것을 보면, 우주를 이해하려는 욕구는 인간의 본성인 듯하다. 최근 들어 과학자들은 고대인의 탐구 방식이 우주를 이해하는 데 실질적으로 도움이 된다는 놀라운 사실을 깨달았다. 현대식 연구 방법에 고대의 방법을 결합하면 자연에 대한 이해가 더욱 심오해질 뿐만 아니라, 우리의 삶도 한층 더 풍요로워진다. 의학과 공학, 대륙을 연결하는 각종 교통 수단 등 우리가 당연하게 여기는 현대 과학의 모든 기술은 단순한 호기심에서 비롯되었다.

경이의 가치

내 주변에는 우주 이야기가 나올 때마다 "나와 무관한 딴 세상 이야기"라고 생각하는 사람이 꽤 많이 있다. 그러나 우주에 대하여 많이 알면 알수록 우주와 내가 불가분의 관계임을 절감하게 된다. 이 책의 목적은 우주에 대한 연구가 우리의 일상생활과 밀접하게 연관되어 있음을 보여주는 것이다. 나는 인간의 정신적·물리적 탐험이 인류 문명의 기초를 이루었다고 굳게 믿는 사람이다. 달에 가는 로켓과 고성능 천체 망원경이 과학적 사치품으로 보인다면, 다시 한 번 생각해보기 바란다. 우리는 우주의 일부이므로 우주의 운명이 곧 우리의 운명이다. 우리는 우주 안에 살고 있으며, 우리의 내면에 우주가 존재한다. 이런 우주를 이해하는 것보다 더 중요하고 유용한 일이 또 어디 있겠는가?

우리는 이번 시리즈를 기획하면서 "우주의 경이로움을 나열하는 것 이상의 그 무엇"을 보여주는 다큐멘터리 프로그램을 제작하고자 했다. 물론 충돌하는 은하, 블랙홀, 빅뱅 등은 다분히 흥미로운 주제여서, 단순히 나열하기만 해도 독자들의 관심을 끄는 데 별문제가 없다. 그러나 고대의 천문학을 이런 식으로 다루면 문제의 핵심에서 벗어나게 된다. 망원경을 통해 드러난 우주는 환경이 너무나 극단적이기 때문에 지구에 있는 실험실에서 재현할 수 없다. 그래서 우리는 우주의 경이로움보다 과학적 테마에 중점을 둔 프로그램을 제작하기로 결정했다.

이타카(Ithaca)로 가는 길을 나설 때 기도하라,
그 길이 모험과 배움으로 가득한 긴 여정이 되기를.
– 콘스탄틴 P. 카바피(Constantine P. Cavafy)

빛은 멀리 떨어진 우주와 지구를 연결해주는 유일한 수단이다(지구와 너무 멀리 떨어진 곳에서 방출된 빛은 아직 지구에 도달하지 않았다). 빛에는 발광체와 관련된 구체적인 정보가 담겨 있다. 별이 아무리 멀리 떨어져 있어도, 거기서 방출된 빛을 분석하면 별의 구성 성분을 알아낼 수 있다. 모든 화학 원소는 고유한 파장의 빛을 방출하기 때문이다.

우주를 이루는 기본 단위는 무엇인가? 우리 몸을 구성하고 있는 원소들은 빅뱅 이후 어떤 과정을 거쳐 형성되었는가? 수소, 탄소, 산소, 질소처럼 정교한 화학 원소들은 상상을 초월할 정도로 뜨거운 불덩어리 속에서 어떻게 만들어졌는가?

우주의 외형을 만든 조각가는 '중력(gravity)'이었다. 중력은 자연에 존재하는 네 가지 기본 힘 가운데 가장 약한 힘이지만(중력이 약한 이유는 아직 명확하게 규명되지 않았다) 무한히 먼 곳까지 작용하기 때문에 우주의 모든 만물에 영향을 미치고 있다. 1915년에 발표된 아인슈타인의 일반 상대성 이론(General Theory of Relativity)은 중력을 서술하는 가장 정확한 이론이자 힘의 작동 원리를 현대적 방식으로 설명한 최초의 이론이기도 하다. 그 외에 전자기력을 서술하는 양자전기역학(Quantum Electrodynamics, QED)은 1950년대에 완성되었고, 강한 핵력(강력, Strong Nuclear Force)을 서술하는 양자색역학(Quantum Chromodynamics, QCD)은 1960~1970년대에 완성되었다. 여기에 약한 핵력(약력, Weak Nuclear

우주 프로그램은 사치스러운 돈 잔치가 아니라, 반드시 실행되어야 할 필수 과업이다. 우주왕복선 아틀란티스(Atlantis, 위 사진)와 인데버(Endervour, 10쪽 사진) 등이 수집해온 관측 자료 덕분에 우리는 우주의 기원과 작동 원리를 비로소 이해하기 시작했고, 지구의 미래 계획을 수립할 수 있게 되었다.

Force)을 서술하는 이론을 추가하여 1970년대에 탄생한 것이 바로 현대 입자물리학의 금자탑인 표준 모형(Standard Model)이다. 표준 모형은 약한 핵력과 양자전기역학을 성공적으로 통일하여 입자물리학의 정설로 자리 잡았으나 '힉스 보손(Higgs Boson)'이라는 입자가 발견되지 않아서 아직은 가설 단계에 머물러 있다(힉스 입자는 2012년에 CERN에서 발견되었다 — 옮긴이). 표준 모형이 옳다면 힉스 입자는 머지않아 스위스 제네바에 있는 유럽입자물리연구소(CERN)의 대형강입자가속기(Large Hadron Collider, LHC)를 통해 발견될 것이다. 표준 모형으로 약한 핵력과 전자기력의 관계를 설명하려면 힉스 입자를 반드시 찾아야 한다.

아인슈타인의 중력 이론(일반 상대성 이론)은 지난 100년 동안 중력을 서술하는 가장 정확하면서도 아름다운 이론으로 군림해왔지만, 블랙홀(black hole) 같은 극단적인 천체에 적용하면 상습적으로 오작동을 일으킨다. '검은 구멍'이라는 뜻의 블랙홀은 무거운 별이 수명을 다하고 남은 잔해로서, 은하수(Milky Way, 우리은하)를 비롯한 모든 은하의 중심부에 존재하는 것으로 추정된다.

블랙홀은 빛을 방출하지 않기 때문에 망원경으로 직접 볼 수는 없고, 그 근처에 있는 다른 천체의 움직임이나 사건 지평선(event horizon, 블랙홀의 안과 밖을 구별하는 경계선 — 옮긴이) 근처의 기체와 먼지에서 방출되는 강한 복사를 통해 그 존재를 간접적으로 확인할 수 있을 뿐이다. 블랙홀이 형성되려면 물질의 밀도가 상상을 초월할 정도로 높아야 하는데, 이런 천체가 형성되는 경우는 우주에서 가장 격렬한 사건인 '초신성 폭발(supernova explosion)'뿐이다. 블랙홀은 초대형 별이 수명을 다하여 초신성 폭발을 일으킨 후 형성된 천체로서, 엄청난 중력으로 주변에 있는 별이나 우주 먼지를 가차없이 빨아들인다.

이 책의 마지막 장인 '운명' 편에서는 가차없이 돌아가는 '우주의 시계'

를 따라 별의 과거와 미래를 살펴볼 예정이다. 이 부분을 읽다 보면 독자들은 공학이 인류의 근대사에 얼마나 많은 공헌을 했는지 알게 될 것이다. 물리학자들은 열역학(thermodynamics)을 이용하여 우주의 최후를 예측하고 있는데, 원래 이 분야는 미래 예측용이 아니라 19세기에 열기관의 효율을 계산하는 과정에서 탄생했다. 마지막 장에 가보면 알겠지만, 열역학을 이용하면 지금으로부터 10,000,000,000,000,000,000,000,000,000,000,000,000,000,000,000,000,000,000,000,000,000,000,000,000,000,000,000,000,000,000,000,000,000,000,000,000년 후(10^{100}년 후)에 일어날 사건을 예측할 수 있다. 증기 기관 시대에 탄생한 과학치고는 꽤 쓸 만하다.

시공간의 구조를 가장 정확하게 서술하는 이론은 아인슈타인의 중력이론(일반 상대성 이론)이다. 이 이론에 따르면 우주는 블랙홀 안에서 소멸될 운명이다. 초대형 별이 수명을 다한 후 안으로 붕괴되는 과정은 물리학의 모든 지식을 총동원해도 이해하기가 쉽지 않다. 바로 이곳에 우주의 신비가 숨어 있다. 또한 이곳은 모든 과학자가 가보고 싶어 하는 곳이기도 하다. '과학'이라는 단어에는 많은 의미가 내포되어 있다. 개중에는 과학을 '우주에 대한 지식의 총체'나 '인류가 보유한 가장 큰 도서관'으로 정의하는 사람도 있겠지만, 대부분의 과학 연구는 '이미 알고 있는 것'과 '아직 알려지지 않은 것' 사이의 경계 근처에서 진행된다. 우리는 거인의 어깨 위에 올라서서 두려움이 아닌 경외감에 가득 찬 눈으로 칠흑 같은 우주를 응시하고 있다. 기존의 이론으로 설명되지 않는 현상을 발견하여 새로운 이론을 도입하고, 이 이론이 기존의 이론을 대치하는 것, 이것이야말로 모든 과학자가 꿈꾸는 최상의 시나리오다. 지식의 도서관에 비치된 책들은 지금도 끊임없이 업데이트되고 있다. 이 세상에 완전한 책은 없으며, 신성불가침의 진리 같은 것도 존재하지 않는다. 그저 우리는 눈에 보이는 자연 현상을 현존하는 이론으로 설명하기 위해 최선을 다할 뿐이다.

과학의 목적은 '절대적 진리'가 아니다. 과학자는 완벽한 진리를 찾는 사람이 아니라, 최선의 이해와 설명 방법을 찾는 사람들이다. 바로 여기에 과학의 가치와 위력이 숨어 있다. 물론 과학은 현대 사회를 건설한 일등공신이다. 여기에는 의심의 여지가 없다. 과학 덕분에 인간의 평균 수명은 두 배 가까이 늘어났고 유아 사망률이 크게 줄어들었으며, 수많은 질병과 위험 요소가 제거되었다. 과학이 있었기에 인류는 생존을 위한 육체노동에서 해방되어 미지의 세계를 탐험하는 여유를 누릴 수 있었다. 과학의 발전은 우리에게 시간과 부(富)를 안겨주고, 우리는 그것을 새로운 탐험과 발견에 투자하여 더 많은 시간과 부를 획득한다. 즉, 과학과 인간은 상생 관계를 유지하고 있다. 그러나 이런 유용함에도 불구하고, 과학을 이끄는 원동력은 실용주의적 사고가 아니라 인간의 순수한 호기심이었다. 미지의 우주를 탐험하는 것은 새로운 치료법이나 새로운 에너지원을 개발하는 것 못지않게 중요하다. 궁극적으로 과학의 발전은 원자에서 블랙홀에 이르는 만물의 기본 법칙을 이해함으로써 이루어지기 때문이다. 호기심에서 시작된 과학이야말로 가장 가치 있는 추구 대상이며, 바로 이런 이유 때문에 우리는 우주를 향한 탐험을 멈출 수 없는 것이다.

천체물리학자들과 우주론 학자들은 최첨단 관측 장비와 방대한 지식, 그리고 현대 과학의 빠른 진보에 힘입어 100년 전까지만 해도 신비의 영역에 숨어 있던 우주의 경이로운 면모를 하나둘씩 밝혀나가고 있다. 사진은 지난 1994년에 카시오페이아(Cassiopeia)자리 근처에서 발견된 은하 드윙글루 1(Dwingeloo 1)의 모습이다. 우주에는 아직 망원경에 잡히지 않은 은하들이 곳곳에 널려 있다.

1장

메신저

빛 이야기

유사 이래로 인류는 끊임없이 밤하늘을 바라보며
하늘의 섭리와 그 의미를 생각해왔다.
요즘 우리는 '천문학(astronomy)'이라는 말을 들으면
천체망원경이나 우주로켓을 떠올리지만, 태초의
천문학은 "저 바깥에는 무엇이 존재하는가?"라는
단순한 질문에서 시작되었다. 우리의 선조들과
지구 밖 세상을 이어주는 유일한 연결 고리는
다름 아닌 '빛'이었으며, 수천 년이 지난 지금도
사정은 크게 달라지지 않았다. 그동안 로켓과
우주 항해술이 발달하여 가까운 천체를 직접
방문할 수 있게 되었지만, 태양계 바깥의 우주를
연구할 때는 여전히 빛에 의존하는 수밖에 없다.
빛을 추적하면 굳이 우주선을 타지 않아도
태양 주위를 공전하는 다른 행성의 특성을
알아낼 수 있다. 멀리 떨어진 천체에서
지구로 도달한 빛은 먼 과거에 방출된 것이므로,
하늘을 관측하는 행위는 곧 과거를 바라보는 행위와
동일하다. 지난 20세기에 과학자들은 빛에 담겨 있는
정보로부터 광원의 물리적 특성을 알아내는 방법을
개발했으며, 이 기술을 이용하면 우주의 기원까지
추적할 수 있다.

나일강 중류 소도시 룩소르(Luxor)의 서쪽 교외에는 이집트 신왕국 시대의 왕릉이 밀집된 왕가의 계곡(Valley of the Kings)이 있고, 그 맞은편에는 우주의 신 아문-레(Amun-Re)를 모셔놓은 카르나크 신전(Karnak temple)이 우뚝 서 있다. 룩소르의 고대 명칭은 '테베(Thebes)'로, 막강한 부와 권력을 누렸던 고대 이집트의 수도였다. 지금으로부터 약 3500년 전에 세워진 카르나크 신전은 온갖 상형문자와 조각으로 도배되어 역사적 가치가 높을 뿐만 아니라, 고대 이집트 전성기의 건축술을 한눈에 보여주는 걸작으로 꼽힌다. 이곳을 방문한 관광객들은 제일 먼저 방대한 스케일에 압도되고, 한 차례 정신을 가다듬은 후에는 정교한 아름다움과 막강한 권력에 또 한 번 압도된다. 카르나크 신전은 유럽의 웬만한 성당 10개가 들어가고도 남을 만큼 크며, 엄청난 기둥으로 에워싸인 공간에는 노트르담 성당이 통째로 들어갈 수 있다. 한때 이곳에는 거대한 지붕이 얹혀 있었지만, 지금은 지붕이 모두 사라지고 기둥만 남아 있다.

종교 건축물들은 지난 수천 년 동안 우리 선조들의 삶 속에서 다양한 기능을 수행해왔다. 이런 건축물은 지도층의 권력을 집결시키는 역할도 했으니, 정치적 색채가 전혀 없었던 것은 아니다. 그러나 인류 문명의 위대한 유산을 '인간적인' 관점에서만 바라보면 중요한 부분을 놓치기 쉽다. 실제로 카르나크 신전에는 눈에 보이는 것 이상의 의미가 담겨 있다. 단순히 구경거리를 찾아온 관광객이라도 그 웅장한 건축물 앞에 서면 인간사를 초월한 듯한 느낌에 빠져들곤 한다. 고대인들은 과연 종교적인 이유만으로 카르나크 신전을 지었을까? 그들이 우주에 별 관심이 없었다면, 이토록 거대한 사원을 굳이 지을 필요가 없었을 것이다. 카르나크 신전은 그 자체로 하나의 역사이자 "지구 바깥에는 무엇이 있는가?"라는 오래된 의문에 나름대로 해답을 제시하고 있다. 카르나크

이집트 우주의 신 '아문-레'를 모셔놓은 카르나크 신전의 거대한 기둥들.

신전은 정교하게 설계된 천문대였으며, 우주에 관한 호기심과 탐험에 대한 열망을 상징하는 초대형 도서관이었다.

이집트의 종교 신화는 복잡다단하기로 유명하다. 신의 수는 1500이 넘고 신전과 무덤, 관련 문헌은 헤아릴 수 없을 정도로 많다. 나일강 문명에서 발생한 종교 체계는 다른 문명권의 어떤 종교보다 복잡하다. 이집트 문명의 또 다른 특징은 뚜렷한 건국 신화가 존재하지 않는다는 점인데, 아마도 이것은 이집트 왕조가 3000년이라는 기나긴 세월 동안 흥망성쇠를 끊임없이 반복했기 때문일 것이다. 그러나 나일강은 이집트 문명에 널리 퍼져 있는 풍부한 생명과 다양한 신화의 원천이었다. 나일강이 매년 정기적으로 범람하면서 강을 따라 생성된 비옥한 토지는 룩소르에서 카이로로 향하는 비행기에서 육안으로 보일 만큼 방대한 규모를 자랑한다. 1970년에 아스완 댐(Aswan Dam)이 들어서고 현대식 농경법이 도입된 후 이 지역은 풀이 무성한 녹초지로 바뀌었으나, 지금도 여름에 이집트 남쪽 산악 지대에 비가 내리면 나일강이 부분적으로 범람하여 저지대가 물에 잠기고, 9월이 되면 물이 빠지면서 비옥한 토양이 모습을 드러낸다.

생명의 원천인 나일강이 이집트인의 종교에 깊은 영향을 미친 것은 어느 모로 보나 당연한 결과였다. 고대 이집트인들은 하늘을 "신들이 배를 타고 항해하는 바다"라고 생각했다. 이집트의 창조 설화에 따르면 땅에 솟아오른 원시 언덕에서 물이 뿜어져 나와 무한히 큰 바다가 생성되었다고 한다. 이 언덕에서 연꽃이 피었고, 연꽃으로부터 태양이 탄생했다. 그래서 이 세상에 존재하는 모든 원소는 신과 관련되어 있다. 바다를 낳았던 원시 언덕은 타테넨(Tatenen, '솟아오른 땅'이라는 뜻. 타테넨 신은 나일강의 범람으로 형성된 비옥한 토양을 상징하기도 한다)이라는 신이었고, 연꽃은 향기의 신 네페르템(Nefertem)을 상징한다. 특히 연꽃에서 탄생한 태양신은 3000여 년에 이르는 이집트 역사에 다양한 모습으로 현현(顯現)하면서 종교의 구심점 역할을 해왔다. 우주에 빛을 드리우고 창조를 주관한 장본인도 태양신이었다.

카르나크 신전에서 태양신의 지위는 아문-레와 동격으로, 테베의 신 아문(Amun)과 고대의 태양신 레(Re)의 합일체로 묘사되기도 한다. 이집트인은 이런 식으로 하나의 신을 다른 신에 합치시켜왔기 때문에 매우 복잡한 종교 신화를 갖게 되었다. 아문은 태양의 또 다른 속성이며, 밤에 지하 세계에서 진행되는 은밀한 여행과 관련되어 있다. 이집트의 오래된 문헌 《사자의 서(死者의 書, 죽은 자를 위한 글)》에 따르면 아문은 "동쪽 하늘에서 가장 높은 신"으로, 일출과 함께 그 모습을 드러낸다. 아문-레와 마찬가지로 아문은 신들의 왕이며, 그리스 로마 신화에서는 제우스-아몬(Zeus Ammon)이라는 이름으로 등장한다. 이집트인들은 아문-레를 최고의 신으로 섬겼기 때문에, 신왕조 시대(기원전 1539~332)의 종교는 거의 단일신교(하나의 신을 섬기는 종교 — 옮긴이)에 가까웠다. 아문-레는 모든 사물에 존재하는 만유(萬有)의 신으로, 시공을 초월하여 우주의 모든 것을 볼 수 있는 전지전능한 존재이다. 그래서 일부 학자들은 아문-레를 유대-크리스트교와 이슬람 신의 모태로 간주하고 있다.

카르나크 신전의 벽은 아문-레를 상징하는 그림과 문양으로 가득 차 있다. 대부분의 그림에서 아문-레는 두 개의 깃털로 만든 왕관을 쓰고 있는데, 깃털의 의미는 아직 밝혀지지 않았다. 아문-레 옆에는 대개 파라오가 새겨져 있지만, 가끔씩 양 같은 동물의 형상으로 표현되기도 한다.

그러나 카르나크 신전에서 아문-레에게 헌정된 가장 큰 상징은 신전 자체가 향하고 있는 방향이다. 매년 12월 21일, 즉 동지(冬至, 북반구에서 1년 중 낮이 가장 짧은 날)가 되면 태양이 대열주실(大列柱室, the Great Hypostyle Hall, 카르나크 신전의 심장부. 이곳에는 높이가 10~23m에 이르는 기둥 134개가 도열해 있고, 기둥마다 상형문자와 그림이 새겨져 있다 — 옮긴이)에 있는 두 개의 거대한 기둥 사이로 떠오르고, 이곳을 통과한 햇빛은 아문-레를 모셔놓은 조그만 건물 내부를 정확하게 비춘다. 동짓날 아침에 카르나크 신전을 방문한 관광객들은 웅장한 건물과 태양이 합동으로 연출하는 장관에 완전히 넋을 잃곤 한다. 지금으로부터 3000여 년 전에 아메노피스 3세(Amenophis III, BC 1411~1375)와 투탕카멘(Tutankamen, BC 1370?~1352?), 그리고 람세스 2세(Rameses II, BC

가장 위대한 신 아문-레의 위용은 카르나크 신전 곳곳에서 찾아볼 수 있다. 신전의 벽에 깃털 두 개로 만든 왕관을 쓴 아문-레가 파라오 옆에 서 있는 모습이 새겨져 있고, 또 다른 벽에는 양의 형태로 묘사되어 있다.

카르나크 신전이 현재 위치에 지금과 같은 방향으로 건설된 데는 그럴 만한 이유가 있다. 이집트 역사학자들의 주장에 따르면 이 신전은 달력의 기능이 있다. 동짓날이 되면 태양이 대열주실의 두 기둥 사이로 떠오른다.

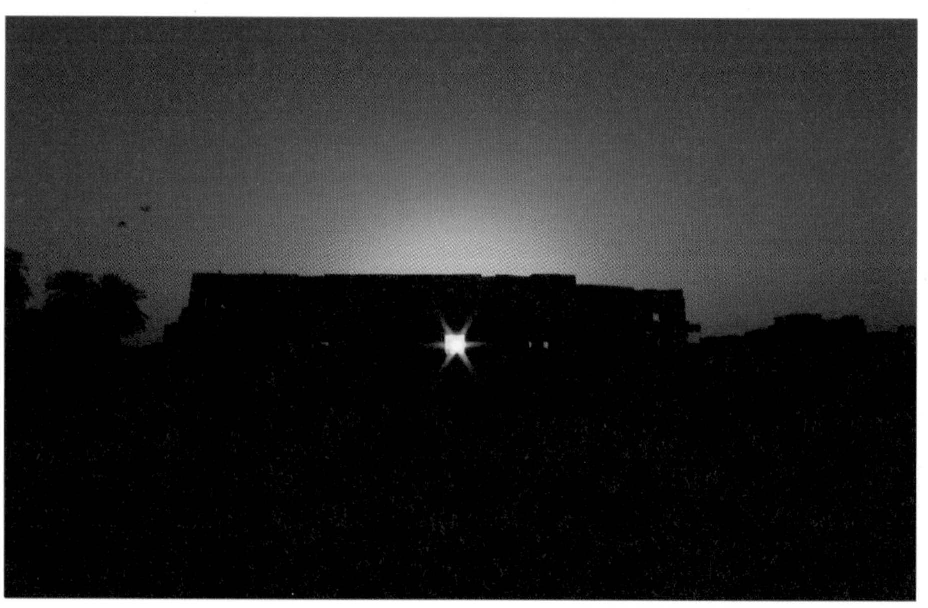

1304~1237)도 바로 이곳에서 태양을 바라보았을 것이다.

지구의 자전축은 공전면에 대하여 23.5°쯤 기울어져 있기 때문에, 지평선에서 태양이 떠오르는 위치가 매일 조금씩 이동한다. 겨울이 되면 지구의 북극이 태양 반대쪽으로 기울어지면서 태양의 고도가 낮아진다(남반구에서는 그 반대다. 이집트는 북반구에 자리 잡고 있다 — 옮긴이). 그러나 지구는 태양을 중심으로 공전하기 때문에 시간이 흐르면 지구의 북극이 서서히 태양과 가까워지면서 태양의 고도가 높아지고, 하지가 되면 태양의 고도는 최고조에 이른다. 지구의 북극점이 1년을 주기로 오락가락하면서 동쪽 지평선의 일출 지점이 매일 조금씩 달라지는 것이다. 동짓날 새벽, 동쪽 지평선에서 태양은 1년 중 가장 남쪽으로 치우친 곳에서 떠오르고, 그 후 날이 갈수록 일출 지점이 북쪽으로 이동하다가 하지가 되면 태양은 가장 북쪽에서 떠오른다. 물론 고대 이집트인들은 이런 속사정을 몰랐겠지만, 관측을 통해 "동지나 하지가 되면 일출 지점이 며칠 동안 이동을 멈췄다가 다시 반대쪽으로 이동한다"는 사실만은 잘 알고 있었다. 또한 그들은 태양을 신처럼 떠받들었으므로, 일출 지점의 이동 방향이 바뀌는 날은 그들에게 매우 중요한 날이었을 것이다.

동짓날 카르나크 신전에 서서 떠오르는 태양을 바라보면 앞서 말한 장관을 구경할 수 있다. 그런데 과연 고대 이집트인들은 처음부터 이런 현상이 나타나도록 의도적으로 신전을 설계한 것일까? 아니면 단순한 우연의 일치일까? 이 점에 대해서는 아직도 의견이 분분하다. 사실 카르나크 신전처럼 규모가 큰 건축물은 거의 모든 방향을 향하고 있기 때문에, 어느 누가 특정 방향을 향하고 있다고 아무렇게나 주장해도 반론을 제기하기 어렵다. 그러나 이집트 역사학자 대부분은 카르나크 신전의 '동지 일출'이 의도적 설계의 결과라고 굳게 믿고 있다. 두 기둥에 새겨진 아문-레의 형상이 동짓날 떠오르는 태양을 바라보고 있기 때문이다. 이 형상은 매우 정교하게 새겨져 있으며, 다른 상형문자들도 기둥의 위치와 방향이 어떤 목적 아래 선택되었음을 강하게 시사한다. 예를 들어 왼쪽 기둥에는 파라오가 아문-레를 끌어안는 형상과 함께 세 개의 파피루스 줄기가 새겨져 있고(파피루스는 나일강의 북쪽 유역에서만 자란다) 오른쪽 기둥에도 비슷한 그림이 새겨져 있는데, 왼쪽 기둥과 다른 점은 파라오가 카르나크 신전의 남쪽에 있었던 상이집트(Upper Egypt, 파라오가 통치하던 시대에 이집트는 상이집트와 하이집트로 분리되어 있었다 — 옮긴이)의 왕관을 쓰고, 파피루스 대신 세 개의 연꽃 줄기가 새겨져 있다는 점이다(연꽃은 나일강의 남쪽 유역에서 자란다).

이집트 역사학자들은 두 기둥에 새겨진 그림을 근거로 카르나크 신전의 방향성에 의미를 부여하고 있다. 1년 중 가장 중요한 날인 동지를 놓치지 않으려고 방향을 맞춰 기둥을 세우고, 그 방향으로 신전을 지었다는 것이다. 이 주장이 사실이라면 카르나크 신전은 지구의 방향성과 공전이 반영된 거대한 달력인 셈이다.

카르나크 사원은 고대 이집트인들이 하늘에서 일어나는 빛의 움직임에 관심이 지대했음을 보여주는 명백한 증거이다. 빛을 숭배하는 전통은 과학보다 오래되었지만, 사원을 자세히 살펴보면 고대 이집트인들이 우주의 기하학적 구조에 상당한 식견을 가졌다는 것을 알 수 있다. 그들은 일출 지점의 이동을 관찰함으로써 계절 변화를 이해했고, 이 지식을 바탕으로 가장 적절한 파종과 수확 시기를 파악할 수 있었다. 농사 기술이 발달하면 가장 중요한 식량 문제가 해결되어 여가 시간이 많아진다. 고대 이집트인들은 풍요로움 속에서 철학과 수학, 그리고 과학을 발전시켰으며, 하늘의 움직임과 그 의미를 이해하려는 시도는 천문학의 탄생으로 이어졌다.

움직이는 태양 빛의 규칙을 찾는 수준에서 현대 과학으로 발전하기까지는 꽤나 긴 시간이 걸렸다. 고대 그리스인들이 이 분야에서 약간의 진보를 이루었지만 태양과 달, 그리고 행성의 운동 법칙을 최초로 알아낸 사람은 17세기의 천문학자 요하네스 케플러(Johannes Kepler)였다. 신비로 가득 찬 우주의 베일을 벗기고 진정한 아름다움을 찾는 것은 결코 쉬운 일이 아니다. 그러나 인류는 길고 긴 세월 동안 이 어려운 일에 거의 본능적으로 매진해왔으며, 새로운 사실을 알아낼 때마다 말로 표현할 수 없을 정도로 엄청난 보상이 돌아왔다.

우리는 빛의 근원을 추적한 끝에 수천억 개의 별로 이루어진 은하수에서 우리의 위치를 기어이 알아냈다. 또한 태양계에서 가장 가까운 별 프록시마 켄타우리(Proxima Centauri) 등 수천 개에 이르는 별의 화학 성분을 알아냈으며, 은하수의 중심에 있는 블랙홀을 관측하는 데 성공했다. 그러나 이 모든 것은 시작에 불과하다.

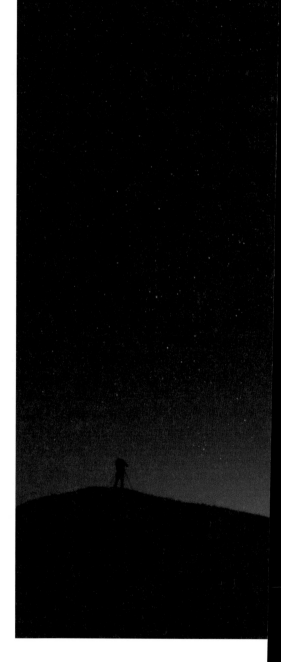

우주는 경이로우면서
온갖 의문을 불러일으킨다.
우리는 모르는 것이 너무나 많고,
탐험할 곳은 사방에 널려 있다.

우주에서 우리의 위치

상상력이 제아무리 뛰어난 사람이라 해도 우주 전체를 머릿속에 그리는 것은 불가능하다. 우리가 할 수 있는 일이란 조그만 바위 행성인 지구에서 출발하여 스케일을 조금씩 키워나가는 것뿐이다. 과거의 천문학자들은 하늘에서 진행되는 거대한 주기 운동을 간파한 후에야 비로소 우리의 태양계가 2000억 개의 별들로 이루어진 거대한 은하(은하수, Milky Way)의 한 부분임을 확신하게 되었다.

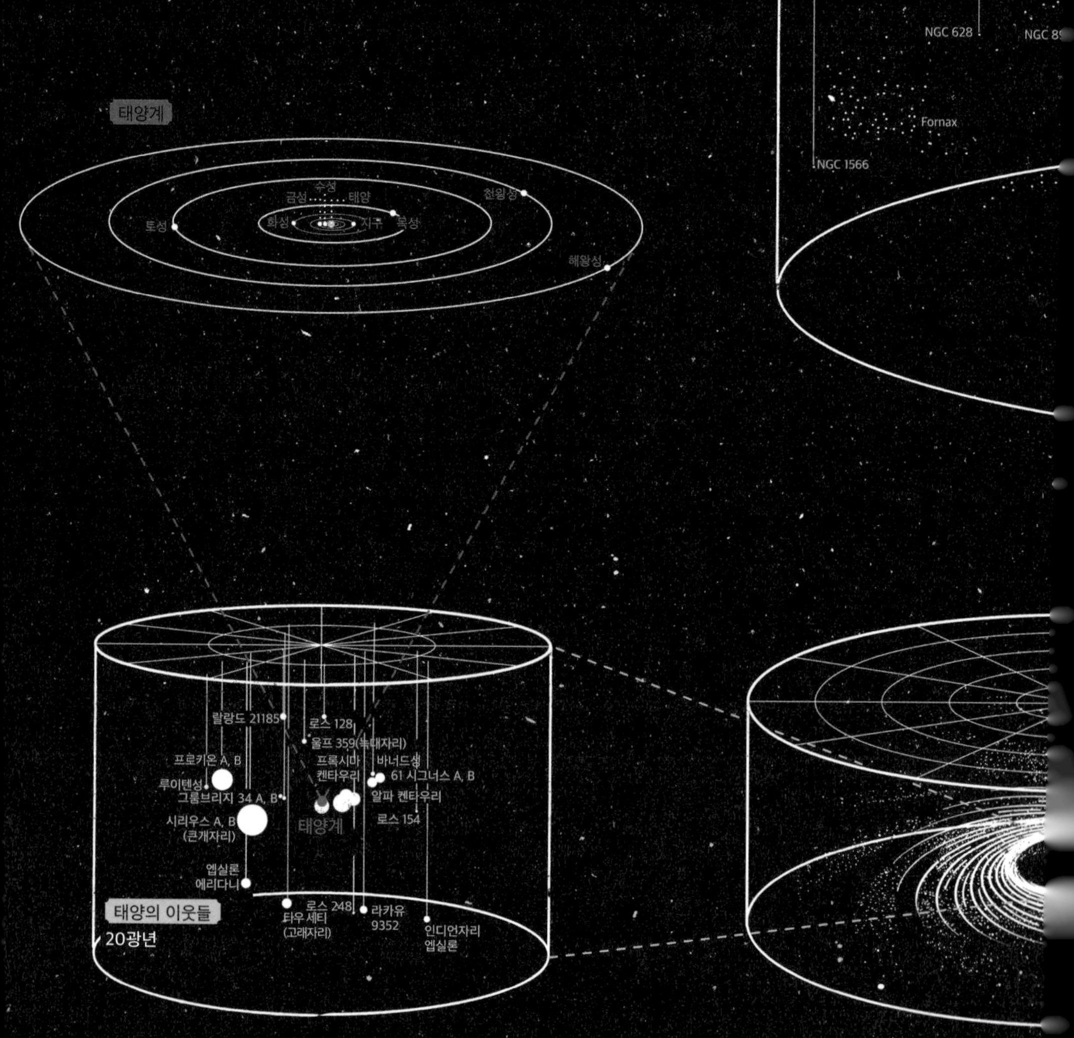

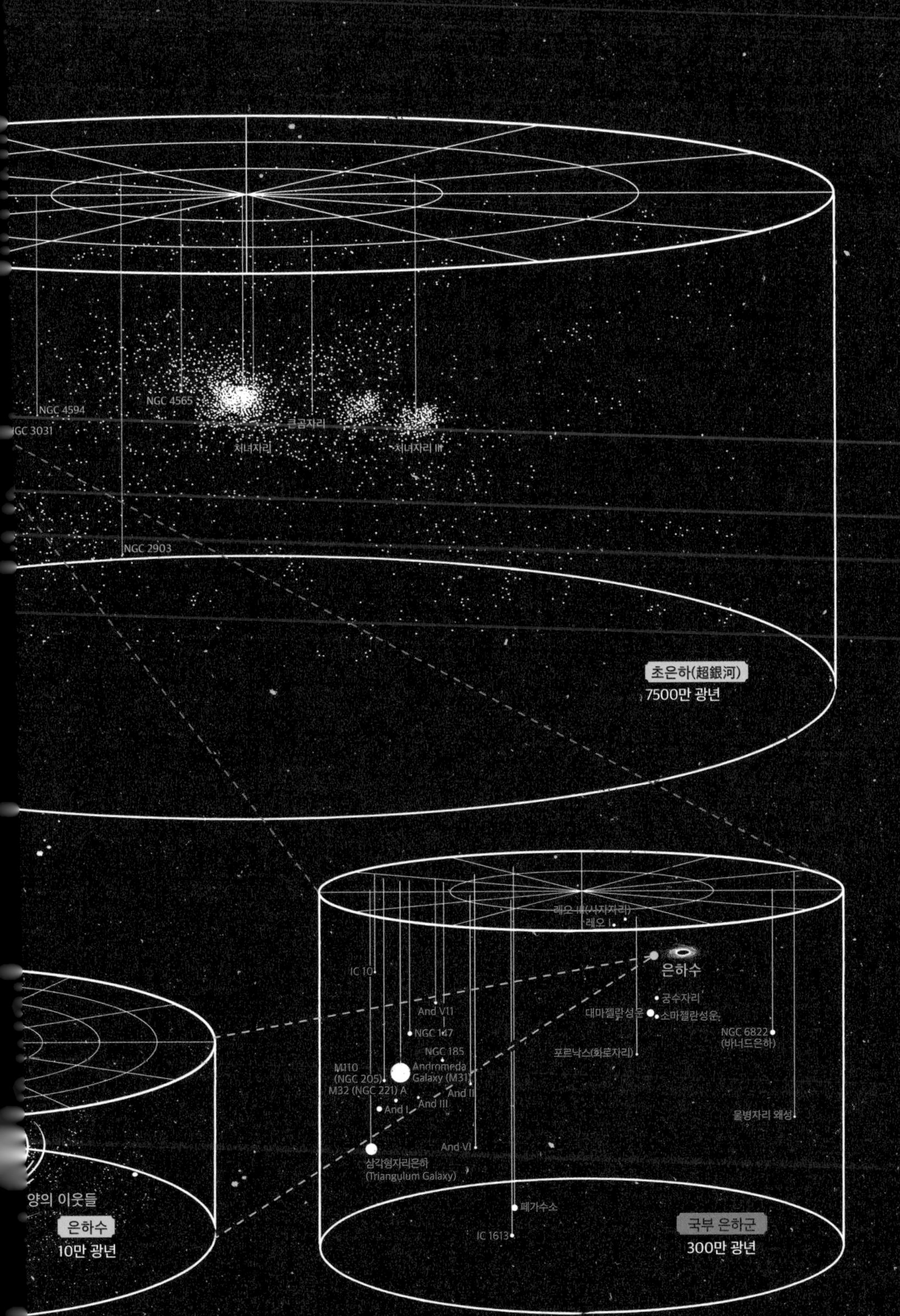
NGC 4594
NGC 3031
NGC 4565
큰곰자리
처녀자리
처녀자리 III
NGC 2903
초은하(超銀河)
7500만 광년
레오 II(사자자리)
레오 I
IC 10
은하수
궁수자리
대마젤란성운
소마젤란성운
And VII
NGC 147
NGC 6822
(바너드은하)
NGC 185
포르낙스(화로자리)
M110
(NGC 205)
Andromeda
Galaxy (M31)
M32 (NGC 221) A
And II
And III
And I
물병자리 왜성
And VI
삼각형자리은하
(Triangulum Galaxy)
양의 이웃들
은하수
10만 광년
페가수스
IC 1613
국부 은하군
300만 광년

우리은하의 이웃들

인류는 '지구'라는 특별 관람석에 앉아 가까운 거리에 있는 천체를 관측해왔다. 지구에서 가장 가까운 별인 태양이 1억 5000만 km 거리에서 만물을 비추다가, 지평선 아래로 사라지면 수천, 수만 개의 별이 모습을 드러낸다. 대기가 맑은 곳으로 가면 무려 1만 개의 별을 맨눈으로 관측할 수 있다. 이 모든 것이 지구가 속해 있는 은하의 일부이다.

은하는 별과 기체, 먼지 등이 중력으로 뭉쳐 있는 거대한 천체 집단이다. 이곳에서 별이 태어났다가 수명을 다하여 사라지는 등 우주의 생로병사가 거대한 규모로 진행되고 있다. 현재 관측 가능한 우주에는 약 1000억 개의 은하가 존재하는 것으로 추정되며, 각 은하는 수천억 개의 별로 이루어져 있다. 가장 작은 왜소은하(矮小銀河, dwarf galaxy)는 약 1000만 개의 별로 이루어져 있고, 가장 큰 거대은하(giant galaxy)에 속한 별은 무려 100조 개에 달한다. 망원경을 통해 보이는 성운, 은하, 별, 행성 등은 물질(matter)에 속한다. 그러나 천문학자들은 은하에 일상적인 물질이 아닌 다른 무언가가 존재한다고 추정하고 있다. 이것이 바로 그 유명한 암흑물질(dark matter)로서, 일상적인 물질과 상호작용을 거의 하지 않기 때문에 기존의 망원경으로는 보이지 않지만 중력을 통하여 은하의 거동을 좌우하고 있다. 또한 우주 초기에 은하가 처음 형성될 때도 암흑물질이 결정적인 역할을 했던 것으로 추정된다. 우리은하(은하수)가 지금과 같은 형태를 유지하려면 암흑물질이 전체 질량의 95%를 차지해야 한다. 이것이 사실이라면 별과 행성, 그리고 성간 기체와 먼지 등 눈(또는 망원경)에 보이는 모든 만물은 우주의 엑스트라에 불과하다. 그러나 암흑물질은 우주의 대부분을 차지하고 있음에도 눈에 보이지 않기 때문에, 우리는 엑스트라들을 우주의 주인공으로 대

M87
처녀자리은하 A(Virgo A)

M31
안드로메다은하
(Andromeda Galaxy)

은하수
(Milky Way Galaxy)

M51
소용돌이은하
(Whirlpool Galaxy)

M33
삼각형자리은하
(Triangulum Galaxy)

소마젤란성운
(Small Magellanic cloud)

왜소은하
츠비키 18
(Zwicky 18)

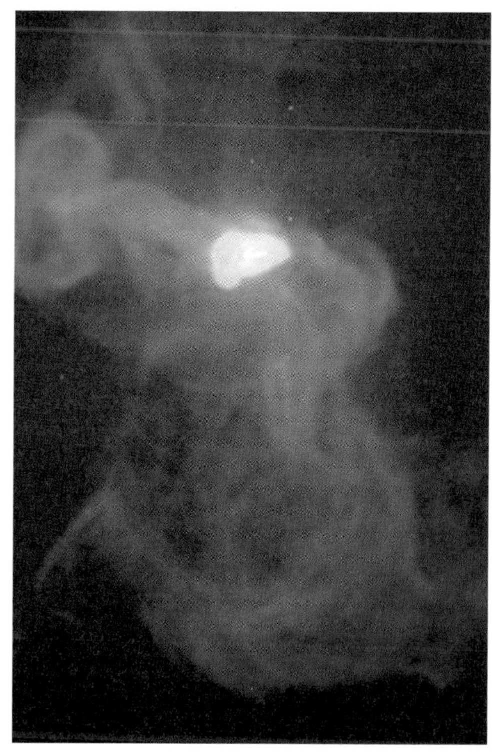

M87 또는 처녀자리은하 A나
메시에 87(Messier 87)로 알려진 거대 타원은하의 모습.
지구로부터의 거리는 약 5400만 광년이다.
중심에서 뿜어져 나오는 것은
은하 중심부의 블랙홀에서 방출된
뜨거운 기체일 것으로 추정된다.

M51. 생긴 모습이 소용돌이와 비슷하여 '소용돌이은하'라고도 한다. 소용돌이 팔을 따라 나열된 분홍색 점들은 별이 형성되고 있는 지역이다.

2010년 12월에 촬영한 안드로메다 은하(M31)의 모습. 가장 최근에 찍은 사진이며 가장 선명하다. 안드로메다 은하는 우리은하(은하수)와 가장 가까운 외계 은하이다. 고리 모양으로 밝게 빛나는 곳에서 새로운 별들이 형성되고 있다.

접해왔다. 암흑물질의 특성을 규명하는 것은 21세기 물리학에 주어진 가장 중요한 과제이다(자세한 내용은 이 책의 후반부에서 다룰 예정이다).

은하(銀河, galaxy)라는 단어는 '젖빛의 원'을 뜻하는 그리스어 갈락시아스(galaxias)에서 유래했다. 고대 그리스인들은 은하의 규모에 대하여 아무런 개념이 없었기에, 처음에는 밤하늘의 별 무리를 일컫는 단어로 사용했다. 본 사람은 알겠지만, 맑은 날 밤에 하늘을 가로지르는 은하수는 그야말로 장관 중의 장관이다. 안타깝게도 요즘은 도시의 밝은 조명과 탁한 대기 탓에 은하수를 거의 볼 수 없게 되었다. 지평선에서 은하수가 떠오를 때는 마치 폭우를 잔뜩 머금은 먹구름처럼 보이지만, 시

M33. 삼각형자리은하, 또는 바람개비은하(Pinewheel Galaxy)로도 알려진 이 은하는 국부 은하군(局部銀河群, Local Group of Galaxies)에서 은하수와 안드로메다은하에 이어 세 번째로 큰 은하이다.

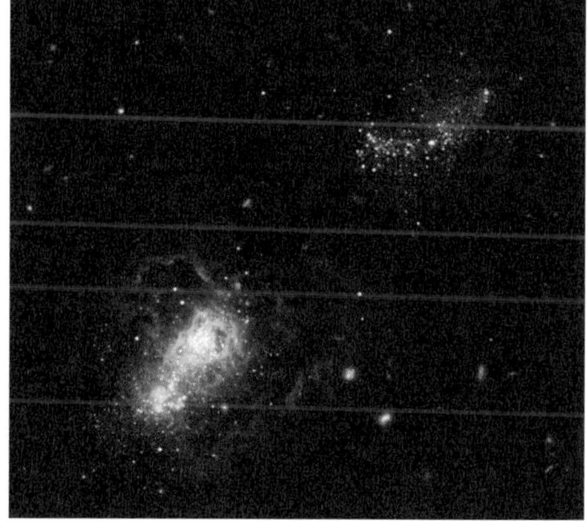

얼마 전까지만 해도 츠비키 18은 가장 어린 은하로 알려져 있었다(가장 밝은 별의 수명이 5억 년 정도였다). 그러나 최근에 허블 우주망원경이 이곳에서 새로 형성되고 있는 별과 함께 거의 50억 년 된 별을 발견하여 다른 은하와 나이가 비슷한 것으로 밝혀졌다.

간이 조금 흘러 고도가 높아지면 수십억 개의 별이 은하의 중심을 향하여 강물처럼 흐르는 장관이 펼쳐진다. 고대 그리스의 전설에 따르면 제우스의 아내 헤라(Hera)의 가슴에서 젖이 흘러나와 하늘을 가로지르는 은하수가 되었다고 한다. 그래서 지금도 영어권에서는 은하수를 '밀키 웨이'라고 부른다. 이 용어를 최초로 사용한 사람은 천문학자가 아니라 중세의 영국 시인 제프리 초서(Geoffrey Chaucer)였다(그가 쓴 시 〈영예의 집(The House of Fame)〉의 한 구절 "See yonder, lo, the Galaxyë, Which men clepeth the Milky Wey, For hit is whyt"에서 비롯되었다).

은하수의 지도

우리가 속한 은하수는 2000억 내지 4000억 개의 별들로 이루어져 있으며(망원경에 잡히지 않는 희미한 왜성들 때문에 정확한 수치는 알 수 없다), 지름은 약 10만 광년, 평균 두께는 1000광년이다. 얼마나 큰지 감이 잡히는가? 1초에 30만 km를 주파하는 빛이 은하수의 한쪽 끝에서 출발하여 반대쪽 끝에 도달하려면 10만 년이 걸린다는 뜻이다. 태양에서 방출된 빛이 해왕성(태양계에서 가장 먼 궤도를 도는 행성)에 도달하려면 약 네 시간이 걸린다. 즉, 태양계의 직경은 8광시(光時, light hour, 1광시 = 빛이 한 시간 동안 가는 거리 — 옮긴이) 또는 1/3광일(光日, light day)이다. 이런 태양계 2억 2000만 개를 일렬로 나열하면 은하수의 직경과 비슷해진다.

은하의 중심에는 초대형 블랙홀이 있을 것으로 추정된다. 은하수뿐만 아니라 우주에 존재하는 모든 은하도 마찬가지다. 천문학자들이 이렇게 믿는 이유는 S2로 알려진 별의 관측 자료 때문이다. 이 별은 강한 라디오파를 방출하는 궁수자리 A*(Sagittarius A*, '궁수자리 A-스타'라고 읽는다) 주위를 공전하며, 은하수의 중심에 자리 잡고 있다. S2의 공전 주기는 약 15년으로 궤도 운동을 하는 별들 중에서 속도가 가장 빠르다(광속의 2%쯤 된다). 일반적으로 어떤 천체의 질량과 궤도를 알면 궤도의 중심에 있는 천체의 질량을 알 수 있는데, 이 방법으로 계산된 궁수자리 A*의 질량은 무려 태양의 410만 배나 된다. S2가 궁수자리 A*에 가장 가까이 다가갔을 때 둘 사이의 거리는 약 17광시(약 184억 km — 옮긴이)이므로, 궁수자리 A*의 반지름은 이보다 작아야 한다. 그렇지 않으면 두 천체가 서로 충돌하기 때문이다. 그런데 태양의 410만 배에 달하는 질량이 17광시 이하의 영역에 모여 있으면 밀도가 한계치를 초과하여 블랙홀이 된다. 이것이 바로 천문학자들이 은하수의 중심부에 블랙

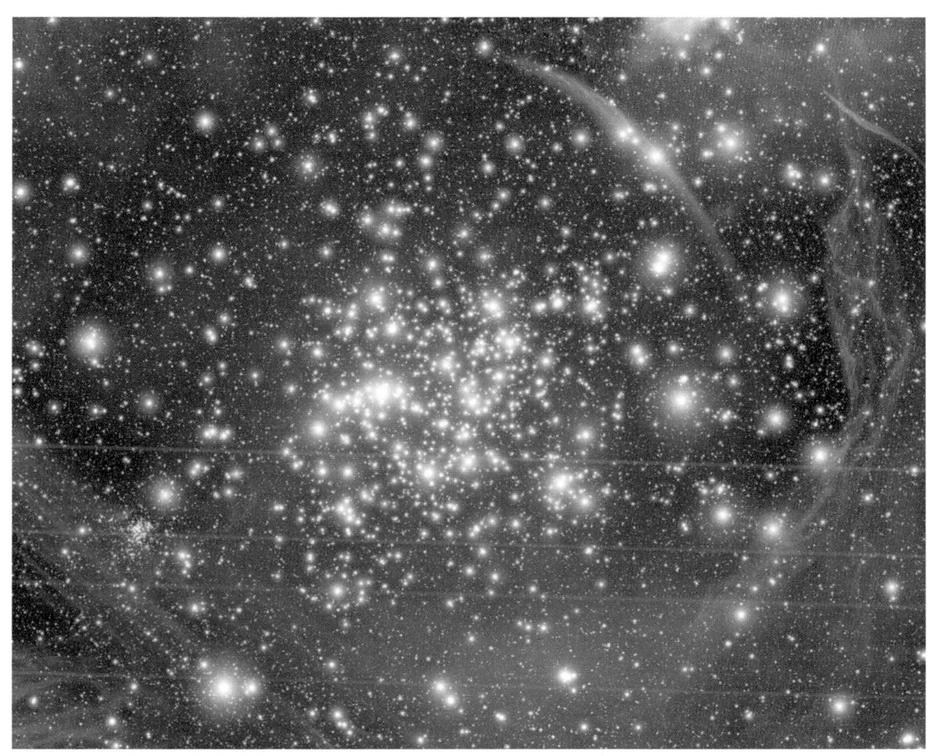

젊은 별들로 이루어진 아치스 성단의 모습. 은하수에서 별이 가장 밀집된 곳으로 알려져 있다.

홀이 존재한다고 자신 있게 주장하는 이유다. 최근 들어 궁수자리 A* 주변을 공전하는 27개의 다른 별(이들을 S-항성[S-star]이라 한다)이 관측되면서 블랙홀 가설은 더욱 큰 힘을 얻게 되었다.

은하수의 중심부는 S-항성들 외에도 온갖 천체가 복잡하게 얽혀 상호작용을 주고받는 우주의 용광로이다. 은하수에서 별들이 가장 빽빽하게 모여 있는 아치스 성단(Arches Cluster)은 150여 개의 젊은 별로 이루어져 있는데, 개개의 별은 태양보다 훨씬 클 뿐만 아니라 매우 강렬하게 타오르고 있어서, 수백만 년 안에 수소 원료가 고갈될 것으로 추정된

아치스 성단과 함께 은하수의 중심 근처에 자리 잡은 다섯쌍둥이 성단.

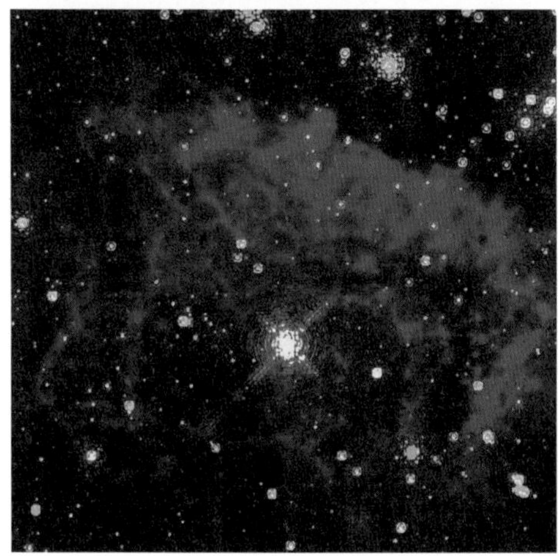

은하수에서 가장 밝은 별로 알려진 피스톨 별(사진 중앙에서 밝게 빛나는 별).

다. 또한 다섯쌍둥이 성단(Quintuplet Cluster)에는 은하수에서 가장 밝은 피스톨 별(Pistol Star)이 속해 있는데, 이 별은 수명이 거의 다 되어 머지않아 초신성(supernova)이 될 운명이다. 아치스 성단이나 다섯쌍둥이 성단을 자세히 관측하면 우리은하에 속한 별들의 앞날을 대충 예견할 수 있다. 은하수의 중심에서 멀어질수록 별의 밀도는 점차 감소하고(별 하

태양계의 제일 바깥 궤도를 도는 해왕성(Neptune)은
태양으로부터 약 4광시만큼 떨어져 있다.
우리에게 친숙한 단위로 환산하면 약 43억 km이다.
이 정도면 엄청나게 먼 거리지만, 태양계가 속해 있는
은하수는 태양계보다 2억 2000만 배나 크다.

나의 밀도가 아니라, 공간에서 별이 밀집된 정도를 의미함 — 옮긴이), 은하수의 외곽에는 기체 구름으로 이루어진 은하헤일로(Galactic Halo)가 은하 전체를 에워싸고 있다.

2007년, 칠레에 있는 파라날 천문대(Paranal Observatory)의 과학자들은 초거대망원경(Very Large Telescope, VLT)으로 은하헤일로를 뒤지다가 태양보다 훨씬 크면서 온도는 훨씬 낮은 적색거성 HE 1523−0901을 관측하는 데 성공했다. 이 별이 흥미를 끄는 이유는 특이한 구성 성분 때문이다. 천문학자들은 빛 스펙트럼을 분석한 끝에 우라늄(U)과 토륨(Th), 유로퓸(Eu), 오스뮴(Os), 그리고 이리듐(Ir)이라는 다섯 가지 방사능 물질이 함유돼 있음을 알아냈다. 여기에 탄소연대측정법(탄소의 동위원소 함량으로 오래된 물체의 형성 시기를 추정하는 기술)과 비슷한 방법을 적용하면 별의 수명을 계산할 수 있는데, 특히 방사능 물질이 여러 개 섞여 있으면 정확도가 매우 높아진다. 이 방식으로 알려진 HE 1523−0901의 나이는 132억 년이었다. 우주의 나이가 137억 년이니, 그 정도면 은하수에서 가장 연장자일 가능성이 크다. HE 1523−0901에 함유된 방사능 물질은 우주가 탄생하고 5억 년이 지났을 무렵에 수명을 다한 1세대 별들이 초신성 폭발을 일으키면서 우주 공간으로 흩뿌린 잔해였을 것이다(2장 참조).

은하수의 형태

우리은하, 즉 은하수는 엄청나게 크고 나이도 많이 먹었지만 더할 나위 없이 아름다운 자태를 뽐내고 있다. 은하수의 중심에는 별들이 막대 모양으로 뭉쳐 있고 그 주변에는 별과 기체, 그리고 다양한 먼지가 안에서 밖으로 뻗어나가는 나선형 팔을 그리며 분포해 있는데, 이와 같은 은하를 '빗장나선은하(barred spiral galaxy)'라 한다. 얼마 전까지만 해도 천문학자들은 은하수의 나선팔(spiral arm, 별, 기체, 먼지 등이 은하의 중심으로부터 소용돌이 모양으로 뻗어나오는 줄기 — 옮긴이)이 네 개라고 생각했다. 이들은 각각 페르세우스 팔(Perseus arm), 직각자자리 팔(Norma arm), 방패-켄타우루스 팔(Scutum-Centaurus arm), 용골-궁수자리 팔(Carina-Sagittarius arm)이라 한다. 태양계는 용골-궁수자리 팔에서 갈라져 나온

은하의 주된 유형 세 가지: 타원은하, 나선은하, 빗장나선은하

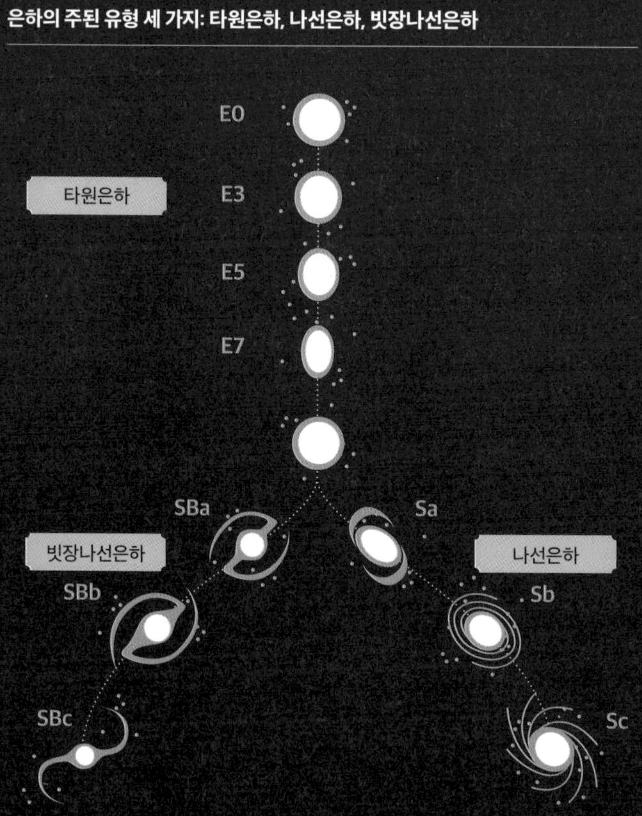

오리온 가지(Orion spur)에 속해 있다. 그러나 최근에 직각자자리 팔의 바깥쪽에서 또 하나의 팔이 발견되어 외각팔(Outer arm)로 명명되었다. 외각팔은 원래 용골-궁수자리 팔의 일부였다가 분리되었을 것으로 추정된다.

오리온 가지에는 우리에게 친숙한 별들이 밀집되어 있다. 과거 한때 태양은 '평균적인 별'로 간주되었으나, 현재 알려진 바에 따르면 은하수에 속한 별의 95%는 태양보다 밝지 않다. 이들은 수소를 헬륨으로 바꾸면서 빛과 에너지를 방출하는데, 대부분의 별이 여기 속하기 때문에 주계열성(主系列星, main sequence star)이라 한다. 태양은 중심부에서 일어나는 핵융합 반응을 통하여 매초 6억 톤의 수소를 5억 9600만 톤의 헬륨으로 바꾸고, 이 과정에서 손실된 400만 톤의 질량이 빛과 에너지로 변환되어 모든 방향으로 뻗어나가고 있다.

은하수의 나선팔 분포도

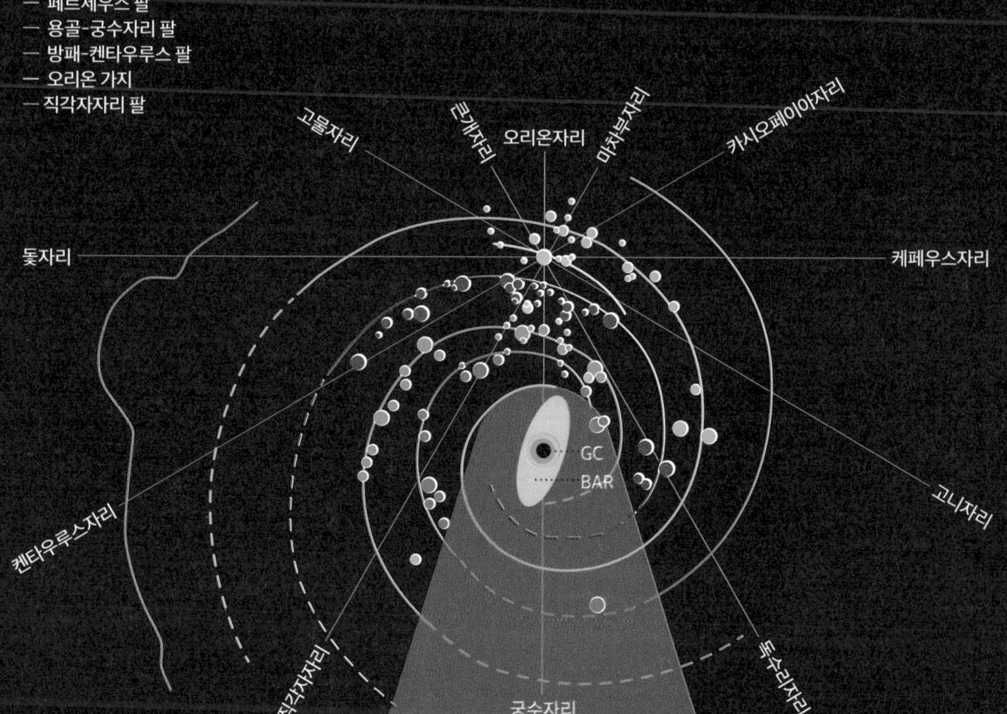

별의 탄생

현재 태양은 전체 수명의 절반을 소진한 상태이다. 그러나 태양계 바깥에는 유년기, 청년기, 장년기, 노년기 등 다양한 세대의 별들이 존재한다. 우리은하에는 평균 1년에 한 번꼴로 새로운 빛이 등장한다. 은하수 어디선가 아기별이 탄생하고 있는 것이다.

석호성운(潟湖星雲, Lagoon nebula)은 기체와 먼지로 이루어진 거대한 성간구름인데, 이곳에서는 '별의 신생아실'을 방불케 할 정도로 많은 별이 탄생하고 있다. 1747년에 프랑스의 천문학자 기욤 르 장티(Guillaume Le Gentil)가 발견한 이 성운은 은하수에서 별이 가장 빈번하게 탄생하는 지역 중 하나로서, 맨눈으로 관측이 가능하다. 석호성운은 자체 중력으로 인해 서서히 수축되고 있지만, 성운의 내부에서 다른 지역보다 밀도가 조금 높은 곳에 점점 더 많은 물질이 모여들어 별이 형성되는 것이다.

석호성운의 중심부를 특별히 '모래시계성운(Hourglass nebula)'이라 하는데, 이곳에서는 허셜 36(Herschel 36)이라는 매력적인 별이 찬란한 빛을 발하고 있다. 이 별은 수소 핵융합 반응으로 에너지를 막 생성하기 시작한 단계로서, 분류상으로는 '영년주계열성(零年主系列星, zero age main sequence, ZAMS, 주계열성으로 막 진입한 별 — 옮긴이)'에 속한다. 최근의 관측 결과, 허셜 36은 서로 상대방에 대하여 공전하고 있는 세 개의 젊은 별 무리일 가능성이 크며, 이들의 질량을 모두 더하면 태양의 50배가 넘는다. 그러니까 허셜 36은 하나의 별이 아니라 거성계(system of giant)인 셈이다. 그러나 이들이 아무리 크고 밝다 해도 언젠가는 죽을 운명이다. 은하수에 속한 다른 별들도 사정은 마찬가지다. 이들이 죽을 때가 되면 엄청나게 밝은 빛을 우주 공간에 퍼뜨릴 것이다.

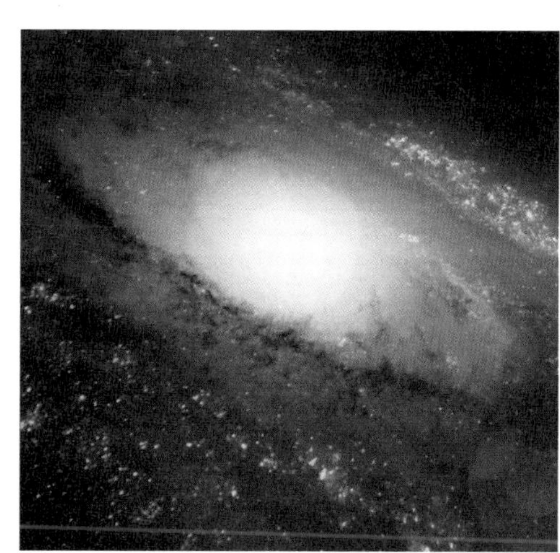

우리은하(은하수)와 가장 가까운 거리에 있는 안드로메다은하의 모습. 은하수와 비슷한 형태일 것으로 추정된다.

태양계로부터 5000광년 거리에 있는 석호성운은 은하수 안에서 별이 한창 형성되고 있는 몇 안 되는 지역으로, 지구에서 맨눈으로 관측 가능하다.

용골자리의 극대거성 에타 카리나이(Eta Carinae)에서는 불안정한 별이 폭발하여 다량의 기체와 먼지가 방출되고 있다. 원래 이 천체는 두 개 이상의 거성으로 이루어진 다중성계(多重星界)로서 밝기가 태양의 400만 배이며, 이들 중 하나는 볼프-레예 별(Wolf-Rayet star, 온도가 높고 광도도 밝으면서 스펙트럼이 폭넓게 분포되어 있는 별 — 옮긴이)일 것으로 추정된다. 이 별들의 질량은 태양의 20배가 넘고, 매 순간 극렬한 태양풍과 함께 엄청난 질량을 외부로 방출한다. 에타 카리나이는 1843년에 대폭발을 일으키면서 밤하늘에서 가장 밝게 빛나는 천체로 기록되었으며, 폭발 직후 한 시간 만에 별의 잔해가 주변 250만 km까지 흩어졌다. 여기서 방출된 빛이 어찌나 밝았는지, 한동안 천문학자들은 초신성이 폭발했다고 생각했다. 그러나 에타 카리나이는 폭발 후에도 살아남았다. 지금은 구름 깊은 곳에 숨어서 얼마 남지 않은 생명을 불태우는 중이

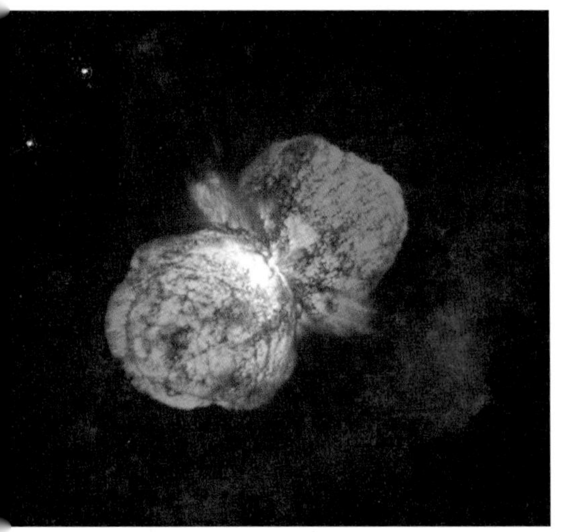

에타 카리나이는 관측 가능한 별들 중 가장 밝은 별에 속한다. 그러나 질량이 너무 크기 때문에 멀지 않은 미래에 사상 초유의 폭발을 일으킬 것으로 예상된다.

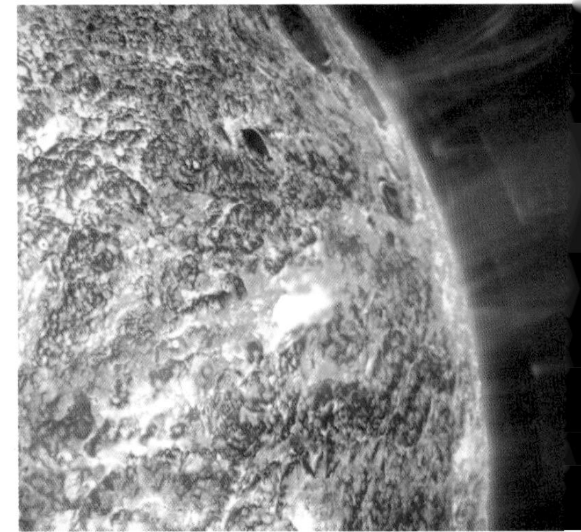

은하수에 속한 모든 별들은 언젠가 대폭발을 일으키면서 소멸할 운명이다. 허셜 36은 에타 카리나이 다중성계 안에서 다른 별의 잔해로부터 탄생한 별이다.

모든 별은 삶과 죽음의 순환을 반복하고 있다.
지금도 은하수에서는 평균 1년에 한 개씩
새로운 빛이 모습을 드러낸다.
은하 곳곳에서 새로운 별이 탄생하고 있는 것이다.

다. 볼프-레예 별은 질량이 매우 크기 때문에, 수소 원료를 맹렬한 속도로 소진하고 있다. 앞으로 수백, 또는 수천 년이 지나면 이 천체는 초신성 폭발이나 극초신성 폭발(hypernova explosion, 우주에서 일어나는 가장 큰 폭발 사건)을 일으키면서 최후를 맞이할 것이다. 2004년에 은하수로부터 7000만 광년 떨어진 곳에서 1843년의 에타 카리나이 못지 않은 대폭발의 징조가 관측되었는데, 그로부터 2년 후 이 별은 초신성으로 판명되었다. 그러나 에타 카리나이는 이보다 훨씬 가까운 7500광년 거리에 있으므로, 훗날 폭발을 일으키면 대낮에도 훤히 보일 정도로 밝을 것이다.

빛은 멀리 떨어진 천체의 정보를 실어 나르는 범우주적 메신저이다. 빛이 있기에 우리는 우주 반대편에 있는 은하와 별의 화학 성분과 운동 상태 등 다양한 정보를 알아낼 수 있다. 또한 빛은 아주 빠르긴 하지만 무한정 빠르지는 않기 때문에, 멀리 떨어진 천체에서 날아온 빛에는 과거의 정보가 담겨 있다. 즉, 빛은 우주의 과거의 현재를 이어주는 천연 타임머신인 셈이다.

빛이란 무엇인가?

우리 주변의 세상을 제대로 이해하고 싶다면 제일 먼저 빛의 성질부터 이해해야 한다. 빛은 지구를 관측하는 가장 중요한 수단이자, 우주를 관측하는 유일한 수단이기도 하다. 멀리 떨어져 있는 별의 정보를 수집하려면 그곳에서 방출된 빛을 분석하는 수밖에 없다. 17세기의 과학자들은 빛의 특성을 집중적으로 연구했고, 그 덕분에 과학과 공학이 함께 발전하면서 서로에게 긍정적인 영향을 미쳤다. 요하네스 케플러, 갈릴레오 갈릴레이(Galileo Galilei), 르네 데카르트(René Descartes), 그리고 크리스티안 하위헌스(Christiaan Huygens)와 로버트 훅(Robert Hooke), 아이작 뉴턴(Isaac Newton) 등은 작은 세계와 멀리 있는 세계를 눈으로 직접 보기 위해 현미경과 망원경 개발에 몰두했으며, 그 덕분에 과학은 연일 새로운 현상을 발견하면서 눈부신 발전을 이루었다.

영(Young)의 이중 슬릿 실험

17세기 말에는 빛의 속성을 설명하는 두 개의 상이한 이론이 동시에 통용되고 있었다. 그중 하나는 1675년에 〈빛에 대한 가설(Hypothesis of Light)〉이라는 제목으로 발표된 뉴턴의 이론이다. 뉴턴은 빛이 '미립자(corpuscle)'라는 알갱이로 이루어져 있다고 굳게 믿었다. 그러나 뉴턴의 경쟁자였던 로버트 훅과 네덜란드의 물리학자 겸 천문학자 크리스티안 하위헌스는 빛의 본질이 파동이라고 생각했다. 그 후 빛의 입자/파동설은 19세기까지 학계에 격렬한 논쟁을 불러일으켰고, 대부분의 물리학자는 뉴턴의 편을 들었다. 그러나 스위스의 위대한 수학자 레온하르트 오일러(Leonhard Euler)는 "빛의 회절(回折) 현상을 설명하려면 빛을 파동으로 간주하는 수밖에 없다"며 파동설을 지지했다. 빛은 입자인가? 아니면 파동인가? 이 해묵은 논쟁은 1801년에 영국의 의사 겸 물리학자 토머스 영(Thomas Young)의 이중 슬릿 실험(double-slit experiment)이 알려지면서 일단락된다. 영의 실험에서 슬릿을 통과한 빛은 분명히 파동처럼 행동하고 있었다(슬릿이란 가늘고 길게 난 구멍을 의미한다 — 옮긴이).

회절은 매우 흥미로우면서 아름다운 현상이자, 파동만이 가진 고유

토머스 영의 이중 슬릿 실험에서 스크린에 나타난 간섭무늬. 이 실험으로 빛은 파동임이 분명해졌다. 그런데 빛은 과연 '무엇'의 파동일까?

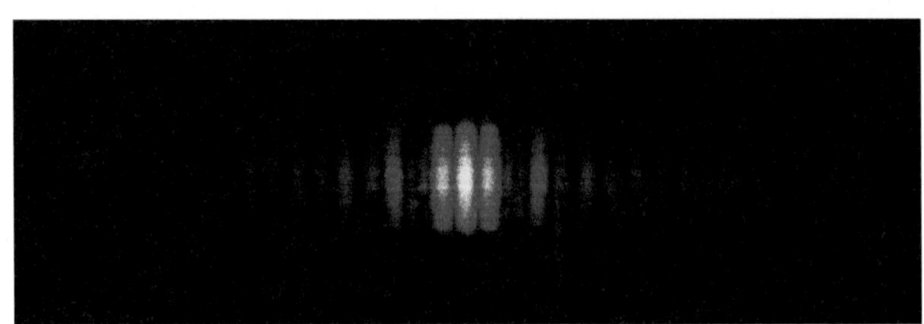

토머스 영의 이중 슬릿 실험

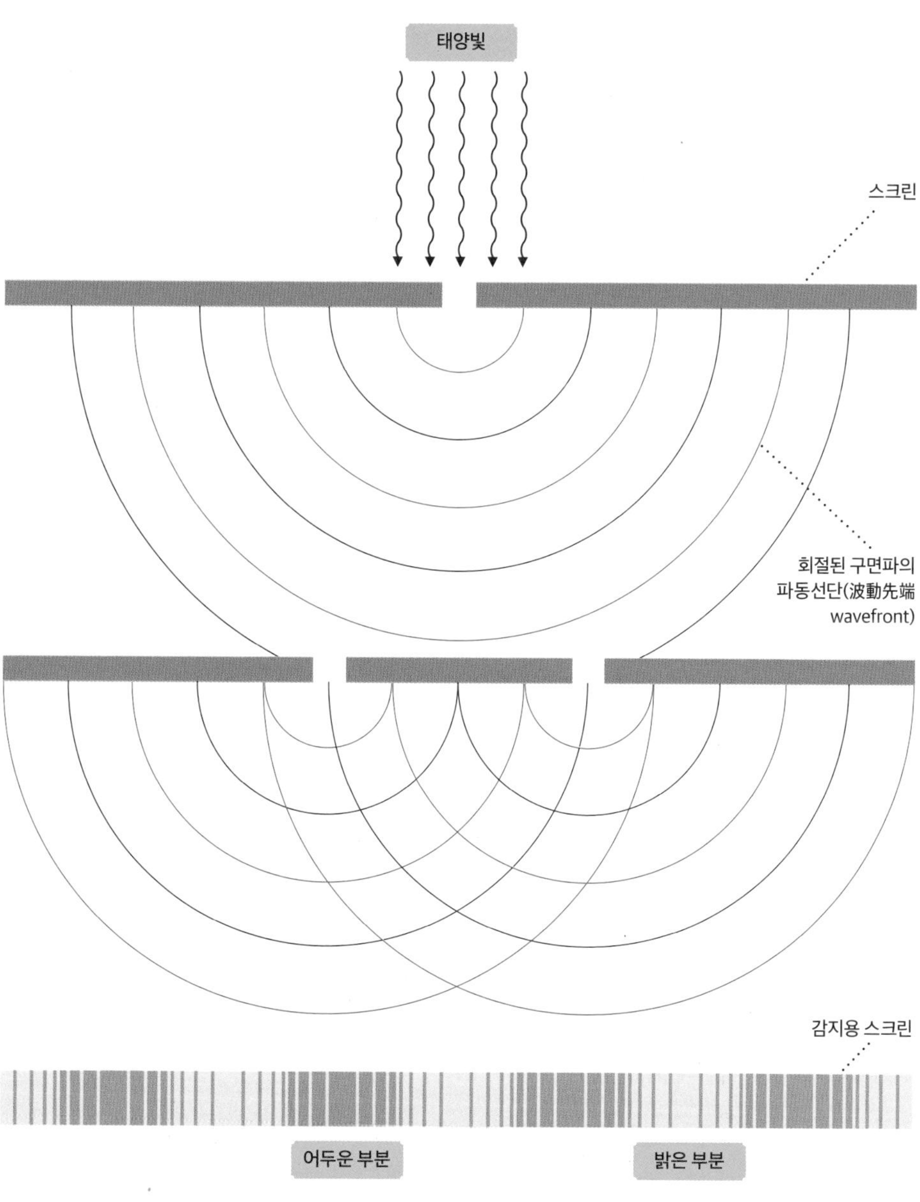

의 현상이기도 하다. 차단막에 가늘고 긴 구멍 두 개를 뚫고 빛을 비추면, 반대쪽 스크린에 밝은 곳과 어두운 곳이 번갈아 나타나는 규칙적인 무늬가 형성된다. 이것이 바로 유명한 '간섭무늬(interference pattern)'이다.

간섭무늬는 빛이 입자가 아닌 파동임을 입증하는 결정적 증거이다. 야구공 같은 입자의 경우, 하나에 얻어맞는 것보다 두 개, 세 개로 얻어맞을 때 충격이 훨씬 크다. 그러나 여러 개의 파동을 하나로 합쳤을 때, 파동의 세기는 커질 수도 있고 작아질 수도 있다. 예를 들어, 파장과 진폭이 같은 두 개의 파동이 합쳐지는 경우를 생각해보자. 이때 한 파동의 마루와 다른 파동의 골짜기가 일치한 상태로 합쳐진다면(이런 경우 두 파동은 "위상차가 180도"라거나, "위상이 정반대"라고 한다), 아무 파동도 나타나지 않는다. 즉, 두 개의 파동이 하나로 더해지면서 완전히 사라진 것이다. 이중 슬릿 실험에서 스크린에 나타난 검은 줄무늬가 바로 이런 경우에 해당한다! 차단막에 나 있는 조그만 슬릿이 일종의 광원처럼 작동하여 빛을 방출하고, 두 개의 슬릿에서 방출된 빛이 스크린에 도달할 때까지 거쳐가는 경로의 차이에 따라 파동이 보강되기도 하고 소멸되기도 한다(이런 현상을 간섭[干涉]이라 한다. 물론 완벽한 보강 간섭이나 소멸 간섭이 아닌, '어중간한 간섭'이 일어날 수도 있다). 그 결과 스크린 상에서 두 경로의 차이가 파장의 정수배(1, 2, 3, 4……배)인 지점에서는 보강 간섭이 일어나 밝은 줄무늬가 형성되고, 경로차가 반(半)정수배(1/2, 3/2, 5/2……배)인 지점에서는 소멸 간섭이 일어나 어두운 줄무늬가 형성되는 것이다. 토머스 영이 스크린에서 밝고 어두운 줄무늬를 발견한 후 빛은 파동임이 확실해졌지만, 이것으로 모든 의문이 풀린 것은 아니었다. 다들 알다시피 파도는 바닷물이 일으키는 파동이고 소리는 공기가 만드는 파동이다. 그렇다면 빛은 대체 '무엇'의 파동이란 말인가?

우주 저편에서 날아온 메신저

빛의 특성을 완벽하게 설명하는 이론은 전혀 예상 밖의 분야에서 탄생했다. 19세기 중반에 물리학자들의 주요 관심사는 전기 및 자기와 관련된 현상이었다. 이 분야에서 제일 먼저 두각을 나타낸 사람이 런던 왕립학회의 물리학자 마이클 패러데이(Michael Faraday)였다. 그는 가난한 집안에서 태어나 정규 교육을 전혀 받지 못했으나 물리학에서 발군의 실력을 발휘하여 왕립학회의 험프리 데이비(Humphrey Davy) 교수에게 발탁되었고, 정회원이 된 후에는 전선과 자석을 이리저리 갖고 놀면서 전자기적 현상을 집중적으로 연구했다. 그러던 어느 날, 페러데이는 전원이 연결되지 않은 전선 근처에서 자석을 이리저리 움직이면 전선에 전류가 흐른다는 사실을 알아냈다. 이것이 바로 발전기의 원리이다. 요즘 가동되는 모든 발전소는 다양한 방법으로 자석을 움직여서 전기를 생산하고 있다. 웬만한 사람 같았으면 이 현상을 이용한 발명품을 만들

바닷가에 치는 파도는 일련의 수학 방정식으로 서술된다. 맥스웰은 이와 비슷한 파동 방정식으로 전자기장의 거동을 설명했다.

어 떼돈을 벌었겠지만, 패러데이의 관심은 전자기적 현상을 학문적으로 이해하는 것뿐이었다. 그는 자신이 발견한 내용을 수학적으로 정리하여 발표했는데, 이것이 바로 그 유명한 '패러데이의 전자기 유도 법칙(Faraday's Law of Electromagnetic Induction)'이다. 이와 비슷한 시기에 프랑스의 물리학자 앙드레 마리 앙페르(André-Marie Ampère)는 평행하게 나 있는 두 개의 전선에 전류를 흘려보내면 전선 사이에 힘이 작용한다는 사실을 발견하고(전류를 같은 방향으로 흘리면 두 전선은 서로 잡아당기고, 반대 방향으로 흘리면 서로 밀어낸다 — 옮긴이) 이 힘을 기준으로 전류의 단위인 암페어(A)를 정의했다. 예를 들어 무한히 길고 가느다란 한 쌍의 도선에 같은 방향으로 전류를 흘려보냈을 때, 두 도선 사이에 잡아당기는 힘이 0.0000007뉴턴(N, 힘의 단위 — 옮긴이)이면 도선에 흐르는 전류는 정확하게 1A이다. 독자들이 어느 날 13A짜리 퓨즈를 갈아 끼우게 된다면, 앙페르에게 감사의 마음을 조금이라도 떠올려주기 바란다. 아무튼, 앙페르가 발견한 현상은 오늘날 '앙페르의 법칙'으로 알려져 있다.

1860년에는 전기 및 자기와 관련하여 꽤 많은 현상이 알려져 있었다. 자석은 전류의 흐름을 유도하고, 전류가 흐르는 전선은 마치 자석처럼 나침반의 방향을 바꿀 수 있다. 이로써 전기와 자기는 밀접하게 얽혀 있는 사촌지간임이 분명해졌지만, 구체적인 내막을 아는 사람은 아무도 없었다. 그러던 중 스코틀랜드 출신의 물리학자 제임스 클러크 맥스웰(James Clerk Maxwell)이 1861~1862년에 일련의 논문을 발표하면서 전기와 자기를 통합한 전자기학(electromagnetics)이 드디어 완성되었다. 또한 맥스웰은 1864년 과학사에 길이 남을 위대한 업적을 논문으로 발표했다. 훗날 아인슈타인은 맥스웰이 1860년대에 발표한 논문을 가리켜 "뉴턴 이래로 가장 심오하고 유용한 업적"으로 평가했다. 맥스웰은 전기와 자기를 하나로 통일한 수학 이론을 구축하여 다양한 현상을 예측했고,

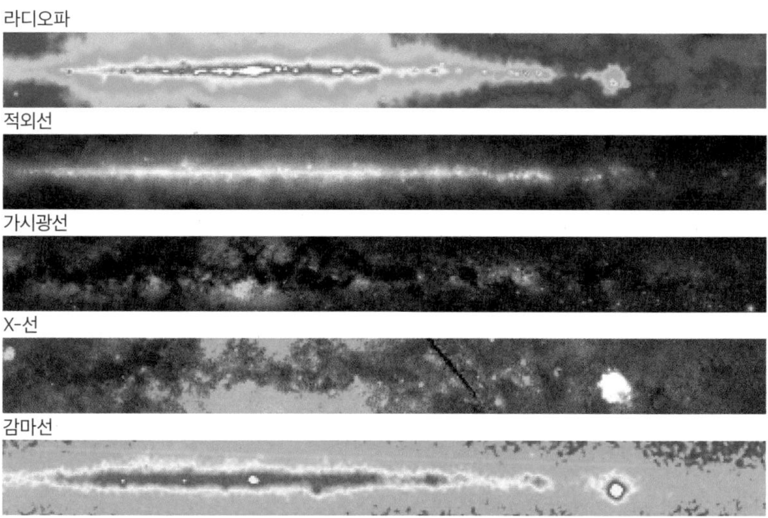

각 파장 영역에서 촬영된 은하수의 모습.

이 모든 것은 실험을 통해 사실로 확인되었다.

전기와 자기는 전기장(電氣場, electric field)과 자기장(磁氣場, magnetic field)이라는 개념으로 통합된다. 장(場, field)은 현대 물리학에서 가장 중요한 개념으로, 패러데이가 처음 도입했다. 방 안의 온도를 예로 들어보자. 방 안의 모든 지점에서 일일이 온도를 측정하여 차트를 만들면, 출입문에서 창문까지, 또는 바닥에서 천장까지 온도가 어떤 식으로 변하는지 알 수 있다. 이 차트에는 실내의 모든 지점마다 하나의 숫자(온도)가 대응되어 있는데, 이와 같은 배열은 온도장(temperature field)에 해당한다. 전기장과 자기장도 이와 비슷한 방법으로 정의할 수 있다. 전류가 흐르는 전선 근처에서 나침반을 이리저리 움직여가며 각 위치에서 바늘이 돌아간 정도와 방향을 기록하면 모든 지점에서 자기장의 크기와 방향이 정의된다. 이것이 바로 자기장이다. 맥스웰은 다소 추상적이고 복잡한 장의 개념을 이용하여 고전 전자기학의 수학적 체계를 정립했고,

전기 및 자기와 관련된 모든 현상을 네 개의 방정식으로 요약했다.

전기와 자기, 그리고 빛의 상호관계는 아래의 관계식에 요약되어 있다:

여기서 c는 빛의 속도이며, ε_0와 μ_0는 각각 전기장 및 자기장의 세기와 관련된 상수이다. 맥스웰이 유도한 장 방정식(전자기파의 거동을 서술하는 방정식)에서 전자기파의 속도를 계산하면 아래와 같은 결과가 나오는데, 이 값은 우리가 알고 있는 빛의 속도와 완벽하게 일치한다. 그래서 맥스웰은 "전자기파 = 빛"이라는 결론에 도달했다.

$$C = \frac{1}{\sqrt{\mu_0 \varepsilon_0}}$$

이쯤에서 독자들의 머릿속에는 이런 의문이 떠오를 것이다. "전기 현상과 자기 현상을 설명하는 맥스웰의 전자기학이 빛과 무슨 관계란 말인가?" 바로 여기에 현대 물리학의 심오함이 숨어 있다. 맥스웰은 전기 및 자기 현상과 관련된 법칙을 수학 방정식 네 개로 요약한 후 이들을 엮어서 훨씬 함축적이고 의미심장한 방정식을 유도했는데, 외관상으로는 기존의 파동 방정식(wave equation)과 거의 동일한 형태였다. 전기와 자기에서 출발하여 음파나 파도의 거동을 서술하는 방정식에 도달한 것이다. 그런데 대체 '무엇의' 파동이라는 말인가? 파동을 일으키는 주체는 무엇인가? 맥스웰은 방정식의 의미를 집요하게 분석한 끝에, 전기장과 자기장이 파동의 주체라는 결론에 도달했다. 그의 방정식에 따르면 전기장이 변하면 자기장이 변하고, 자기장이 변하면 다시 전기장이 변한다. 즉, 전기장이 걸려 있는 곳에서 전하 몇 개를 이리저리 이동시키면 전기장과 자기장이 계속해서 변화를 주고받는다는 뜻이다. 계에 다

맥스웰의 방정식은 음파나
파도의 거동을 설명하는 방정식과 거의 동일한 형태로
전자기파의 거동을 서술하고 있다.

른 변화를 주지 않는 한, 이 과정은 영원히 반복된다.

이 정도면 꽤 심오한 결과다. 그러나 맥스웰의 방정식에는 그 이상의 의미가 담겨 있다. 그의 파동 방정식은 하전 입자에서 생성된 파동의 전달 속도를 예견하고 있는데, 이 값은 전기 및 자기와 관련하여 1860년대에 이미 알려져 있던 상수로부터 간단히 계산할 수 있다. 맥스웰은 필요한 값을 대입하여 계산을 수행했고, 결과를 확인하는 순간 너무 놀라 뒤로 넘어갈 뻔했다. 전기장과 자기장에 의해 생성된 파동의 전달 속도가 이미 알고 있던 빛의 속도(광속, 光速)와 완벽하게 일치했기 때문이다. 정말로 그랬다. 빛이란 바로 전기장과 자기장으로 이루어진 파동, 그 자체였다! 패러데이와 앙페르가 코일과 도선, 그리고 자석을 이리저리 갖고 놀면서 산발적으로 알아낸 지식들을 스코틀랜드의 한 천재가 아름답고도 완벽한 형태로 완성한 것이다. 이 내용을 요즘 쓰는 말로 서술하면 다음과 같다. "빛은 전자기파(electromagnetic wave)이다."

맥스웰이 발견한 내용을 검증하려면 광속의 정확한 값을 알아야 한다. 빛은 엄청나게 빠르지만 다행히도 무한정 빠르지는 않다. 뒤에서 다시 언급하겠지만, 빛의 속도는 1676년에 덴마크의 천문학자 올레 뢰머(Ole Rømer)가 처음으로 측정했다.

빛 따라잡기

눈을 크게 뜨고 주변을 바라보라. 당신이 어디를 바라보건 '무언가'가 시야에 들어온다. 물체에 반사된 빛이 당신의 망막을 통과한 후 일련의 정보처리 과정을 거쳐 형상화되는데, 이 모든 과정이 거의 순식간에 일어난다. 인간의 인지 수준에서 볼 때 빛은 무한히 빠른 것처럼 보인다. 그래서 아리스토텔레스를 비롯한 대부분의 고대 철학자는 빛이 "이동 과정 없이 즉각 전달된다"고 생각했다. 그러나 일부 과학자와 철학자가 빛의 속도에 의문을 제기했고, 이 논쟁은 수천 년 동안 계속되었다.

유클리드(Euclid)와 케플러, 그리고 데카르트는 아리스토텔레스의 생각을 이어받아 빛이 무한히 빠르다고 믿었으며, 엠페도클레스(Empedocles)와 갈릴레오(두 사람이 살았던 시대는 거의 2000년의 차이가 있다)는 빛의 속도가 매우 빠르긴 하지만 무한대는 아니라고 주장했다. 특히 엠페도클레스는 아리스토텔레스보다 거의 100년 전에 활동했음에도 불구하고 매우 정교한 논리를 펼친 것으로 유명하다. 그는 태양에서 방출된 빛이 멀고먼 거리를 거쳐 지구에 도달한다는 점을 지적하면서, "움직이는 만물은 출발점과 도착점이 있으며, 중간에 있는 모든 점을 거쳐가야 한다"고 주장했다. 즉, 태양에서 방출된 빛이 지구에 도달하기 전에는 둘 사이의 어떤 지점에 존재해야 한다는 것이다. 그렇다면 빛은 태양에서 지구에 도달할 때까지 시간이 걸릴 것이고, 이는 곧 빛의 속도가 유한함을 의미한다. 그러나 아리스토텔레스는 "빛은 이동하는 것이 아니라 그냥 그 자체로 존재하는 것"이라며 엠페도클레스의 주장을 일축했다. 둘 중 누구의 주장이 옳을까? 단순히 생각만 해서는 판정을 내릴 수 없다. 어느 쪽이 맞는지 확인하려면 실험을 해야 한다.

갈릴레오는 두 개의 램프를 이용하여 빛의 속도를 측정했다. 차단막으로 가려진 두 개의 램프를 갈릴레오와 그의 조수가 하나씩 든 채 먼 거리에서 서로 마주보고 있다가, 한 사람이 램프의 차단막을 올리면 다른 사람은 상대방의 불빛을 보는 순간 자신의 차단막을 올린다. 갈릴레오는 자신이 발명한 진자를 이용하여 하나의 불빛이 나타난 후 두 번째 불빛이 나타날 때까지 걸린 시간을 측정했다. 이 값은 빛이 두 사람 사이를 이동하는 데 걸린 시간에 해당한다. 이제 두 지점 사이의 거리를 측정하여 시간으로 나누면 빛의 속도를 얻을 수 있다. 논리 자체는 매우 간단명료하다. 갈릴레오는 램프 실험을 몇 차례 실시한 후 "빛의 속도는 상상하기 어려울 정도로 빠르다"는 두루뭉술한 결론을 내렸다. 실험을 할 때마다 결과가 천차만별이어서 정확한 값을 제시할 수 없었기 때문이다. 그러나 이 실험은 빛의 속도가 유한하다는 가정 아래 진행된 최초의 실험이었으며, 광속의 하한값을 알아내는 데는 성공했다. 갈릴레오는 빛이 소리보다 최소한 10배 이상 빠르다고 했다. 만일 광속이 이보다 느렸다면 실험을 통해 측정 가능했을 것이기 때문이다. 결론적으로 갈릴레오는 빛의 속도가 두 개의 램프로 측정할 수 없을 만큼 빠르다는 사실을 입증한 셈이다.

빛의 속도를 유한한 값으로 처음 얻어낸 사람은 17세기 덴마크의 천문학자 올레 뢰머였다. 1676년, 그는 당대의 내로라하는 과학자와 공학자가 한결같이 도전장을 내밀었던 "바다에서 시간 계측하기"라는 문제와 한창 씨름을 벌이고 있었다. 당시 항해사들은 드넓은 대양을 안전하게 건너기 위해 시계를 항상 지참하고 다녔다. 그런데 진자와 용수철로 작동하는 역학 시계는 출렁이는 파도 속에서 오작동이 잦았기 때문에 새로운 대안이 필요했고, 아이디어가 채택되면 경제적 보상이 뒤따랐기에 많은 사람이 이 분야에 뛰어들었다. 일반적으로 지구상의 한 지점에서 자신의 위치를 파악하려면 경도와 위도를 알아야 하는데, 위도는 비교적 측정하기 쉽다. 북반구에서는 북극성의 고도가 현 위치의 위도와 같다. 남반구에서는 남극성(지구 자전축을 남쪽으로 연장한 선과 일치하는 별)이라는 것이 존재하지 않아 계산이 다소 복잡하지만, 약간의 천문학 지식과 삼각측량법을 동원하면 항해에 무리가 없을 정도로 근삿값을 알아낼 수 있다.

빛은 얼마나 빠른가? 이 간단한 질문은 지난 수천 년 동안 과학자들 사이에 숱한 논쟁을 불러일으켰다. 기원전 5세기에 살았던 그리스의 철학자 엠페도클레스는 "태양에서 방출된 빛이 지구에 도달하려면 중간 지점을 거쳐야 한다"며 빛의 속도가 유한하다고 주장했다.

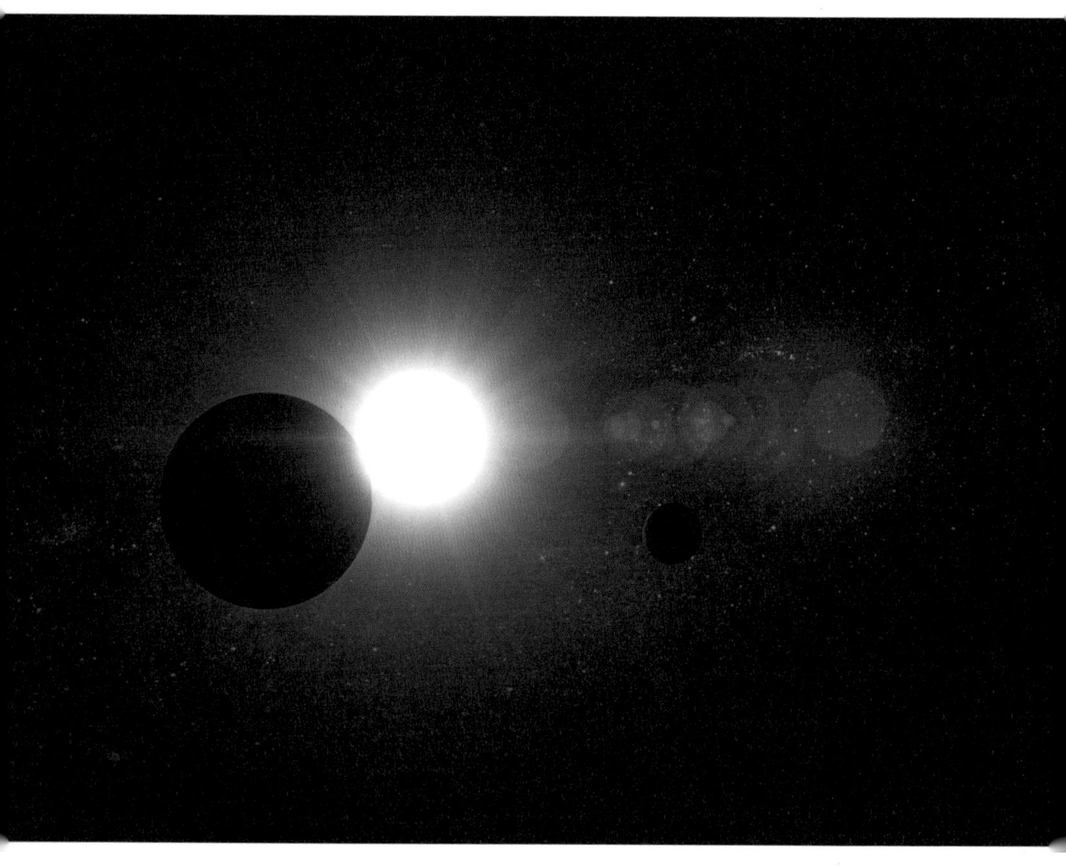

경도를 알아내는 과정은 훨씬 복잡하다. 위도는 단순히 별을 바라보는 것만으로 알아낼 수 있지만, 경도를 계산하려면 현재 자신이 어떤 시간대(time zone, 15도 단위의 자오선을 기준으로 동일한 시각을 사용하는 영역 — 옮긴이)에 있는지 알아야 한다. 영국의 그리니치 천문대(Royal Greenwich Observatory)가 있는 곳을 경도 0으로 정의하고, 이곳에서 대서

북극성을 향하여 카메라 렌즈를 장시간 노출시키면 별의 일주 운동을 사진에 담을 수 있다. 이것은 지구가 매 시간 15°씩(하루에 한 바퀴) 자전하기 때문에 나타나는 현상이다.

양을 향해 서쪽으로 이동하면 시간대가 조금씩 달라져서 런던보다 이른 시간에 뉴욕에 노착하게 된다. 이와 반대로 그리니치에서 동쪽으로 출발하여 모스크바나 도쿄로 향하면 런던보다 늦은 시간대에 도착한다.

지구 표면에서 당신이 속한 시간대는 지평선의 정남향에서 천구의 북극(지구의 자전축을 북쪽으로 무한히 연장했을 때 천구와 만나는 지점. 밤에는 이 자리에 북극성이 있다 — 옮긴이)을 거쳐 정북향으로 이어지는 가상의 원호와 태양의 궤적이 만나는 지점에 의해 결정된다. 천문학자들은 이 가상의 원호를 '자오선(子午線, meridian)'이라 부른다. 태양의 궤적과 자오선이 만나는 지점은 하루 중 태양이 가장 높은 고도에 도달하는 지점이며, 이때가 바로 정오에 해당한다(북반구에서 태양이 하루 중 가장 높은 고도에 도달했을 때 "태양이 남중[南中, culmination]했다"고 한다. 태양의 남중 시간은 계절에 따라 조금씩 차이가 있다 — 옮긴이). 알다시피 지구는 시간당 15°씩 돌아가므로, 경도차가 15°인 두 지점 사이에는 한 시간의 시차가 존재한다. 따라서 자신이 있는 곳의 경도를 알아내려면 그리니치에서 태양이 하루 중 가장 높은 고도에 도달했을 때 시계를 12시로 맞춰놓아야 한다. 그 후 며칠 동안 항해를 하다가 태양이 남중했을 때 시계가 오후 2시를 가리킨다면, 이는 곧 당신의 배가 그리니치로부터 서경 30°인 지점에서 항해 중임을 의미한다. 별로 어렵지 않은 것 같다고? 그렇다. 경도 측정도 위도 못지않게 쉽다. 그러나 이를 위해서는 몇 주 또는 몇 달 동안 단 1초도 틀리지 않는 시계를 갖고 있어야 한다.

우주의 시계

17세기 초, 스페인의 왕 펠리페 3세(Felipe III)는 "육지가 보이지 않는 망망대해에서 현 위치의 경도를 계산하는 방법을 알아내는 사람에게 거액의 상금을 수여하겠다"고 제안했다. 그런데 경도를 정확하게 계산하려면 정확한 시계가 필요했으므로 결국 이 제안은 "정확한 시계를 발명하라"는 말과 다를 바 없었고, 초정밀 시계 제작에 어려움을 느낀 과학자들은 하늘에 존재하는 천연 시계에 관심을 갖기 시작했다. 그 무렵 목성의 위성을 발견한 갈릴레오는 "위성의 공전은 일정한 주기로 반복되므로, 위성이 목성의 표면에 그림자를 드리우는 천체 사건이 시계로 사용될 수 있다"는 아이디어를 떠올렸다. 목성의 위성들 중 네 개는 지구에서 육안으로 볼 수 있는데, 예를 들어 목성에서 가장 가까운 위성 이오(Io)의 공전 주기는 정확하게 1.769일이다. 이 값이 변하지 않는다면 이오가 목성 뒤로 사라졌다가 다시 나타나는 시간을 기준으로 삼아 정확한 시계를 만들 수 있다. 실제로 갈릴레오는 목성의 위성을 이용한 시계를 제작했으며, 정확성도 매우 뛰어났다. 그러나 지구로부터 7억 8000만 km나 떨어진 목성의 표면에 생긴 작은 점을 "흔들리는 배 위에서" 관측하기란 현실적으로 거의 불가능했기에, 갈릴레오는 펠리페 3세의 상금을 받지 못했다. 그렇다고 해서 갈릴레오의 아이디어가 완전히 사장된 것은 아니다. 흔들리지 않는 육지에서 고성능 천체망원경으로 목성을 관측하면 현 위치의 경도를 매우 정확하게 알아낼 수 있다. 목성의 위성 중에서, 특히 이오에 의한 식(蝕) 현상을 관측하고 데이터를 분석하는 것은 당시 천문학자들에게 꽤 의미 있는 일이었다.

17세기 중반에 목성의 위성 관측을 주도한 사람은 이탈리아의 천문학자 조반니 카시니(Giovanni Cassini)였다. 그는 이오의 식 현상을 이용하

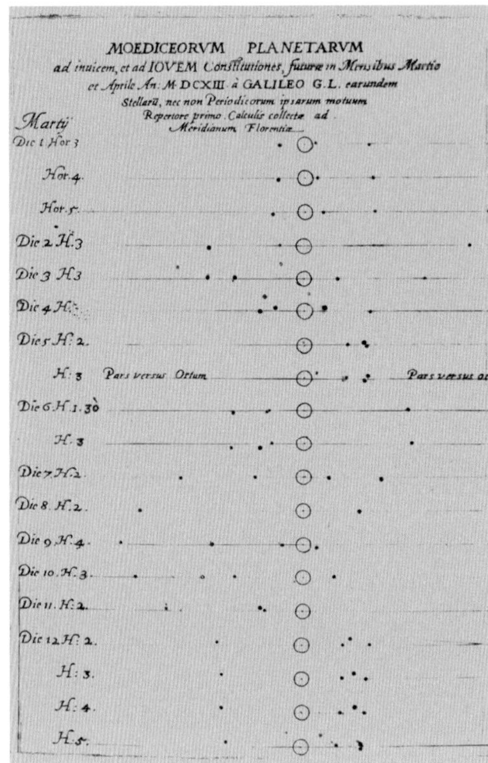

갈릴레오가 목성의 위성을 12일 동안 관측하여 위치 변화를 기록한 논문(이 논문은 1613년에 학술지 <*Istoria e Dimonstrazione*>에 게재되었다). 커다란 원은 목성을 뜻하고, 네 개의 위성은 각 줄에 작은 점으로 표시되어 있다.

여 최초로 경도를 계산했고, 지구의 각 지역별로 목성의 식 현상이 일어나는 날짜와 시간을 상세히 기록해놓았다. 또한 카시니는 경도 데이터의 정확성을 높이기 위해 함께 일하던 천문학자 장 피카르(Jean Picard)를 코펜하겐 근처에 있는 우라니보르그 천문대(Uraniborg Observatory)로 파견했는데, 그곳에서 피카르는 올레 뢰머라는 젊은 천문학자의 도움을 받았다. 몇 달 후(1671년), 뢰머와 피카르는 이오의 식 현상을 100회 이상 관측하여 각각의 식 사이의 시간 간격을 정확하게 알아냈고, 이 일을 계기로 뢰머는 왕립천문대에 연구원으로 초빙되어 연구를 계속하다가 역사적인 발견을 하게 된다. 목성과 관련된 천체 현상이 정확한 주

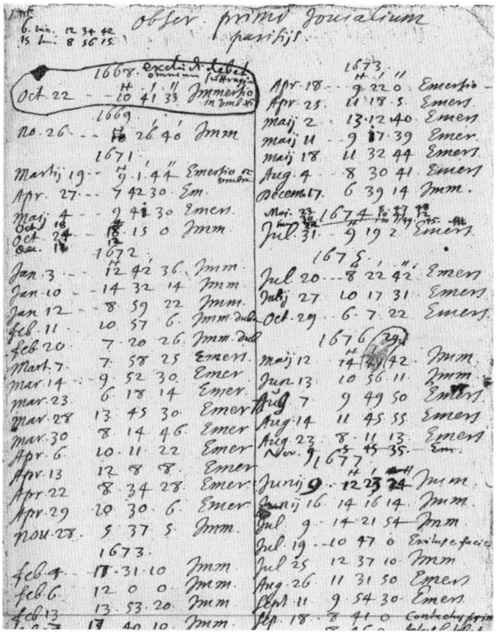

올레 뢰머가 이오 위성의 움직임을 기록한 노트.

기로 반복된다는 당시의 통념과 달리, 우라니보르그 천문대에서 얻은 관측 데이터와 파리에 있는 카시니의 데이터가 서로 일치하지 않았던 것이다. 특히 1년 중 특정 기간에는 계산으로 예측한 이오의 식 현상 시간과 실제로 식 현상이 일어난 시간 사이에 무려 22분의 차이가 발생했다. 오차가 이렇게 크면 이오를 시계로 사용할 수 없고 경도 계산도 불가능해진다. 그러나 뢰머는 낙담하지 않고 관측 자료를 면밀히 분석한 끝에 마침내 그 원인을 알아냈다.

지구와 목성 사이의 거리가 멀어지는 동안에는 목성의 식 현상이 예상보다 늦게 일어나고, 둘 사이의 거리가 가까워지는 기간에는 목성의 식 현상이 예상보다 일찍 일어난다. 왜 그럴까? 뢰머가 알아낸 사실은 다음과 같다. "이오의 움직임은 정확하다. 여기에는 아무 문제도 없다. 다만, 목성과 지구 사이의 거리가 계절에 따라 멀어졌다가 가까워

허블 우주망원경의 적외선 카메라로 찍은 목성의 모습. 위성이 지나가는 부분에 검은 그림자가 점 모양으로 드리워져 있다. 검은 점 세 개는 각각 가니메데(Ganymede, 왼쪽 위)와 이오(Io, 왼쪽), 그리고 칼리스토(Callisto, 오른쪽 위)의 그림자이다. 가운데 위쪽에 나 있는 흰색 점은 이오의 실제 모습이고 푸른 점은 가니메데이며, 칼리스토는 오른쪽으로 목성을 벗어난 곳에 있어서 관측되지 않았다.

지기를 반복하여 시간상의 오차가 발생하는 것이다." 정말 간단하면서도 정곡을 찌르는 설명이다. 목성에서 지구로 날아오는 빛을 상상해보자. 지구와 목성 사이의 거리가 멀어지면 빛의 여행 시간도 그만큼 더 걸리고, 이오가 목성의 그림자에서 벗어나는 시점도 예상보다 늦어진다. 목성에서 방출된(엄밀히 말하면 반사된) 빛이 지구에 도달할 때까지 걸리는 시간이 평소보다 늘어났기 때문이다. 이와는 반대로 지구와 목성 사이의 거리가 가까워지면 빛이 도달하는 데 걸리는 시간이 줄어들어 이오는 평소보다 이른 시간에 나타난다. 그래도 이오의 공전 주기는 항상 정확하기 때문에, 거리 변화에 따른 효과를 보정해주면 기존의 이론은 여전히 성립한다. 뢰머는 수많은 시행착오를 겪은 끝에 계절 변화에 따른 식 현상의 시간차를 알아냈다. 그가 계산한 것은 빛이 지구의 공전 궤도를 가로지르는 데 걸리는 시간이었는데, 최종적으로 얻은 값은 약 20분이었다. 그러나 뢰머는 지구 궤도의 직경이 얼마나 되는지 확신이 없었기 때문에 광속의 구체적인 값을 제시하지 않은 채 "빛이 지구의 공전 궤도를 가로지르는 데 약 22분이 걸린다"고 결론지었다. 빛의 속도를 최초로 제시한 사람은 네덜란드의 천문학자 크리스티

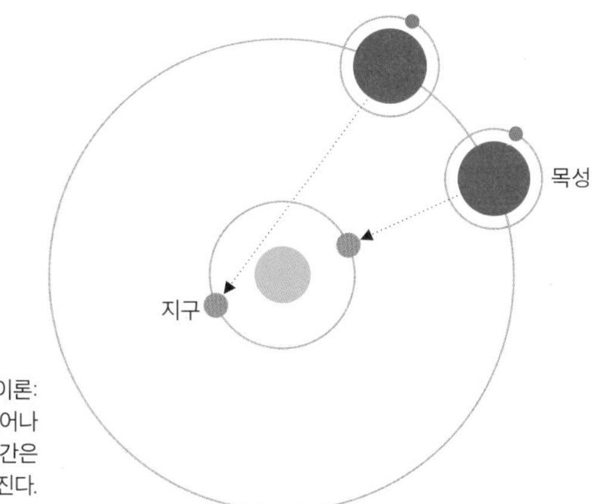

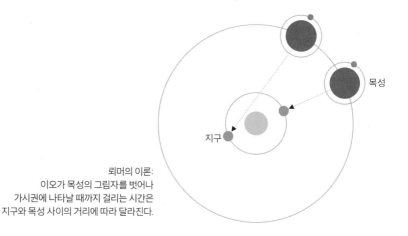

뢰머의 이론:
이오가 목성의 그림자를 벗어나
가시권에 나타날 때까지 걸리는 시간은
지구와 목성 사이의 거리에 따라 달라진다.

안 하위헌스였다. 그는 1678년에 발표한 〈빛에 관한 논고(Treatise sur la lumière)〉라는 논문에서 "빛의 속도는 초속 1억 1000만 토와즈(toise, 중세 프랑스에서 사용하던 길이 단위. 1토와즈는 2m이다 — 옮긴이)"라고 주장했는데, 이는 초속 220,000,000m에 해당한다. 현재 알려져 있는 광속이 초속 299,792,458m이므로 그다지 황당한 값은 아니다. 당시에 지구 공전 궤도의 지름이 정확하게 알려지지 않았던 점을 감안하면 그런 대로 정확한 축에 속한다.

광속의 정확한 값은 뢰머가 세상을 떠난 1710년이 되어서야 비로소 알려진다. 그러나 목성 시계의 주기적 변화를 예측한 것은 과학사에 길이 남을 업적이었으며, 그가 알아낸 빛의 속도는 과학 역사상 최초로 계산된 자연상수(natural constant)였다. 뉴턴의 중력상수(G)와 빛의 속도(c), 그리고 플랑크상수(h)는 물리학에서 핵심 역할을 하는 자연상수로서, 빅뱅 직후부터 지금과 같은 값으로 결정되어 우주의 운명을 좌우해왔다. 만일 자연상수가 지금과 조금이라도 다른 값이었다면 우주는 완전히 다른 세상이 되었을 것이며, 인간은 아예 태어나지도 못했을 것이다.

속도의 한계

우주에 존재하는 만물은 속도의 한계를 갖고 있다. 지난 20세기에 인간은 속도의 한계를 극복하는 데 유별난 정성을 쏟아부었다. 특히 1940~1950년대 과학자와 공학자 들은 음속의 한계에 관심이 많았다. 소리는 20℃의 대기 속에서 1236km/h의 속도로 전달된다. 임의의 물체가 소리보다 빠르게 움직이면 과연 어떤 일이 벌어지며, 초음속의 물리학에는 어떤 비밀이 숨어 있을까? 그들은 이 질문의 답을 찾기 위해 비행기의 속도를 높이는 데 총력을 기울였다.

소리는 공기와 같은 기체 속에서 분자의 교란을 통해 전달된다. 마룻바닥으로 떨어지는 냄비 뚜껑을 상상해보자. 뚜껑이 바닥에 닿는 순간 뚜껑 밑에 있는 공기가 순식간에 압축되어 분자들 사이의 거리가 가까워지고, 그 결과 뚜껑과 바닥 사이에 있는 공기의 압력이 빠르게 높아진다. 그런데 기체는 모든 지점의 압력이 같아지는 쪽으로 흐르는 경향이 있기 때문에, 뚜껑이 바닥에 닿는 순간 기압이 높은 곳에서 낮은 곳으로 공기 분자가 빠른 속도로 이동하고, 이들이 다른 분자와 충돌하면서 일종의 압력파(pressure wave)가 생성된다. 즉, 공기 자체가 이동하는 것이 아니라 '압력 펄스'가 도미노처럼 공기를 타고 전달되는 것이다.

이 압력파의 전달 속도는 공기의 물리적 특성에 따라 달라지는데, 중요한 요인으로는 공기의 온도(분자의 평균 운동 에너지를 나타내는 지표)와 질량(공기의 주성분은 산소와 질소이다), 그리고 압축되었을 때 기체가 반응하는 방식(이것을 단열 지표[adiabatic index]라 한다)을 들 수 있다. 대충 말하자면 소리의 속도는 특정 온도에서 공기 분자들이 이동하는 평균 속도에 의해 좌우된다.

음속은 일반적인 물체의 한계 속도가 아니라 공기 중에서 압력파가

음속은 속도의 한계가 아니라 공기 중에서
압력파가 전달되는 속도일 뿐이다. 그러므로 비행체가
음속을 돌파하지 못할 이유는 어디에도 없다.

전달되는 속도일 뿐이므로, 비행기 같은 물체가 음속을 돌파하지 못할 이유는 없다. 이것은 비행기가 발명되기 한참 전부터 알려진 사실이었으나, 음속보다 빠르게 달리고 싶었던 사람들은 이론보다 실험을 선호했다. 제2차 세계대전이 발발한 후 많은 과학자들이 초음속 비행체 개발 프로젝트에 참여하여 시행착오를 수없이 거듭하다가, 드디어 1947년 10월 14일에 B-29 폭격기의 폭탄 투하실에서 발사된 벨-XS1호(Bell-XS1)가 미국인 시험 조종사 척 예거(Chuck Yeager)를 태우고 음속을 돌파하는 데 성공했다.

요즘은 음속보다 빠른 비행기들이 도처에 널려 있어서 '초음속'이라는 말을 들어도 별다른 감흥이 생기지 않는다. 그러나 사람을 태운 비행기가 음속보다 빠른 속도로 안전하게 날아가려면 거의 예술에 가까운 공기역학 기술이 적용되어야 한다. 시험 비행기 조종사인 데이브 사우스우드(Dave Southwood)는 이 사실을 보여주기 위해 호커 헌터(Hawker Hunter)에 나를 태우고 멋진 비행을 선보였다. 사실 이 비행기는 수평 비행 상태에서 음속을 돌파하도록 설계된 비행기가 아니었다.

호커 헌터는 제2차 세계대전이 끝난 후 1950년대에 영국에서 제작된 제트전투기로, 수평 비행 상태에서 낼 수 있는 최대 속력은 마하 0.94(음속의 94%)이다. 그러나 언덕에서 내려오는 자동차가 한계 성능 이상의 속도를 내는 것처럼, 비행기도 하강하는 동안에 제원을 초과하는 속도를 낼 수 있다. 나를 태운 호커 헌터는 바로 이런 방법으로 음속의 상벽을 뛰어넘었나. 고도 1만 2800m에 도달했을 때 데이브가 기체를 거꾸로 뒤집더니 브리스톨 해협(Bristol Channel)을 향해 수직으로 급강하하면서 음속을 돌파한 것이다. 음속에 도달하는 순간, 나는 호커 헌터 주변을 흐르던 기류가 급변하는 광경을 목격했는데, 지상에 있는 사람들은 바로 이때 음속 폭음(sonic boom, 비행기가 음속을 돌파할 때 지상에서 들리는 폭발음 — 옮긴이)을 들었을 것이다.

그러므로 음속 장벽은 비행체의 장벽이 아니다. 그것은 분자의 운동 법칙에 의해 주어진 '음파 전달 속도의 한계'일 뿐이다. 그렇다면 광속 장벽도 빛에만 해당되는 장벽일까? 비행기나 우주로켓이 빛보다 빠르게 날아갈 수 있을까? 음파와 빛은 똑같은 파동이니, 호커 헌터가 음속 장벽을 돌파한 것처럼 로켓도 잘하면 광속을 초과할 수 있을 것 같기도 하다. 그러나 모두가 알고 있는 것처럼, 우주에 존재하는 그 어떤 것도 빛보다 빠르게 움직일 수 없다. 로켓이 아니라 로켓 할아버지라고 해도 광속을 초과하는 것은 원리적으로 불가능하다. 광속은 단순히 '빛의 속도'가 아니라, 우주 만물의 거동을 좌우하는 기본 상수이기 때문이다. 우리가 초속 299,792,458m로 이동하는 빛의 진정한 의미와 역할을 이해하게 된 것은 1905년에 아인슈타인이 발표한 특수 상대성 이론(Special Theory of Relativity) 덕분이었다. 아인슈타인은 맥스웰의 고전 전자기학에서 영감을 얻어 "시간과 공간은 시공간(spacetime)에서 하나의 체계로 통합된다"는 기발한 아이디어를 떠올렸다. 그가 말하는 시공간이란 앞–뒤, 좌–우, 위–아래라는 세 방향의 3차원 공간에 과거–미래로 진행되는 1차원 시간이 더해진 공간을 의미한다. 따라서 시공간은 3차원이 아닌 4차원 공간이다.

특수 상대성 이론의 내용은 이 책의 수준을 넘어서므로 자세한 설명

나는 초음속을 직접 경험하기 위해 베테랑 조종사가 모는 호커 헌터 전투기를 얻어 탔다. 고도 1만 2800m에서 조종사가 전투기를 거꾸로 뒤집고 구름 속으로 진입하는 순간, 호커 헌터는 가뿐하게 음속을 돌파했다.

은 생략하고, 한 가지 사실만 짚고 넘어가자. 아인슈타인이 특수 상대성 이론을 생각하게 된 동기는 선기장과 자기장의 거동을 서술하는 맥스웰의 방정식이 200년 전에 나온 뉴턴의 운동 법칙과 상충하기 때문이었다. 이 문제를 해결하기 위해 아인슈타인은 시간과 공간을 별개로 간주했던 뉴턴식 접근법을 폐기하고 둘을 하나의 체계로 통합했다. 특수 상대성 이론에는 여러 관측자가 각기 다른 방향으로 움직이는 경우에도 누구에게나 똑같은 값으로 나타나는 '특별한 속도'가 존재한다. 이 특별한 속도는 언제 어디서나, 누가 어떤 상태에서 관측하건 항상 299,792,458m/s로 일정하다. 그리고 바로 이 일정한 속도 때문에 우리는 시간 여행을 할 수 없다. 4차원 시공간 이론에 따르면 시간은 공간과 마찬가지로 시공간을 구성하는 하나의 좌표축이다. 그리고 우리는 공간에서 앞-뒤, 좌-우, 위-아래를 마음대로 오락가락할 수 있다(위-아래로의 이동은 중력 때문에 그다지 자유롭지 않지만, 텅 빈 우주 공간이라면 별문제 없다). 그런데 왜 시간 축에서는 과거와 미래를 마음대로 오락가락할 수 없을까? 우리는 왜 과거로 가지 못하고 일정한 속도로 미래로만 향하는 것일까?

아인슈타인의 상대성 이론에서는 누구에게나 동일한 값으로 나타나는 '특별한 속도'가 존재하기 때문에 시간의 진행 방향이 공간의 진행 방향과 다르고 시간 여행도 불가능하다. 이 특별한 속도는 시공간이라는 직물 속에 복잡하게 얽혀 있으면서 우주의 구조를 결정하는 데 중요한 역할을 한다. 그런데 위에서 말한 '특별한 속도'는 빛의 속도와 어떤 관계일까? 엄밀히 말하면 아무 관계도 없다! 빛의 속도가 상대성 이론에서 말하는 '특별한 속도'와 일치하는 것은 완벽한 우연이다. 아인슈타인의 이론으로 보면 질량이 없는 물체는 공간 속에서 무조건 이 특별한 속도로 움직이고, 질량을 가진 물체는 이보다 느려야 한다. 예를 들어

빛의 구성 입자인 광자(photon)는 질량이 없기 때문에 항상 특별한 속도(광속)로 움직인다. 그러나 광자가 질량을 갖지 않는 데 특별한 이유가 없으므로, 빛이 지금과 같은 속도로 움직이는 데도 특별한 이유는 없다! 앞에서 언급한 '특별한 속도'를 굳이 '광속'으로 부르는 이유는 그 값이 빛의 속도를 관측하면서 처음으로 알려졌기 때문이다.

여기서 중요한 것은 빛의 속도가 시공간이라는 직물과 깊이 얽혀 있는 기본 상수이며, 그 값 자체에 우주의 근본 특성이 반영되어 있다는 점이다. 질량을 가진 모든 물체는 광속보다 빠를 수 없을 뿐만 아니라, 광속과 동일한 속도로 움직일 수도 없다. 바로 이런 특성 때문에 우주에서는 과거와 미래가 섞이지 않으며, 과거로 시간 여행을 할 수도 없다.

시간 여행

우리는 매 순간 아주 미세하게 과거로 시간 여행을 하고 있다. 빛의 속도는 아주 빠르지만 무한대가 아니기 때문에, 우리는 주변 물체의 현재 모습이 아닌 과거 모습을 보고 있다. 예를 들어 30cm 거리에서 거울에 비친 당신은 10억분의 1초(0.000000001초) 전의 모습이다. 두 눈을 아무리 부릅뜨고 집중해서 바라봐도 현재의 모습을 볼 방법은 없다. 이 정도면 꽤 흥미롭지만, 대부분의 물체는 우리와 가까운 거리에 있기 때문에 일상생활에서는 아무 영향도 미치지 않는다. 인간의 감각 기관으로는 10억분의 1초를 감지할 수 없기 때문이다. 그러나 멀리 떨어져 있는 물체의 경우는 사정이 다르다. 주변 물체를 바라볼 때 나타나는 시간차는 너무 작아서 무시해도 상관없지만, 고개를 들어 하늘을 바라보면 놀라운 세상이 우리를 기다리고 있다.

보기 드문 장면: 초승달 아래에 금성이 있고, 오른쪽에 목성이 떠 있다. 세 천체는 우리 눈에 동시에 들어오지만 거리가 각기 다르기 때문에, 서로 다른 시제의 과거 모습을 우리에게 보여준다.

고개를 들고 우리와 가장 가까운 천체인 달을 바라보라. 지구와 달 사이의 거리는 약 38만 km이다. 따라서 당신 눈에 들어온 달은 지금의 모습이 아니라 약 1.3초 전의 모습이다. 1.3초 정도면 인간의 감각 기관으로 인식 가능하지만 그리 긴 시간이 아니므로 굳이 신경 쓸 필요는 없다. 그러나 태양을 바라보는 순간, 우리는 본격적인 과거 여행길에 오르게 된다.

지구와 태양 사이의 거리는 1억 5000만 km이다. 천문학적 규모로 보면 코앞이나 다를 바 없지만, 빛의 입장에서 이 거리를 주파하는 것은 '짧은 여행'에 견줄 만하다. 태양에서 방출된 빛이 지구에 도달하려면 8분이 넘게 걸린다. 즉, 우리는 매 순간 8분 전의 태양을 보고 있다. 만일 어떤 전능한 존재가 어느 순간에 태양을 갑자기 없애버린다 해도 우리는 그 사실을 즉각 알아챌 수 없다. 태양이 없어져도 8분 동안은 하늘에 멀쩡하게 떠서 찬란한 빛을 발할 것이다. 적어도 지구에서는 그렇다.

또한 빛의 속도는 우주의 모든 신호가 진행할 수 있는 최대 속도이기 때문에, 중력조차도 이보다 빠르게 전달될 수 없다. 즉, 중력은 빛의 속도로 전달된다. 그러므로 어느 순간에 태양이 갑자기 사라져도, 향후 8분 동안 지구는 태양의 인력을 느끼면서 공전 궤도를 유지할 것이다. 우리에게 보이는 태양은 겉모습뿐만 아니라 그 존재 자체가 8분 전 모습이다.

그러나 이 정도는 시간 여행의 시작에 불과하다. 태양계의 다른 행성으로 관심을 돌리면 더욱 먼 과거로 돌아갈 수 있다. 화성에서 출발한 빛이 지구에 도달할 때까지는 (지구와 화성의 상대적 위치에 따라) 4~20분이 걸린다. 이 정도면 꽤 긴 시간이기 때문에, 화성 탐사선을 설계할 때 시간 지연 효과를 신중하게 고려해야 한다. 지구와 화성 사이의 거리가 가장 먼 시기에는 낭떠러지 앞에서 뒤뚱거리는 탐사선에 명령을 하달할 때까지 거의 40분이 소요되므로(탐사선이 위기에 처했음을 지구에서 알아채는 데 20분, 회피 기동을 하달하는 데 또 20분이 걸린다), 화성 탐사선은 모든 동작을 천천히 실행하도록 설계되어야 한다. 지구와 목성이 가장 가까운 거리에 놓였을 때, 빛이 두 행성 사이를 주파하는 데 소요되는 시간은 약 32분이며, 태양계의 최외곽 행성인 해왕성에서 출발된 빛이 지구에 도달할 때까지는 거의 네 시간이 걸린다. 1977년 9월에 발사된 보이저 1호는 현재 태양계를 벗어나 우주 공간을 여행하고 있는데, 2010년 9월에 지구의 관제 센터에서 보이저 1호와 전파 통신을 교환하는 데 소요된 시간은 31시간 52분 22초였다.

태양계를 벗어나면 제일 가까운 별까지 빛이 도달하는 데 걸리는 시간은 시간이나 일(日) 단위가 아닌 연(年) 단위로 늘어난다. 태양계에서 가장 가까운 별 알파 켄타우리(Alpha Centauri)는 지구로부터 4광년 거리에 있다. 즉, 우리 눈에 보이는 알파 켄타우리는 몇 시간이나 며칠 전이 아닌 4년 전의 모습이다(이 별은 맨눈으로 관측 가능하다). 천체까지 거리가 멀수록 관측자는 더욱 먼 과거로 돌아가는 셈이다.

시간의 여명

〈경이로운 우주(Wonders of the Universe)〉 제작진은 촬영 장소를 물색하면서 많은 애를 먹었다. 방송용이니 경치도 좋아야겠지만, 무엇보다 이 프로그램의 주제인 과학적 아이디어가 충분히 반영된 장소를 찾아야 했기 때문이다. 가끔은 촬영 장소가 의외로 큰 역할을 하는 경우도 있다. 어떤 특별한 장소는 과학과 일종의 공명을 일으키면서 가메라에 드러나는 것만으로도 심오한 메시지를 전달한다. 내게는 아프리카 탄자니아의 그레이트 리프트 밸리(Great Rift Valley)가 바로 그런 곳이었다.

나를 포함한 촬영팀은 2010년 5월 10일에 탄자니아에 도착하여 킬리만자로 공항 근처에서 하룻밤을 보낸 후, 커다란 범퍼와 삽이 달린 녹색 도요타 랜드크루저를 타고 세렝게티로 향했다. 한동안 달리다 보니 아프리카 느낌을 물씬 풍기는 평원이 시야에 들어왔는데, "이렇게 넓은 평원이 지구에 들어설 자리가 있었나?"라는 의문이 들 만큼 엄청난 규모였다. 초여름 하늘을 배경으로 짙은 먹구름이 걸쳐 있는 지평선은 실제보다 훨씬 멀게 느껴졌다. 자동차 여행 중 가장 인상 깊었던 것은 세렝게티의 누(gnu, 아프리카 영양 — 옮긴이) 떼가 1600km 거리를 이동하는 장면이었다. 이들이 지나가면 건조한 사바나 평원에 발자국을 남기는데, 땅이 워낙 깊게 패여서 차가 아니라 말을 타고 가는 기분이었다. 얼룩말과 기린, 그랜트가젤은 초원의 주인답게 촬영팀이 카메라를 코앞에 갖다 대도 태연하게 풀을 뜯었다.

우리는 적절한 장소를 찾아 임시 캠프를 세웠다. 내 평생 가장 목가적이고 소박하면서, '캠프'라는 단어의 사전적 의미가 가장 충실하게 구현된 캠프였다. 일행 몇 명이 나서서 아까시나무 밑에 카키색 텐트를 쳤는데, 그 뒤에 드리운 바위 절벽에는 개코원숭이 무리가 수시로 오락가

그레이트 리프트 밸리는 지질학적으로 매우 중요한 곳이다. 그러나 이곳에 직접 발을 들여놓으면 장구한 인류의 역사가 평원을 가로질러 메아리치는 듯한 느낌을 받게 된다. 지구 어디를 둘러봐도 이런 장소는 찾기 힘들 것이다.

락하며 박스에 담긴 식량을 넘보았다. 우리를 안내한 마사이족이 막대를 휘두르며 원숭이들을 모두 내쫓았다. 그의 행동이 어찌나 터프한지 우리도 겁이 날 지경이었다.

그레이트 리프트 밸리는 시리아에서 모잠비크까지 6000km에 걸쳐 뻗어 있는 세계 최대의 지구대(地溝帶, 단층 사이에 함몰된 지대가 연속해서 나타나는 지형 — 옮긴이)이다. 이 지역에 들어서면 장구한 인류의 역사가 평원을 가로질러 메아리치는 듯한 느낌이 든다. 지구 어디에서도 이런 장소는 찾기 힘들 것이다. 이곳을 걷다 보면 마치 과거로 가는 듯한 착각이 들 정도이다. 1974년에 미국의 인류학자 도널드 요한슨(Donald Johanson)은 에티오피아의 한 계곡에서 최초의 인류로 추정되는 화석을 발견하여 '루시(Lucy)'라고 이름을 붙여주었다. 오스트랄로피테쿠스(*Australopithecus*)로 분류된 루시는 320만 년 전에 살았을 것으로 추정되며, 인류학자 대부분이 이 종족을 현존 인류의 직계 조상으로 간주한다. 또한 탄자니아에서는 현생 인류와 훨씬 가까운 조상의 화석이 발견되었다. 1960년대 초반에 루이스 리키(Louis Leakey)는 아내 메리(Mary)와 함께 호모 하빌리스(*Homo habilis*)의 화석을 발견하여 학계에 뜨거운 논쟁을 불러일으켰다. 호모 하빌리스는 오스트랄로피테쿠스의 직계 후손이자 최초로 도구를 사용한 인류로 추정된다. 이 모든 사실을 알고 있

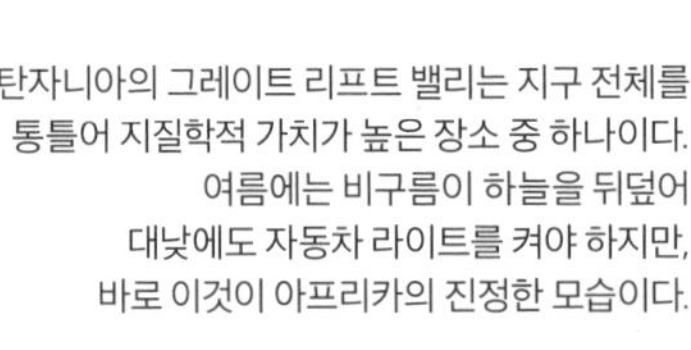

탄자니아의 그레이트 리프트 밸리는 지구 전체를
통틀어 지질학적 가치가 높은 장소 중 하나이다.
여름에는 비구름이 하늘을 뒤덮어
대낮에도 자동차 라이트를 켜야 하지만,
바로 이것이 아프리카의 진정한 모습이다.

다 해도, 세렝게티 초원에 모닥불을 피우고 그 옆에 앉아 있으면 고고학적 지식을 초월하여 내가 태어난 곳으로 되돌아온 듯한 느낌이 든다. 수백만 년 동안 한자리를 지켜온 계곡과 그곳에 살다 간 수많은 생명체가 일제히 공명을 만들어내기 때문이다.

안드로메다를 찾아서

빛의 역사와 세렝게티의 역사의 관계는 벨벳처럼 드리운 탄자니아의 하늘에 희미하게 빛나는 보석과도 같다. 인공조명이 전혀 없는 아프리카 평원에 밤이 찾아오면 머리 위에서 찬란한 빛을 발하는 수십억 개 별을 마음껏 감상할 수 있다. 하늘을 가로지르는 은하수에 헤아릴 수 없이 많은 별이 안개처럼 퍼져 있는 광경은 말로 표현할 수 없이 아름답다. 맨눈으로 보이는 은하수의 모든 조각과 모든 별빛은 우리은하에 속한 다른 별이나 은하수 주변을 공전하는 두 개의 마젤란성운(Magellanic cloud, 은하수에서 가장 가까운 거리에 있는 소형 불규칙 은하. 수천만 개의 별과 변광성, 구상성단 등으로 이루어져 있다 — 옮긴이)에서 탄생했다. 그러나 여기에는 단 하나의 예외가 존재한다…….

그 예외를 찾으려면, 먼저 'W'자 모양으로 배열된 카시오페이아에 주

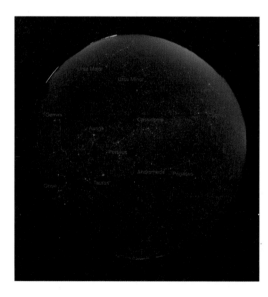

가을과 겨울 저녁에는 북쪽 하늘에서 M31을 맨눈으로 관측할 수 있다. 'W'자 모양을 한 카시오페이아자리의 오른쪽 'V'자 아래에서 희미하게 빛나는 덩어리 천체가 바로 M31, 즉 안드로메다은하이다.

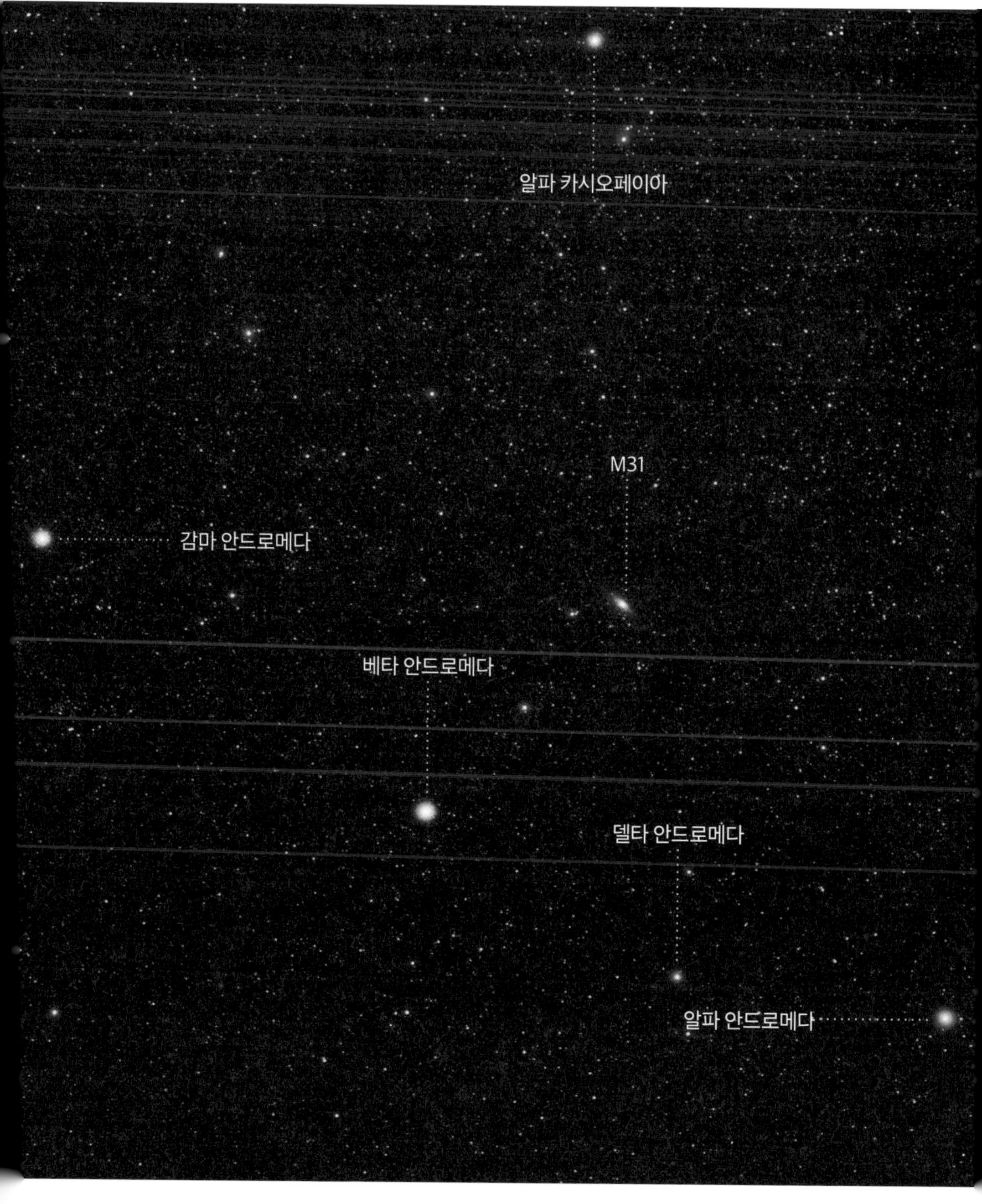
알파 카시오페이아
M31
감마 안드로메다
베타 안드로메다
델타 안드로메다
알파 안드로메다

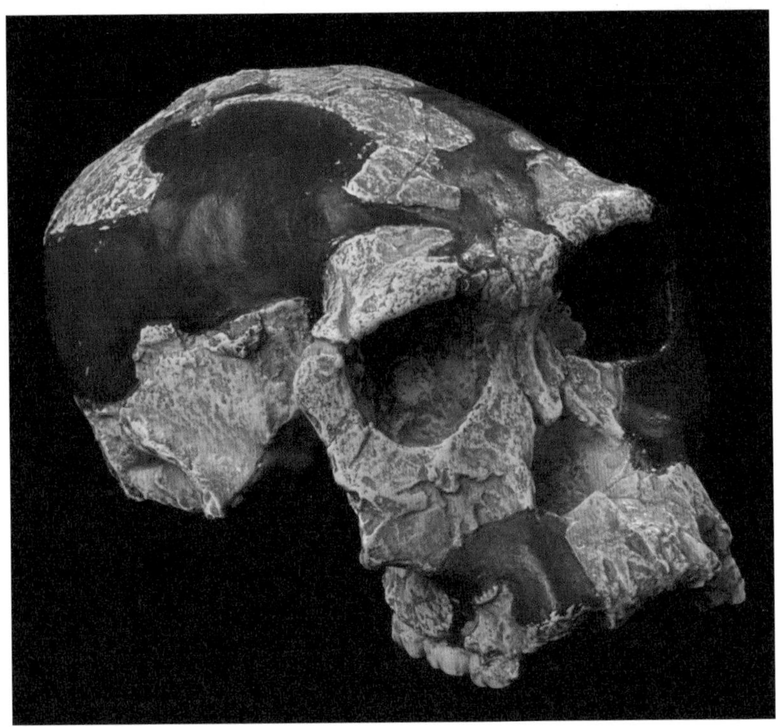

탄자니아의 올두바이 협곡(Olduvai Gorge)에서 발견된 호모 하빌리스의 두개골. 180만 년 전의 것으로 추정된다.

목할 필요가 있다. 이것은 북극성을 기준으로 큰곰자리(북두칠성)의 반대쪽에 위치한 별자리인데, 위도가 높은 지역에서는 하루 종일 지평선 위에 뜬 채 24시간을 주기로 일주 운동을 하고 있다. 카시오페이아자리의 W자를 똑바로 세웠을 때, 오른쪽 'V'자 바로 아래를 주시하면 제법 크게 뭉쳐 있는 희미한 덩어리가 시야에 들어올 것이다. 이 천체는 주변의 다른 별들과 밝기가 비슷하지만, 카시오페이아자리의 별들보다는 어둡다. 나는 이 희미한 덩어리가 맨눈으로 볼 수 있는 천체 중 가장 경이로운 존재라고 생각한다. 왜냐하면 이것은 은하수 안에 존재하는 천체가 아니기 때문이다. 그 이름은 '안드로메다(Andromeda)', 우리은하와 가장 가까운 거리에 있는 외계 은하로서, 수조(兆) 개의 별들이 그 안에 둥지를 틀고 있다. 안드로메다은하와 우리은하 사이의 거리는 약 2.5×10^{19}km(약 250만 광년)이다.

250만 년 전의 어느 날, 인류의 조상 호모 하빌리스가 사냥감을 찾아 탄자니아의 사바나를 헤매고 있을 때, 안드로메다은하에서 한 줄기 빛이 방출되어 기나긴 여행을 시작했다. 그 빛이 우주 공간을 광속으로 가로지르는 동안 지구에서는 호모 하빌리스가 진화를 거듭하여 호모 사피엔스(*Homo sapiens*)가 되었고, 그중 한 사람인 내가 우연히 카시오페이아자리 아래쪽을 올려다보고 있을 때 내 눈의 망막에 도달했다. 250만 년에 걸친 여행이 내 눈의 시신경에 전기 신호를 만들어내면서 드디어 대단원의 막을 내린 것이다. 그리고 그 전기 신호는 두뇌에 전달되어 영상을 만들어내고, 내 마음속에 깊은 경외감을 불러일으킨다. 그러나 이 빛이 안드로메다은하를 막 출발하던 무렵, 지구에는 나 같은 두뇌를 가진 생명체가 존재하지 않았다.

맑은 날 밤하늘을 맨눈으로 바라보면
누구나 경이감에 빠져든다.
그러나 맨눈 관측으로는
이것이 전부이다. 다른 행성은
어떤 모습이며 어떤 환경인지,
외계 생명체가 살고 있는지
그저 상상만 할 수 있을 뿐이다.
그러나 현대 과학기술을 이용하면
지구를 벗어나 우주로 진출할 수 있다.
고도로 정밀한 우주로켓과
탐사 도구는 우주에 대한
관점을 송두리째 바꿔놓았다.

우주왕복선 인데버호의 승무원이
허블 우주망원경을 수리하는 모습.
이 11톤짜리 망원경 덕분에 천문학자들과 과학자들은
그 어느 때보다 먼 우주를 볼 수 있게 되었다.

허블 우주망원경

맨눈으로 볼 수 있는 과거는 지구에 인간이 처음 등장했던 250만 년 전이 한계이다. 얼마 전까지만 해도 인간이 볼 수 있는 가장 먼 천체는 안드로메다은하였다. 그러나 강력한 천체망원경이 등장하면서 우리는 한층 더 멀리 우주를 볼 수 있게 되었으며, 아주 먼 과거에서 날아온 정보를 취할 수 있게 되었다.

갈릴레오의 천체망원경 이래로 천문학에 가장 큰 기여를 한 망원경은 단연 허블 우주망원경(Hubble Space Telescope)이다. 우주가 팽창한다는 사실을 최초로 알아낸 미국의 천문학자 에드윈 허블(Edwin Hubble)의 이름에서 따온 것이다. 스쿨버스만 한 크기의 11톤짜리 허블 우주망원경은 1970년대에 처음 제안된 후 지미 카터(Jimmy Carter) 대통령 재임 중에 의회의 승인을 거쳐 1983년에 발사될 예정이었다. 그런데 프로젝트가 출범할 때부터 문제가 속출했고, 우여곡절을 겪은 끝에 애초 계획보다 3년 늦은 1986년에 발사 준비를 마쳤으나, 그해 1월 우주왕복선 챌린저호가 발사 후 73초 만에 공중에서 폭발하는 바람에 허블 망원경은 물론이고 미국의 모든 우주 관련 프로그램이 중지되었다. 그 후 허블 우주망원경은 격납고에서 매달 600만 달러(약 70억 원)의 막대한 유지비를 잡아먹으며 4년을 더 기다려야 했다.

처음 계획보다 무려 7년이 지연된 1990년 4월 24일, 우주왕복선 디스커버리호가 허블 망원경을 싣고 발사되어 고도 600km 지점에서 망원경을 궤도에 진입시키는 데 성공했다. 창고에서 돈만 잡아먹던 천덕꾸러기가 우주 관측의 첨병으로 데뷔한 것이다. 허블 망원경의 임무는 지구 대기의 방해를 받지 않은 채 먼 우주를 고해상도로 촬영하여 지구에 전송하는 것이었다. 첨단 장비로 무장한 허블 망원경으로서는 그

애초 계획보다 7년이 늦은 1990년 4월,
허블 우주망원경을 궤도에 진입시키는
우주왕복선 임무 STS-31이 카운트다운에 들어갔다.
원시 우주를 들여다보도록 정교하게 설계된 최첨단 눈이
드디어 우주로 진출하게 된 것이다. 그러나……

다지 어려운 임무도 아니었다. 그러나 궤도에 진입하고 몇 주 후에 허블이 보내온 사진은 한마디로 실망 그 자체였다. 수십억 달러를 들여 만든 첨단 망원경의 성능이 기존의 천체망원경과 크게 다르지 않았기 때문이다. 허블 연구팀은 곧바로 원인 분석에 들어갔고, 처음 설계 단계부터 반사경에 심각한 오류가 있었음을 밝혀냈다. 렌즈를 연마하는 과정이 정교하지 않아 곡률에 '1000분의 2.2mm'라는 오차가 발생한 것이다. 일반 천체망원경에서 이 정도는 별로 심각한 문제가 아니지만, 수십억 광년을 내다봐야 할 허블에게는 재앙이나 마찬가지였다.

문제를 해결하는 방법은 단 하나, 사람을 직접 보내 수리하는 것뿐이었다. 그나마 다행인 게, 허블 망원경이 우주에서 수리가 가능하도록 설계된 최초의 망원경이었다는 점이다. 반사경을 통째로 교체하는 작업은 기술적으로 불가능했기에, NASA의 연구원들은 허블에 "안경을 씌워서" 시력을 교정하는 쪽으로 가닥을 잡았다.

1993년 12월, 우주왕복선 인데버호의 승무원들은 10일 동안 궤도에 머물면서 허블 망원경을 수리했다. 우주에서 진행되는 초정밀 수리 작업을 맡은 사람은 NASA의 우주인 스토리 머스그레이브(Story Musgrave)였다. 해병대 조종사 출신으로 우주왕복선 임무를 이미 네 차례나 수

허블 우주망원경은 천문학 역사상 가장 큰 업적을 남긴 최고의 망원경이다. 거대한 이 망원경은 1990년에 상공 600km 궤도에 진입한 후 이전에는 볼 수 없었던 우주 사진을 꾸준히 전송해오면서 20년 넘게 임무를 충실하게 수행했다.

행한 베테랑에, 1만 6000회의 전투기 시험 비행 경력과 외상외과 의사 자격까지 소지한 그는 우주 프로그램의 상징으로 통하는 인물이다. 훗날 머스그레이브는 망원경 수리 작업을 회상하며 이렇게 말했다. "허블 망원경은 웅대하고 장엄한 우주선이었습니다. 그렇게 아름다운 걸작을 수리하여 원래의 성능을 발휘하게 하는 것은 일생일대의 영광이었죠. 반드시 성공한다는 보장도 없었고 위험 요소도 많았지만, 허블 망원경의 잠재력을 생각할 때 위험을 무릅쓸 가치가 충분히 있었습니다."

수리를 마친 허블 망원경은 1994년 1월 13일부터 다시 가동되었고, 숨 막히도록 아름다운 우주 사진을 전송해오면서 천문 관측의 첨병 역

허블 망원경이 촬영한 NGC 1300 나선은하의 모습. 허블이 전송한 거대한 사진 중 하나이다.

할을 톡톡히 해냈다. 예정보다 10년이나 지연되면서 60억 달러(약 7조 원)라는 거금을 축내기도 했지만, 결코 헛된 투자가 아니었음을 스스로 증명해 보인 것이다.

허블 망원경이 보내온 가장 중요한 사진

허블 우주망원경은 20년 넘게 우주에서 가장 희미한 불빛까지 감지하여 지구로 전송했고, 연구원들은 영상을 재처리하여 수십억 광년 거리에 있는 천체와 수십억 년 전에 일어난 천체 사건을 생생한 사진으로 재현해냈다. 그곳은 시간적으로나 공간적으로 영원히 도달할 수 없는 영역이지만, 허블 망원경의 뛰어난 시력과 연구원들의 능숙한 손을 거치면 더할 나위 없이 아름다운 영상으로 재구성된다. 그중에서 가장 유명한 사진을 꼽는다면 2003년 9월 24일~2004년 1월 16일 사이에 11일에 걸쳐 촬영된 '울트라 딥 필드(Ultra Deep Field)'를 들 수 있다. 이 기간 동안 허블 망원경의 첨단 관측 카메라(Advanced Camera for Surveys, ACS)와 근적외선 카메라 및 다중분광기(Near Infrared Camera and Multi-Object Spectrometer, NICMOS)는 남쪽 하늘 화로자리(Fortnax)에 초점을 맞추고 있었다. 이곳은 아주 좁은 영역이어서, 허블 망원경으로 달의 표면 지도를 작성한다면 이런 사진 50장이 필요했을 것이다.

이렇게 작은 영역을 지구에서 바라보면 완벽한 암흑만이 존재한다. 최고 성능의 천체망원경으로 들여다봐도 그냥 깜깜할 뿐이다. 허블 망원경이 화로자리에 초점을 맞춘 것도 바로 이런 이유였다. 아무것도 없다고 생각했던 영역에서 무언가를 발견하면 화젯거리가 될 수 있기 때문이다. 그러나 결과는 화젯거리 정도가 아니라 세상을 뒤집어놓았다. 허블 망원경은 100만 초에 가까운 셔터 속도(shutter speed, 셔터가 열려 있는 시간. 100만 초는 약 11일이다 — 옮긴이)로 완벽한 암흑 속에서 희미한 빛을 잡아냈

허블 망원경이 촬영한 울트라 딥 필드는
가장 화려하면서 최고의 가치를 지닌 사진으로 꼽힌다.
이 사진에는 크기, 모양, 색상, 나이가 각기 다른 1만여 개의 은하가
아름다운 자태를 뽐내고 있다. 가까운 은하는 크고 밝지만,
그 주변에 작고 희미한 수백 개의 은하가 산재해 있다.
이 사진에 찍힌 희미한 은하들은 지금까지 관측된 천체들 중
거리가 가장 먼 것으로 판명되었다.

는데, 사진에서 가장 희미한 부분은 1분마다 광자 하나씩 11일 동안 받아서 만들어낸 영상이다. 더욱 놀라운 것은 대부분의 점이 독자적인 개별 은하로 판명되었다는 사실이다. 화로자리 근처의 좁은 암흑 지대에는 수천억 개의 별과 1만여 개의 은하가 있었다. 감지기의 성능이 지금보다 좋았다면 더 많은 별과 은하가 모습을 드러냈을 것이다. 천문학에 관심 있는 독자들은 관련 서적에서 "관측 가능한 우주에 1000억 개가 넘는 은하가 존재하며, 각 은하는 수천억 개의 별로 이루어져 있다"는 글을 읽은 적이 있을 것이다. 우주를 전부 둘러보지 않고 이런 주장을 펼칠 수 있는 것도 바로 이 '울트라 딥 필드' 덕분이었다.

그러나 이 사진에는 또 하나의 중요한 의미가 담겨 있다. 사진에 찍힌 은하들은 거리가 제각각이므로, 이 사진은 3차원 영상이나 마찬가지다. 다만, 세 번째 차원은 공간이 아니라 시간이다. 우리는 허블 망원경이 찍은 사진을 통해 인간의 상상력을 초월한 머나먼 과거를 바라보고 있는 것이다. 지질학자들이 극지방의 빙하 코어(ice core, 오랜 기간 묻힌 빙하 속에서 추출한 얼음 조각 — 옮긴이)를 분석하여 지구의 역사를 추적하듯이, 천문학자들은 울트라 딥 필드 같은 사진으로 우주의 역사를 추적한다.

사진에 찍힌 은하들은 나이와 크기, 모양, 색상이 제각각이고 지구로부터의 거리도 천차만별이다. 가장 가까운 은하는 크고 밝으면서 나선이나 타원 모양이 선명하게 드러나 있는데, 거리는 약 10억 광년쯤 된다. 이들은 빅뱅 직후, 그러니까 약 120억 년 전에 형성되었다.

이 사진에서 우리의 관심을 끄는 것은 붉은색을 띤 작고 불규칙한 은하들이다. 울트라 딥 필드에 모습을 드러낸 100여 개의 은하는 지금까지 관측된 것 중에서 가장 먼 은하에 속한다. 붉은 점으로 나타난 일부 은하들은 지구와의 거리가 120억 광년이나 된다. 우주의 나이가 137억

허블 망원경이 촬영한 걸작들은
우리를 상상조차 할 수 없는 아득한 과거로 데려다준다…….
허블의 대표작인 울트라 딥 필드에는
우주의 '거의 모든 역사'가 담겨 있다.

5000만 년이므로, 그곳에서 방출된 빛은 지구에 도달하기 위해 거의 우주의 나이만큼 여행을 한 셈이다. 천문학자들은 2010년 10월에 울트라 딥 필드에서 가장 먼 은하를 찾아냈는데, 이 은하까지의 거리는 130억 광년이 넘는다. 즉, 빅뱅 후 60만 년 만에 방출된 빛이 이제야 지구에 도달한 것이다.

이것이 얼마나 긴 시간이며 얼마나 먼 거리인지, 인간의 능력으로는 상상하기 어렵다. 이토록 오래된 은하의 모습이 광자 한 줌에 담겨 허블 망원경의 감지기에 도달했다. 그 광자가 길고 긴 여행을 시작하던 무렵, 은하는 갓 태어난 별로 가득 찬 용광로였고 지구와 태양은 아직 태어나지도 않았으며, 훗날 은하수가 될 어린 별들이 혼돈 속에서 서서히 질서를 찾아가고 있었다. 그리고 이 광자가 허블 망원경에 닿기까지 여정의 3분의 2를 마쳤을 무렵에 성간 먼지가 중력으로 뭉쳐 태양계가 형성되었다. 그 후 지구에 생명체가 등장하고 이들이 허블 망원경을 만들 정도로 똑똑해졌을 때쯤, 드디어 광자는 130억 년에 걸친 여정에 마침표를 찍었다.

울트라 딥 필드에 찍힌 영상은 아득한 옛날에 방출된 빛이면서도 꽤 많은 정보를 담고 있다. 천문학자들은 얼마 안 되는 빛에서 그토록 다양한 정보를 어떻게 알아냈을까? 그 비결은 은하의 색상을 분석하는 기술에 숨어 있다.

무지개에 담긴 색상

빅토리아 폭포(Victoria Falls)는 지구에서 아름답고 경이로운 자연 경관 중 하나이다. 잠베지강의 풍부한 수원(水源)이 남아프리카 잠비아와 짐바브웨의 국경 근처에 도달하여 엄청난 장관을 만들어낸다. 이 폭포를 발견한 최초의 외지인은 데이비드 리빙스턴(David Livingstone)이었다. 그는 1855년에 남아프리카를 탐험하다가 이 장엄한 광경을 목격하고, 당시 영국을 통치하던 여왕의 이름을 붙여주었다. 훗날 리빙스턴은 빅토리아 폭포의 장관을 회상하며 저서에 다음과 같이 적어놓았다. "영국에는 이와 견줄 만한 경치가 없다. 내가 잠베지강에 도달하기 전까지는 그 어떤 유럽인도 이 폭포를 보지 못했다. 그 모습이 무척 아름다워서, 하늘의 천사들도 수시로 날아와 감상했을 것이다." 나는 촬영 기간 동안 이 폭포를 구경하는 행운을 누렸다. 빅토리아 폭포 앞에 서면 흐르는 물의 순수한 위력이 온몸으로 생생하게 느껴진다. 세계 어디를 가도 이런 풍경은 찾아보기 힘들다. 그런데 더욱 놀라운 것은 빅토리아 폭포가 허블 망원경의 울트라 딥 필드를 해석하는 데 중요한 실마리를 제공한다는 점이다.

안개 낀 날 빅토리아 폭포의 위쪽에는 숨이 막힐 정도로 아름다운 무지개가 자태를 드러낸다. 무지개는 지난 수천 년 동안 사람들의 마음을 사로잡았다. 하늘을 가로지르는 거대한 원호는 바라보는 것만으로도 충분히 수려하고 경이롭지만, 대부분의 자연현상이 그렇듯이, 그 뒤에 숨어 있는 과학 원리를 이해하고 나면 훨씬 더 아름답게 보인다.

무지개를 이해하려는 연구는 고대 그리스의 아리스토텔레스까지 거슬러 올라간다. 백색광은 어떻게 다양한 색으로 갈라지는 것일까? 무지개의 물리적 원리를 최초로 설명한 사람은 10세기 이슬람 과학자 이븐

알 하이삼(Ibn al-Haytham)이었다. 그는 "태양빛이 우리 눈에 도달하기 전에 구름에 의해 산란되기 때문에 무지개가 생긴다"고 주장했는데, 완전한 설명은 아니지만 사실에서 크게 벗어나지도 않는다. 무지개가 생기는 이유를 현대 과학의 관점에서 올바르게 설명한 사람은 물리학의 영원한 슈퍼스타, 아이작 뉴턴이다. 그는 다양한 실험을 거친 끝에 "백색광이 프리즘을 통과하면 여러 개의 단색광으로 분리된다"는 사실과 함께 "모든 단색광을 하나로 합치면 백색광이 된다"는 사실까지 알아냈다.

무지개의 물리적 원리는 근본적으로 프리즘의 원리와 동일하다. 태양광은 모든 단색광의 혼합체이며, 공중에 떠다니는 작은 물방울이 프리즘 역할을 하여 햇빛을 여러 색으로 분해한다. 그런데 무지개는 왜 항상 원호 모양으로 나타나는 것일까?

이 질문에 대한 답은 뉴턴보다 40여 년 먼저 태어난 프랑스의 수학자 겸 철학자 르네 데카르트가 1637년에 제시했다. 그는 공중에 떠다니는 작은 물방울을 '구형(球形)의 물'로 가정하고, 한 줄기의 빛이 물방울에 진입할 때 어떤 현상이 일어나는지 생각해보았다. 103쪽의 그림(무지개가 원호 모양인 이유)에서 태양빛 S가 물방울 속으로 진입하면 경로가 조금 구부러지는데, 이것을 굴절(屈折, refraction)이라 한다. 일반적으로 빛의 굴절은 한 매질에서 다른 매질로 진입할 때 두 매질의 경계면에서 발생한다. 그림에서 빛 S는 두 매질(공기, 물)의 경계면인 A에서 굴절을 일으켜 물방울의 뒷면인 B에 도달하고, 그곳에서 반사된 빛은 C에 도달한 후 또 다시 굴절되어 E를 향해 날아간다. 만일 관측자의 눈이 E 지점에 있다면, 태양빛 S가 물방울에 반사되어 관측자의 눈에 들어올 것이다.

빛이 물방울에 진입한 방향과 물방울의 뒷면에서 반사된 방향 사이

아리스토텔레스 시대부터 과학자들은 무지개가 생기는 이유를 탐구해왔다. 남아프리카의 빅토리아 폭포는 세계에서 가장 아름다운 무지개가 뜨는 곳이다. 이곳은 비가 오지 않더라도 대기 중에 물방울이 항상 떠 있기 때문에, 날씨만 맑으면 무지개를 쉽게 볼 수 있다.

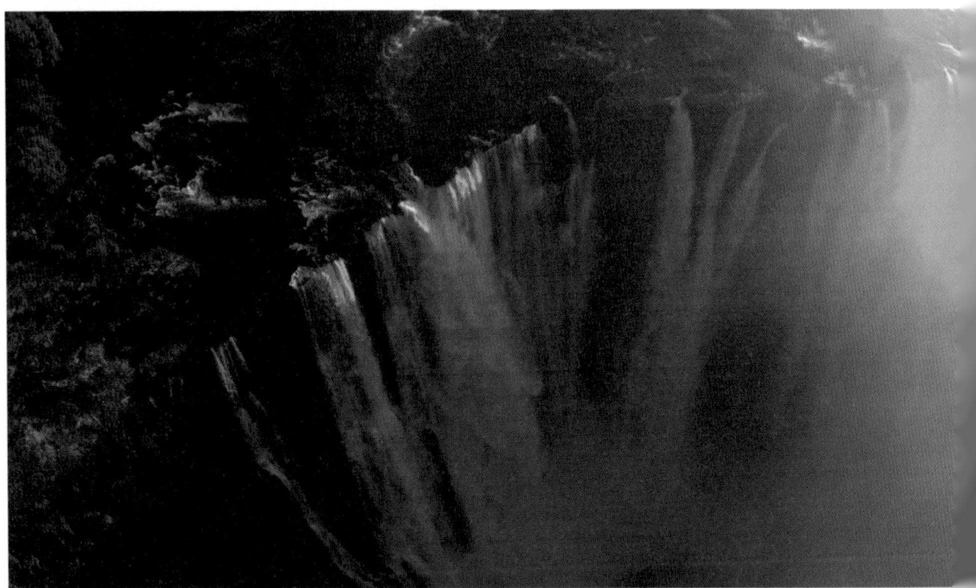

의 각도를 D라 하자. 그러면 빛이 물방울에 진입하는 각도에 따라 D의 값이 달라질 텐데, 그중에는 최댓값이 있을 것이다. 데카르트가 각 색상별로 D의 최댓값을 계산해보니 붉은빛은 42°, 푸른빛은 40°였고, 붉은빛과 푸른빛의 중간색 빛은 40~42°였으며, 이보다 큰 각도로 반사-굴절되는 빛은 존재하지 않았다. 이 사실만 알고 있으면 무지개가 원호를 그리는 이유를 설명할 수 있다. 태양을 등지고 서서 태양과 당신의 눈, 그리고 지면을 연결하는 가상의 직선을 그린 후, 이 직선으로부터 42° 위쪽을 바라보면 데카르트가 말했던 붉은색 무지개가 보이고(물론 공기 중에 물방울이 있어야 한다), 조금 내려간 40° 방향에서는 푸른색 무지개가 보인다. 기타 다른 색상들은 둘 사이에 놓여 있다. 그리고 관찰자의 눈에서 아주 미세한 각도로 빛의 일부가 반사되기 때문에, 무지개의 아래쪽이 위쪽보다 항상 밝게 보인다. 그럼에도 불구하고 무지개 밑에는 아무 색도 보이지 않는다. 모든 단색광이 합쳐지면 백색광이 되기 때문이다. 100쪽의 사진을 보면 무지개의 아래쪽이 밝고 위쪽이 어둡다는 것을 한눈에 알 수 있다.

물방울을 잔뜩 머금은 대기 중에서 무지개가 보이는 이유는 각 단색광이 조금씩 다른 최대각으로 반사되기 때문이다. 그런데 무지개는 왜 직선이 아닌 원호 모양일까?

사실 무지개는 원의 일부가 아니라 완전한 원형이다. 태양과 당신의 눈, 지면을 잇는 가상의 직선을 다시 떠올려보자. 이 직선과 42°를 이루는 방향은 하나가 아니라 무수히 많으며, 이것들을 다 모으면 고깔 모양이 된다. 그리고 무지개는 고깔의 끝 면, 즉 원을 따라 형성된다. 그러나 원의 상당 부분이 지면 아래에 있기 때문에, 지면 위로 올라온 원호만이 우리 눈에 보이는 것이다. 무지개가 주로 이른 아침이나 늦은 오후에 나타나는 것도 같은 이유다.

전자기파 스펙트럼

전자기파의 스펙트럼은 파장이 긴 라디오파에서 파장이 짧은 감마선 사이에 걸쳐 있다. 사람의 눈은 이들 사이의 좁은 영역인 가시광선만 볼 수 있다.

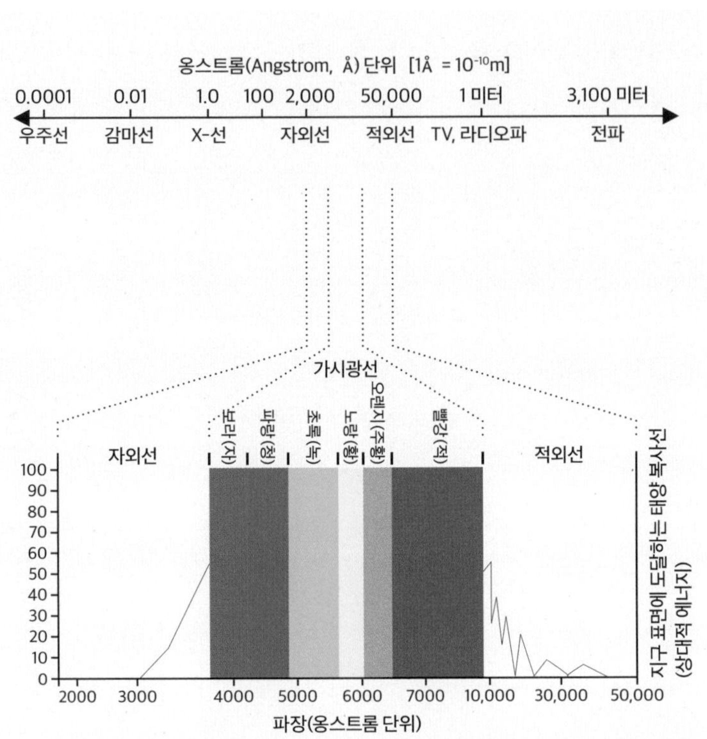

원래 무지개는 원의 일부가 아니라 완전한 원형이다. 그러나 원의 상당 부분이 지면 아래에 있기 때문에 일부만 보이는 것이다. 무지개가 주로 이른 아침이나 늦은 오후에 보이는 것도 같은 이유다.

무지개가 원호 모양인 이유

데카르트는 대기 중의 물방울이 원형이라는 가정하에 무지개의 원리를 설명했다. 햇빛이 물방울에 진입하면 굴절-반사-굴절을 겪은 후 처음 입사각과 D의 각도를 이룬 채 밖으로 나온다. 이 각도 D는 입사각에 따라 달라지는데, 각 단색광별로 특정한 '최댓값'이 존재하며, 이 최댓값이 색에 따라 조금씩 다르기 때문에 얇은 두께로 무지개가 형성되는 것이다.

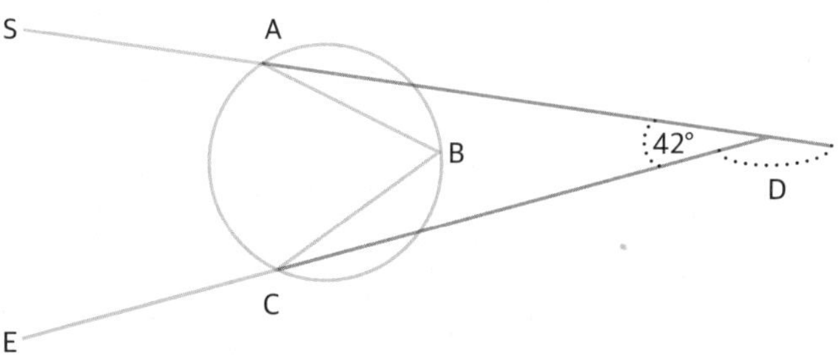

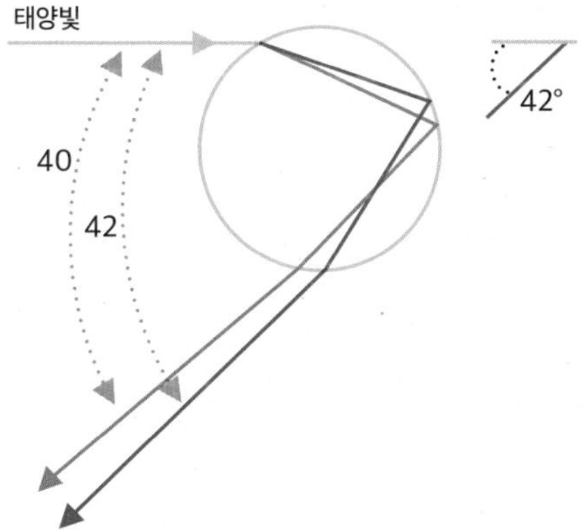

태양의 고도가 낮으면 태양과 당신의 눈을 연결한 직선이 지면과 거의 평행하여 고깔 면(무지개가 생기는 지점)의 상당 부분이 지면 위로 올라와 있지만, 태양의 고도가 높으면 고깔 면 전체가 지면 아래로 사라지기 때문에 보이지 않는다.

단색광은 프리즘뿐만 아니라 백색광(태양빛)이 물체에 부딪혀 반사되거나 흡수될 때도 모습을 드러낸다. 하늘이 푸른색으로 보이는 이유는 공기 분자가 백색광 중에서 푸른색 단색광을 쉽게 산란시키기 때문이다. 또 저녁 하늘이 붉게 보이는 이유는 태양빛이 대기 속에서 이동하는 거리가 길어져서 노란색과 붉은색 단색광이 가장 많이 산란되기 때문이다. 그리고 나뭇잎과 풀이 초록색을 띠는 것은 이들이 백색광 중에서 광합성에 필요한 푸른빛과 붉은빛을 주로 흡수하고 초록색을 반사하기 때문이다.

색이 다른 단색광들 사이에는 어떤 차이가 있을까? 그 답은 빛이 전자기파라는 사실에서 찾을 수 있다. 모든 파동은 파고가 가장 높은 마루(peak)와 가장 낮은 골(tough)을 갖고 있으며, 이들 사이의 거리를 파장(wavelength)이라 한다. 푸른빛은 초록빛보다 파장이 짧고, 초록빛은 붉은빛보다 파장이 짧다. 우리는 무지개의 색을 편의상 일곱 가지로 분류하지만, 사실 사람의 눈은 약 1000만 가지의 색을 구별할 수 있다. 이는 전자기파에서 파장이 조금 다른 단색광을 1000만 개까지 구별할 수 있다는 뜻이다. 이 간단한 사실만 알면 허블 망원경이 찍은 울트라 딥 필드를 분석할 수 있다.

허블 팽창

천문학자들은 허블 망원경에 찍힌 은하들이 수십억 광년 거리에 있다는 것을 어떻게 알았을까? 106쪽의 사진은 천문 관측 역사상 가장 거리가 먼 것으로 판명된 은하들인데, 한결같이 붉은빛을 띠고 있다. 왜 그럴까? 이 질문에 답하려면 천문학자 에드윈 허블과 친해져야 한다.

밤하늘에서 가장 밝게 빛나는 별은 시리우스(Sirius)이다. 그렇다면 시리우스는 관측 가능한 별들 중 가장 밝은 별일까? 아니다. 시리우스보다 훨씬 밝은 별도 많지만 거리가 멀어서 희미하게 보이는 것이다. 제아무리 밝은 빛도 거리가 멀면 희미해지기 마련이다. 그래서 별의 고유 밝기(거리와 상관없이 평가된 별의 원래 밝기. '절대광도'라고도 함 — 옮긴이)를 알려면 눈에 보이는 밝기뿐만 아니라 거리까지 알아야 한다. 1920년대에 허블은 캘리포니아 패서디나(Pasadena)의 윌슨산 천문대에서 당시 세계 최고 성능을 자랑하던 천체망원경으로 세페이드 변광성(Cepheid variable)을 관측하고 있었다. 세페이드 변광성은 며칠, 또는 몇 달을 주기로 밝기가 규칙적으로 변하는 별로서, 고유 밝기와 주기가 밀접한 연관이 있기 때문에 둘 중 하나를 알면 나머지 하나를 알 수 있다. 즉, 밝기가 변하는 주기를 알아내면 별의 고유 밝기를 알 수 있다는 뜻이다. 그리고 고유 밝기를 알면 눈에 보이는 밝기로 별까지의 거리를 추정할 수 있다. 당시 에드윈 허블의 연구 주제는 세페이드 변광성을 찾아서 지구까지 거리를 산출하는 것이었는데, 관측 도중 두 가지 중요한 사실을 발견했다. 첫째, 그는 자신이 발견한 세페이드 변광성이 우리은하의 바깥에 존재한다는 것을 알아냈다(처음에는 이 천체가 은하수 안에서 빛을 발하는 나선형 기체 구름이라고 생각하여 '나선성운[spiral nebulae]'이라고 불렀다가 나중에 정정했다). 그전까지만 해도 천문학자들은 수백만 광년 규모의 은하수가 우주의 전부라고 생각했는데, 허블이 최초로 외계 은하를 발견함으로써 우주의 규모가 엄청나게 확장된 것이다.

두 번째 발견은 훨씬 더욱 의미심장하다. 허블은 나선성운을 발견한 후 다양한 외계 은하를 관측했는데, 여기서 날아온 빛의 스펙트럼을 분석해보니 원래 예상보다 한결같이 붉은색 쪽으로 치우쳐 있었다(이런 현상을 적색편이[red shift]라 한다). 외계에 존재하는 산소 원자의 고유 스펙트럼은 지구에서 발견된 산소 원자의 스펙트럼과 다른 것일까? 별로 그럴 것 같지 않다. 스펙트럼선의 개수는 똑같은데 일제히 한쪽 방향으로 치우쳐 있다면, 스펙트럼과 무관한 다른 현상이 개입했을 가능성이 크다. 허블은 각 은하에서 방출된 빛의 스펙트럼을 일일이 분석하여 적색편이가 일어난 정도를 측량했다. 붉은빛은 푸른빛보다 파장이 길므로,

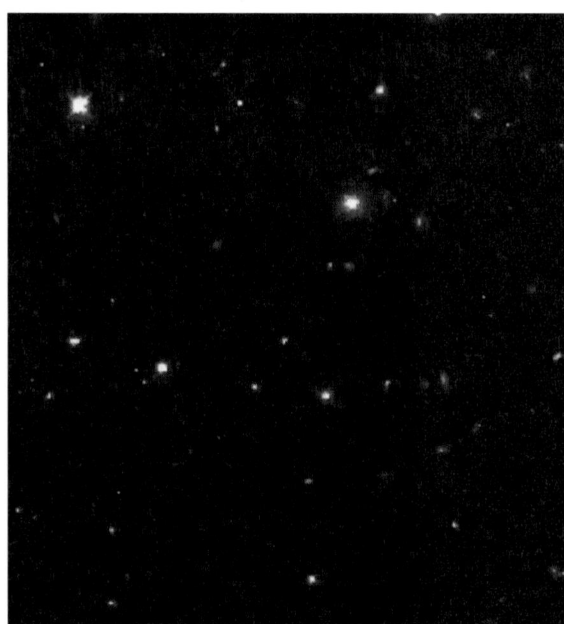

천문 관측 역사상 가장 거리가 먼 것으로 판명된 은하의 모습. 모든 은하가 밝고 선명한 붉은색을 띠고 있다.

허블의 법칙을 보여주는 그래프. 멀리 떨어진 은하에서 적색편이가 일어난 정도를 실제 거리에 따라 그래프로 그려보면, 대부분의 은하가 특정한 직선 근처에 모이게 된다.

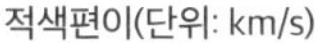

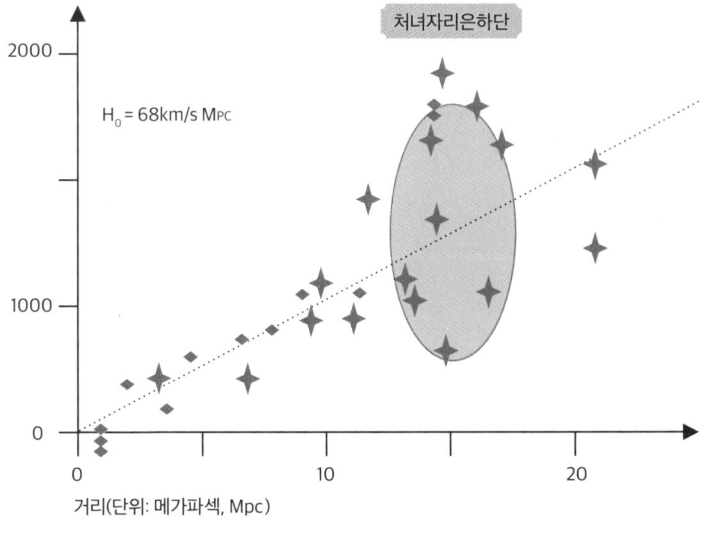

적색편이가 일어났다는 것은 빛이 지구에 도달하는 동안 파장이 길어졌음을 의미한다. 대체 무엇이 빛의 파장을 붉은색 쪽으로 치우치게 했을까? 허블은 멀리 떨어진 은하에서 적색편이가 일어난 정도와 거리의 상관관계를 그래프로 그려보았다.

놀랍게도 허블의 그래프에서는 거의 모든 은하가 특정 기울기를 가진 직선 근처에 모여 있었다. 즉, 멀리 있는 은하일수록 적색편이가 크게 나타났다는 뜻이다(멀리 있는 은하일수록 방출된 빛의 파장이 더 길어졌다는 뜻이기도 하다). 왜 그런가? 바로 여기서 허블은 천문학의 역사를 바꾸는 과감한 해석을 내렸다. 멀리 있는 은하일수록 빛이 지구에 도달할 때까지 먼 거리를 날아와야 한다. 먼 거리를 이동할수록 빛은 더 많이 "늘어난다." 무슨 말이냐고? 간단히 말해서, 은하와 지구 사이의 공간이 "점점 더 멀어진다"는 뜻이다. 게다가 멀리 있는 은하일수록 적색편이가 더 크게 일어났으므로, 멀리 있는 은하일수록 지구에서 더 빠르게 멀어지고 있다. 혹시 이 모든 것을 한마디로 압축할 수 있을까? 있다. "우주가 팽창하고 있다"고 가정하면 모든 것이 정확하게 맞아떨어진다! 빛이 수억 년에 걸쳐 우주를 가로지르는 동안 공간이 거의 일정한 속도로 팽창했다면, 빛의 파장이 공간과 함께 늘어나서 적색편이가 일어날 것이다. 이때 적색편이가 일어난 정도, 즉 파장이 길어진 정도는 지구와 은하 사이의 거리에 비례한다. 그래서 가장 멀리 있는 은하들이 가장 붉은 색깔로 나타난 것이다. 이른바 '우주적 적색편이'로 알려진 이 현상은 20세기 과학이 이룩한 가장 위대한 업적으로 꼽힌다. 우리는 팽창하는 우주에서 살고 있었다!

허블의 그래프는 단순하지만 그 안에는 다량의 정보가 담겨 있다. 적색편이는 파원(波源, 파동을 만들어내는 근원)이 특정 속도로 관찰자를 향해 다가오거나 관찰자로부터 멀어질 때 일반적으로 나타나는 현상이다. 이때 적색편이가 일어나는 정도와 거리 사이의 비율을 계산할 수 있는데, 이 값은 허블의 그래프에 나타난 직선의 기울기에 해당하며 흔히 '허블상수(Hubble Constant)'로 불린다.

'스테판의 5중주(Stephan's Quintet)'는 페가수스자리에서 다섯 개의 은하로 이루어진 은하단으로, 이 가운데 두 개는 서로 얽혀 있는 상태이다. 천문학자들이 적색편이를 관측한 결과, 이들 중 왼쪽 위에 있는 푸른빛의 은하가 다른 은하보다 일곱 배쯤 가까이 있는 전경은하(foreground galaxy)라는 것을 알아냈다. 그러므로 빛의 색상을 감안하면 평면 사진으로 우주의 3차원 모형을 만들 수 있다.

적색편이

적색편이는 20세기 초부터 알려져 있었지만, 이 현상을 천문학에 적용하여 우주의 비밀을 밝힌 사람은 에드윈 허블이었다. 허블은 은하까지의 거리와 적색편이 사이에 밀접한 관계가 있음을 알아냈는데, 그의 법칙에 따르면 멀리 있는 은하일수록 적색편이가 크게 나타난다. 왜 그럴까? 먼 거리를 이동할수록 빛의 파장이 늘어나기 때문이다. 이로부터 허블은 "우주가 팽창하고 있다"는 놀라운 결론을 내렸다.

적색편이 스펙트럼선

팽창하는 우주에서
멀어져가는 은하

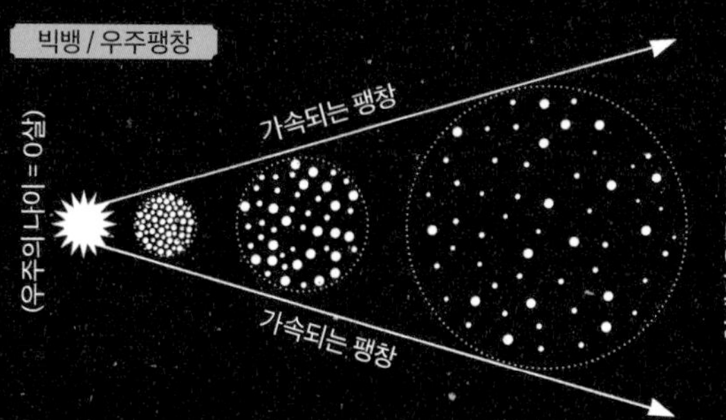

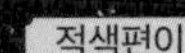

팽창하는 우주에서 지구와 은하 사이의 거리가 멀어지면서 빛의 파장이 길어지고, 그 결과 빛은 스펙트럼의 붉은색 영역으로 편향된다.

지구를 포함한 우리은하(은하수)는 팽창하는 공간과 함께 이동하고 있다.

허블의 법칙

우주공간은 일괄적으로 팽창하고 있다. 따라서 멀리 있는 은하일수록 멀어지는 속도가 빠르고, 적색편이도 크게 나타난다.

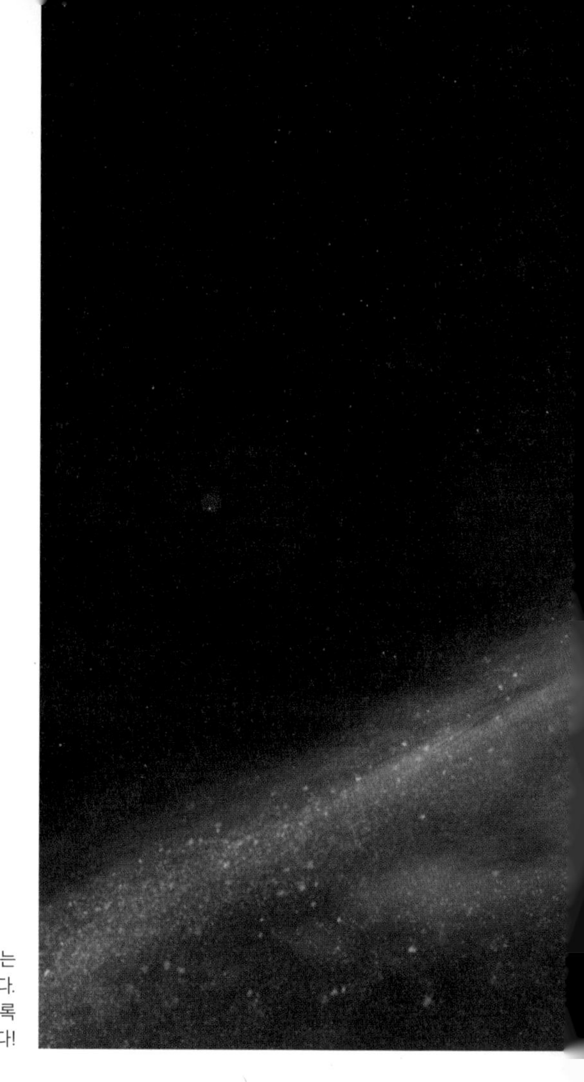

허블이 발견한 적색편이는
또 하나의 중요한 결과를 낳았다.
우주는 시간이 흐를수록
점점 더 커지고 있다!

최근에 관측된 허블상수의 값은 68km/s Mpc이다(여기서 Mpc는 메가파섹[megaparsec]이라는 단위로, 1Mpc는 약 330만 광년이다). 다시 말해서, 지구로부터 330만 광년 거리에 있는 은하는 초속 68km로 지구로부터 멀어져간다는 뜻이다. 우리의 일상 경험과 비교하면 엄청나게 빠른 속도지만, 우주적 규모로 보면 거북이걸음과 비슷한 수준이다. 지구로부터 660만 광년 거리에 있는 은하는 초속 136km로 멀어지고 있다. 허블상

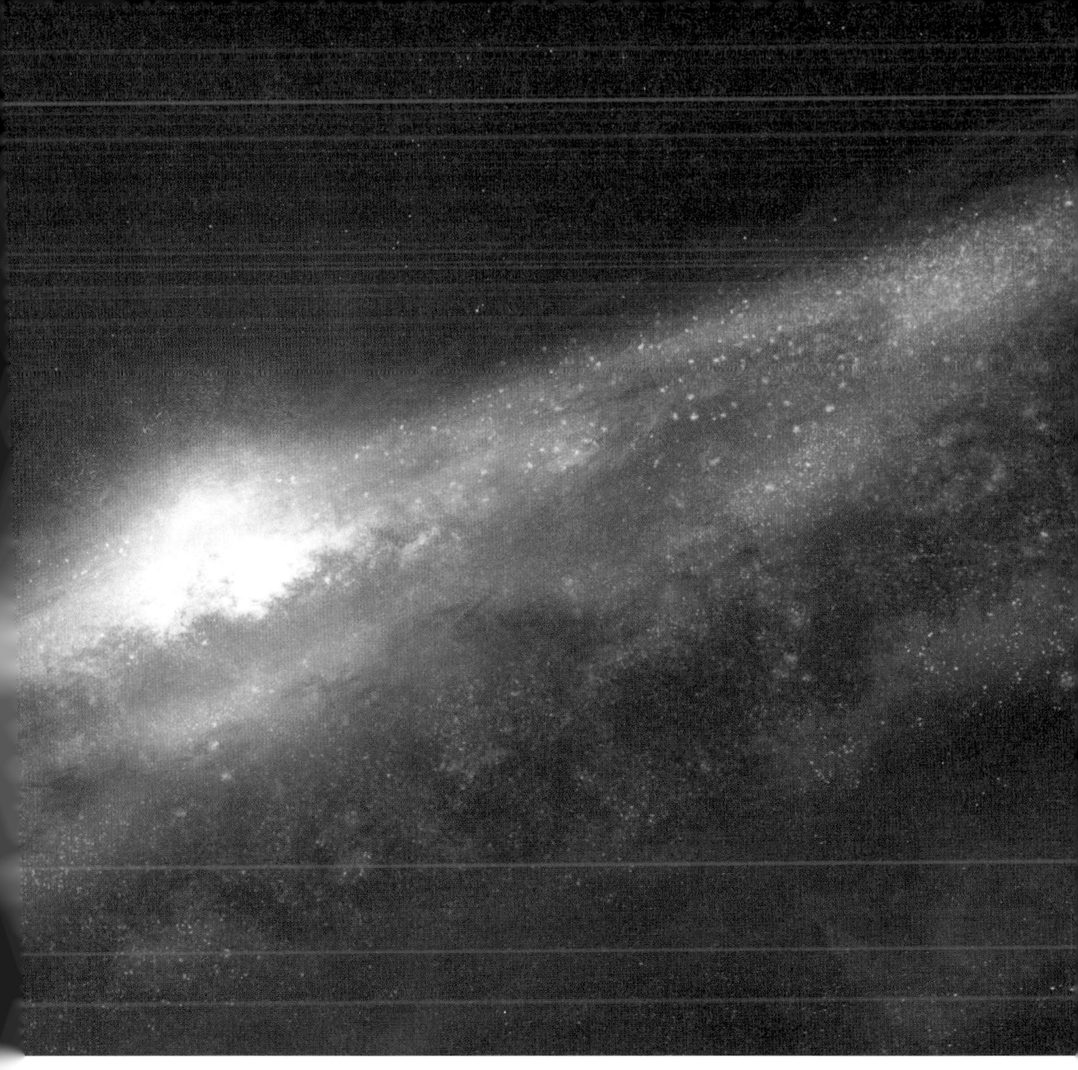

수는 일정한 값이기 때문에 '은하까지의 거리'와 '은하가 멀어지는 속도'는 서로 비례한다. 또 허블상수의 역수를 취하면 순수하게 시간 단위를 갖는 또 다른 상수가 얻어지는데, 이 값은 약 143억 년으로 우주의 나이에 해당한다(68km/s Mpc에서 1Mpc를 km 단위로 환산한 후 역수를 취하면 된다). 무언가 살짝 이상하지 않은가? 그렇다. 앞에서 나는 우주의 나이가 약 137억 5000만 년이라고 여러 번 말했는데, 허블상수의 역수를 취한 값은 143억 년이다. 둘 사이에 차이가 나는 이유는 실제 우주의 팽창 속도가 허블상수와 정확하게 일치하지 않기 때문이다. 지난 수십 년 동안 확보한 관측 데이터에 따르면 현재 우주의 팽창 속도는 점점 더 빨라지고 있다. 즉, 허블의 그래프에 나타난 직선의 기울기가 시간이 흐를수록 조금씩 커지고 있다는 뜻이다. 천문학자들은 가속 팽창을 일으키는 원인으로 암흑에너지(dark energy)를 지목하고 있다.

상황이 다소 복잡해 보이지만, 결론은 매우 단순하면서도 심오하다. 앞서 말한 바와 같이 멀리 떨어진 은하에서 날아온 빛이 적색편이를 일으킨다는 것은 우주가 팽창하고 있다는 뜻이며, 이는 곧 과거에는 은하들 사이의 거리가 지금보다 가까웠음을 의미한다. 상상 속에서 시간을 거슬러 올라가면 은하들이 점점 가까워지다가, 허블상수의 역수만큼 되돌리면 모든 은하가 하나로 겹쳐질 것이다. 다시 말해서, 지금의 우주가 태초에는 하나의 작은 점 안에 똘똘 뭉쳐 있었다는 뜻이다. 그러므로 허블의 팽창 이론은 약 140억 년 전에 하나의 점이 대폭발을 일으키면서 우주가 시작되었다는 증거이다. 이 폭발을 '빅뱅(Big Bang)'이라고 한다. 이 모든 것은 1920년대에 세페이드 변광성을 관측하면서 알게 된 사실이다.

빅뱅을 머릿속에 그리기란 결코 쉽지 않다. 흔히 빅뱅이라고 하면 이미 존재하고 있던 공간(속이 빈 거대한 상자?) 속에서 아주 작은 덩어리가 폭발하여 내용물이 사방에 흩어지는 광경을 떠올리는데, 이것은 완전히 틀린 생각이다. 현재 수용되고 있는 빅뱅 이론에 따르면 공간 자체도 빅뱅과 함께 탄생했다. 여기에 아인슈타인의 시공간 개념을 도입하면 공간뿐만 아니라 시간도 빅뱅과 함께 탄생했다고 봐야 한다. 즉, 빅뱅은 공간의 한 지점에서 일어난 사건이 아니라, 우주 모든 곳에서 총체적으로 일어난 사건이다. 빅뱅은 이 책과 당신의 눈 사이에서 일어났고 당신의 머릿속에서도 일어났으며, 태양계 안의 모든 점과 가장 먼 은하의 내부에서도 일어났다. 우주의 모든 지점에서 빅뱅이 '동시에' 일어난 것이다. 빅뱅과 함께 탄생한 공간은 지난 140억 년 동안 꾸준히 팽창하여 현재에 이르렀다. 그런데 여기서 한 가지 의문이 떠오른다. 지금의 우주가 무한하다면, 과거의 우주도 무한해야 하지 않을까? 우주의 역사가 아무리 오래되었다고 해도 140억 년은 분명 유한한 시간인데, 그 사이에 유한했던 우주가 무한해질 수는 없지 않은가? 참으로 난해한 질문이다. 그래서 우주론은 어려운 학문으로 유명하다. 먼 곳의 은하들이 우리로부터 일제히 멀어지고 있는 것은 거대한 폭발의 여파로 계속 흩어지기 때문이 아니라, 공간 자체가 팽창하고 있기 때문이다. 우주는 빅뱅이 일어났던 순간부터 꾸준히 팽창해왔다.

허블이 발견한 우주 팽창은 빅뱅이 일어났음을 보여주는 증거이다. 그러나 빅뱅 이론만으로는 우주가 현재와 같이 진화한 이유를 설명할 수 없다. 나중에 알려진 사실이지만, 우주는 탄생 초기에 상상조차 할 수 없는 격렬한 변화를 겪었다.

우주의 탄생

시간이 처음 창조되었을 때 생성된 빛은 지금도 매 순간 지구로 쏟아지고 있다. 그러나 우주에 존재하는 빛 중 맨눈으로 볼 수 있는 것은 극히 일부이다. 만일 우리 눈이 모든 빛을 감지할 수 있다면, 원시 빛으로 가득 찬 하늘은 밤과 낮 구별 없이 하루 종일 찬란하게 빛날 것이다. 실제로 우주 공간은 빅뱅의 잔해인 희미한 빛으로 가득하다. 이 빛은 마이크로파에 해당하는 파장을 갖고 있어서 '마이크로파 우주배경복사(Cosmic Microwave Background Radiation, CMB)'로 알려져 있는데, 그 파장은 일괄적이지 않고 지역에 따라 약간의 차이를 보인다. CMB에는 탄생 직후 우주의 영상이 담겨 있으며, 이로부터 천문학자들은 우주가 빅뱅에서 비롯되었다는 확신을 갖게 되었다.

우주의 시공간은 빅뱅을 통해 탄생했다.
그 후로 은하와 별 들은 무한한 공간으로 뻗어나갔고,
그 공간은 지금도 계속 팽창하는 중이다.
사진은 새로운 별이 형성되고 있는 NGC281 성운의 모습이다.

가시광선

남아프리카의 서쪽 해안에 7만 7000km²에 걸쳐 나미브 사막(Namib Desert)이 펼쳐져 있다. 지구에서 가장 오래된 사막인 이곳은 습기가 거의 없는 불모지로 지난 500만 년 동안 한결같은 모습을 유지해왔다. 나미브 사막을 만든 주인공은 다름 아닌 태양이다. 태양 에너지로 생성된 바람이 모래알을 날려서 거대한 모래 언덕을 만들었고, 태양빛에 숨은 단색광이 사막 전체를 오렌지색 풍경으로 채색해놓았다. 태양이 진 후에도 사막에는 태양빛이 쏟아져 내리지만, 인간의 눈은 그 색을 인지하지 못한다.

인간의 눈에 감지되는 빛, 즉 가시광선(可視光線, Visile Light)은 빛의 일부에 불과하다. 붉은색 너머에는 우리 눈에 감지되지 않을 정도로 파장이 긴 적외선이 존재한다. 물론 적외선도 엄연한 빛이다. 적외선은 가시광선과 마찬가지로 전기장과 자기장이 만들어낸 파동이며, 정확하게 빛의 속도로 진행한다. 가시광선과 다른 점은 파장이 길어서 우리 눈에 보이지 않는다는 것뿐이다. 나미브 사막에서 손바닥을 모래 가까이 가져가면 적외선의 존재를 느낄 수 있다. 모래 언덕은 날이 저문 후에도 뜨거운 열기를 방출하는데, 여기에 손을 가까이 댔을 때 온기가 느껴지는 이유는 모래 언덕에서 파장이 긴 빛이 방출되기 때문이다. 과학자들은 이 빛을 적외선(赤外線, infrared, 붉은색의 바깥 영역에 있는 빛이라는 뜻 — 옮긴이)이라 부른다. 적외선에서 파장이 긴 쪽으로 가면 마이크로파가 있다. 마이크로파의 파장은 전자레인지의 크기와 비슷하다(전자레인지는 마이크로파를 이용하여 음식을 데우는 장치이다 — 옮긴이). 여기서 파장이 긴 쪽으로 더 이동하면 파장의 길이가 거의 산과 비슷한 라디오파에 도달한다.

라디오의 다이얼을 돌리다가
지직거리는 잡음이 들려오면 잠시 경청하기 바란다.
잡음 중 일부는 빅뱅 때 생성된 소리이다!

나미브 사막의 모래 언덕에 올라서면 전체 풍경을 한눈에 조망할 수 있다.
사막의 형태와 색상 등 모든 것은 태양이 만든 작품이다.

라디오파의 존재를 확인하기 위해 굳이 값비싼 첨단 장비를 동원할 필요는 없다.
그냥 조그만 라디오만 있으면 된다. 주파수를 잘 맞추면 라디오파에 저장된 정보를 추출할 수 있다.

우주 공간을 돌아다니는 빛 중에서 가시광선은 극히 일부에 불과하다.
이 사진은 눈에 보이지 않는 적외선을 망원경으로 수신하여 영상으로 재현한 것이다.
적외선망원경으로 은하수의 중심을 관측하면 광학망원경으로 볼 수 없었던 수십만 개의 별이 모습을 드러낸다.
그러나 이곳에는 적외선망원경으로도 보이지 않는 별들이 지천으로 깔려 있다.

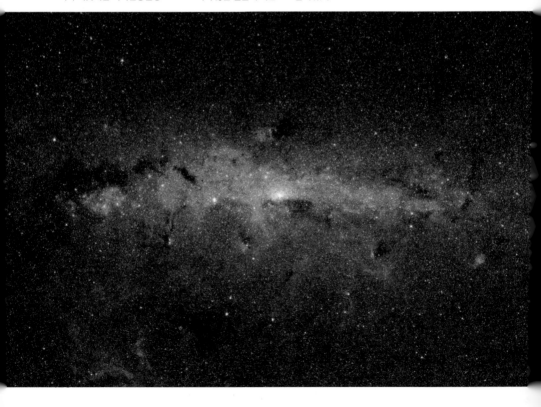

19세기까지만 해도 인류는 라디오파의 존재를 모르고 살아왔으나, 요즘은 3000원짜리 라디오만 있으면 쉽게 접할 수 있다. 라디오의 다이얼은 수신기를 음파에 맞추는 것이 아니라 빛(라디오파)에 맞추는 장치이다. 우리에게 친숙한 라디오파는 대부분 통신이나 방송을 위해 인공적으로 만들어낸 것들이다. 하지만 인공 가시광선 외에 별빛 등 천연 가시광선이 사방에 난무하는 것처럼, 우주에는 천연적으로 생성된 라디오파도 도처에 있다. 그리고 멀리 떨어진 은하에서 방출된 가시광선이 은하의 정보를 담고 있듯이, 라디오파와 마이크로파도 발원지의 정보를 담고 있다. 단, 이 정보를 수신하려면 광학망원경 대신 특별히 제작된 망원경을 사용해야 한다.

다음에 라디오를 들을 기회가 있으면 방송 주파수 사이사이에 들려오는 잡음에 한 번쯤 귀를 기울여보기 바란다. 잡음의 1%는 우주가 탄생하던 무렵에 방출된 전파이기 때문이다. 라디오에서 들려오는 잡음의 일부는 빅뱅이 일어날 때 생성되었다가 137억 년 동안 우주를 가로질러 당신의 라디오에 도달한 신호이다. 이 라디오파는 빅뱅 후 40만 년 무렵에 가시광선으로 방출되었다가 우주가 팽창하면서 점차 에너지를 잃어 지금은 마이크로파나 라디오파의 형태로 존재한다. 40만 살이 되기 전의 우주는 지금과 비교가 안 될 정도로 작고 뜨거웠다. 당시 온도는 약 2억 7300만 ℃로 별의 중심부보다 뜨거웠으며, 온도가 너무 높아서 수소 원자핵과 헬륨 원자핵은 주변에 전자를 잡아둘 수 없었다. 간단히 말해서 원자가 생성될 수 없었다는 뜻이다. 그래서 초기 우주는 벌거벗은 원자핵으로 가득 찬 플라스마(plasma, 원자핵과 전자가 분리된 상태 — 옮긴이) 상태였고, 빛은 플라스마 속에서 하전 입자와 수시로 충돌을 일으켰기 때문에 먼 곳까지 도달할 수 없었다. 그러나 이 와중에도 우주는 꾸준히 팽창했고, 원자핵이 전자를 잡아둘 정도로 온도가 충분히 내려갔을 때부터 빛은 드디어 자유롭게 공간을 여행할 수 있게 되었다. 이른바 '재결합(recombination)'으로 알려진 이 시기가 바로 빅뱅 후 40만 년 무렵으로 우주의 크기는 지금의 1000분의 1, 온도는 약 3000℃였다. 적색거성의 표면과 비슷한 온도다. 따라서 이 무렵의 우주는 거대한 별처럼 가시광선을 찬란하게 내뿜었을 것이다. 그 후 우주는 점점 더 차가워지고 밀도가 낮아지면서 고대의 빛은 공간을 더욱 자유롭게 날아다닐 수 있게 되었으며, 이들 중 일부가 오늘날 라디오에 잡음으로 수신되는 것이다. 그러나 공간이 팽창하면서 빛의 파장이 가시광선 영역을 벗어났기 때문에 광학망원경으로는 볼 수 없다. 오늘날 이 빛은 적외선을 넘어 라디오파와 마이크로파로 이루어진 우주배경복사(CMB)의 형태로 존재한다. 1964년에 벨 연구소의 아르노 펜지어스(Arno Penzias)와 로버트 윌슨(Robert Wilson)은 전파망원경을 수리하다가 우연히 우주배경복사를 발견하여 1978년에 노벨상을 수상했다. 현재 우주배경복사는 우주가 빅뱅에서 시작되었음을 보여주는 결정적 증거로 자리 잡았다.

우주의 과거

2001년 6월 30일, 플로리다주에 있는 케네디 우주 센터에서 윌킨슨 마이크로파 비등방성 탐사선(Wilkinson Microwave Anisotropy Probe, WMAP)이 발사되었다. 탐사선의 목적은 단 하나, 우주 전역에 퍼져 있는 우주배경복사를 관측하고 이를 토대로 초기 우주의 사진을 작성하는 것이었다. 그 후 WMAP는 9년 동안 운용되다가 최근에 퇴역했는데, 임무기간 중 찍은 사진은 우주의 팽창 및 진화 과정에 관한 다량의 정보를 담고 있어서 지금까지도 활발히 연구되고 있다.

WMAP가 만든 영상은 천문학 역사상 가장 중요한 자료로 꼽힌다. 천문학에 관심 있는 독자라면 이 사진을 어디선가 본 적이 있을 텐데, 나선은하나 성운같이 아름다운 천체가 전혀 없어서 그다지 매력적인 모습은 아니지만 천문학자에게는 더할 나위 없이 아름다운 사진이다. 우주의 역사를 말해주는 엄청난 정보가 그 안에 들어 있기 때문이다.

WMAP가 찍은 원래 사진에는 태초의 은하수가 뜨겁고 밝은 띠 모양이었다. 그런데 이 사진에서 자잘하고 필요 없는 정보를 모두 걷어내고 나면 124쪽 영상을 얻을 수 있다. 이 사진을 분석하면 재결합기(빅뱅 후 40만 년)에 우주가 어떤 모습이었는지 매우 상세하고 정확하게 알 수 있다. WMAP가 9년에 걸쳐 보내온 사진을 꾸준히 개선하고 수정하여, 원시의 빛에 담겨 있는 정보를 성공적으로 추출한 것이다.

WMAP의 사진은 우주의 지형도가 아닌 '온도 분포도'로서, 감지된 빛의 파장이 짧은 곳은 온도가 높고 파장이 긴 곳은 온도가 낮다. 그림에서 붉은색으로 표현된 영역은 온도가 높은 곳이고 푸른색 부분은 온도가 낮은 곳인데, 그 차이는 기껏해야 0.0002K 정도이다(K는 절대온도의 단위로 섭씨 온도에 273.15를 더하여 얻어지며, 0K보다 낮은 온도는 존재하지

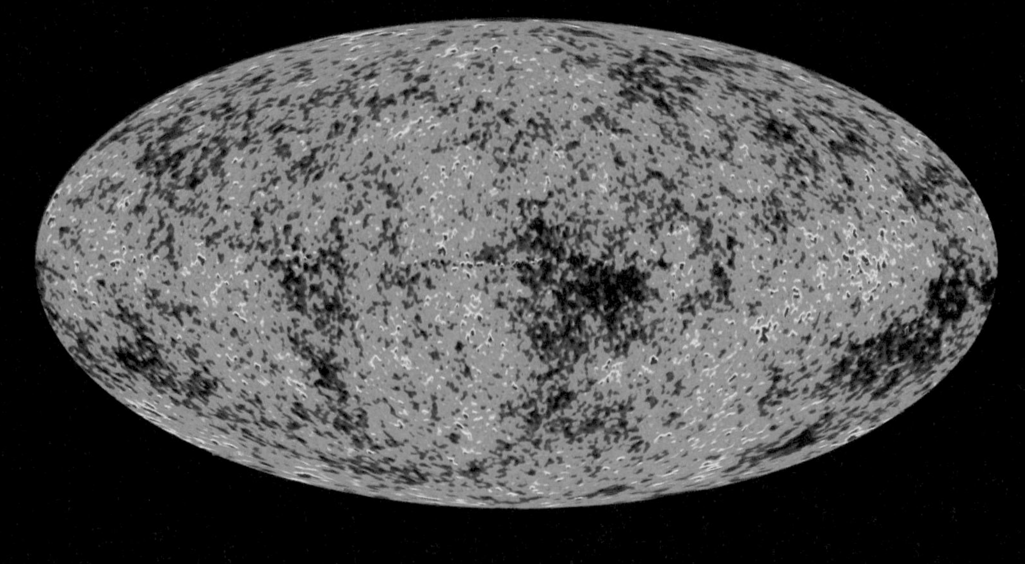

윌킨슨 마이크로파 비등방 탐사선이 수년에 걸쳐 수집한 데이터를 기반으로 작성한 초기 우주 사진. 색상이 다양한 이유는 137억 년 전에 지역마다 온도가 조금씩 달랐기 때문이다. 이 미세한 온도차에 의해 은하의 씨앗이 형성되었으며, 이들이 진화하여 지금의 은하가 되었다.

않는다. 예를 들어 0K = −273.15°C이다 — 옮긴이). 우주배경복사의 평균 온도는 2.725K로서, 섭씨 온도로는 −270.425°C에 해당한다.

지역 간 온도 차이는 아주 미미하지만, 여기에는 엄청난 정보가 담겨 있다. 우주 초창기의 온도 분포는 밀도 분포와 동일하며, 바로 이 미세한 차이 덕분에 지금 우리가 존재하게 된 것이다. 우주배경복사 분포도에서 온도가 높은 점들은 훗날 은하를 형성하게 될 '우주의 씨앗'에 해당한다. 붉은색으로 나타난 영역은 우주의 재결합기에 주변의 다른 지역보다 온도가 0.5%쯤 높았다. 따라서 이 지역은 주변보다 밀도가 컸기 때문에 주변 지역보다 조금 느리게 팽창했고, 밀도가 높은 만큼 중력이 강하게 작용하여 시간이 흐를수록 팽창 속도가 주변보다 더욱 느려졌다. 즉, "조금 높은 밀도 → 중력에 의한 집중 → 느린 팽창 → 더 높은

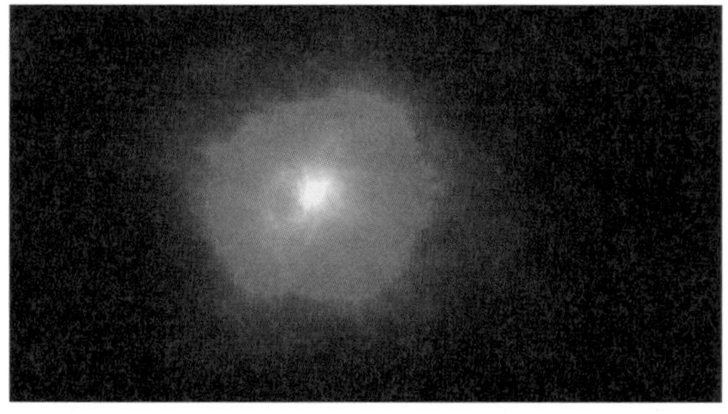

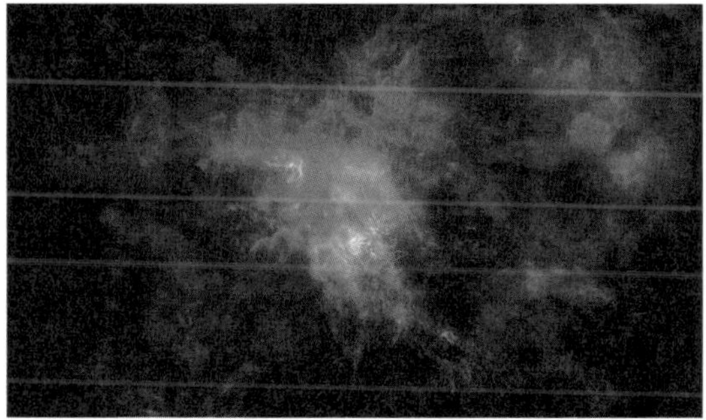

우주 초창기에 밀도가 높았던 지역은 중력이 강하게 작용하여, 주변의 다른 지역보다 조금 느리게 팽창했다. 그 후 이곳의 밀도가 다른 지역보다 두 배쯤 높아졌을 무렵, 그 안에 있던 물질들이 자체 중력으로 응축되어 최초의 별과 은하의 중심부가 형성되었다.

밀도"의 순환을 거치면서 밀도가 점점 더 높아진 것이다. 그 후 우주의 규모가 지금의 5분의 1까지 커졌을 무렵(빅뱅 후 약 10억 년경), 이 지역들은 주변보다 밀도가 두 배까지 높아졌고, 그 안에 들어 있는 물질들이 자체 중력으로 응축되어 최초의 별과 은하의 중심부가 형성되었다. 허블 망원경이 찍은 사진 중 적색편이가 가장 심하게 일어난 것이 바로 이 시기의 천체에 속한다. 즉, 유난히 붉은빛을 발하는 천체는 이제 막 형성되기 시작한 아기 은하이다(멀리 있는 천체일수록 과거의 모습을 보여준다는 점을 기억하기 바란다). 이 모든 '우주의 씨앗'이 우주배경복사 분포도에 드러나 있는 것이다.

그 후로 헤아릴 수 없이 많은 별이 도처에서 태어나기 시작했고, 우주 공간은 이들이 방출한 빛으로 가득 찼다. 이 무렵에 태어난 별들은 약 90억 년 동안 지속되다가 사라졌고, 은하수 내부의 오리온 가지(Orion Spur)와 페르세우스 팔(Perseus Arm) 사이에서 태양이 새로 태어났다. 이 정도면 태양계의 탄생 비화는 대충 이해된 셈이다. 그런데 우주배경복사에 나타난 태초의 우주 씨앗들은 과연 무엇으로부터 생겨났을까?

아마도 이것은 물리학의 모든 분야를 통틀어 가장 심오하고 중요한 질문일 것이다. 우주가 탄생한 직후, 최초의 순간을 설명하는 가장 최신 이론은 '인플레이션(inflation)' 이론이다. 이 이론에 따르면 우주는 빅뱅이 일어난 후 10^{-36}초가 지났을 무렵부터 초고속으로 팽창하여 원래 크기의 10^{78}배로 커졌다! 팽창 속도가 얼마쯤 되냐고? 묻지 않는 것이 좋다. 어차피 일상 언어로는 빠르다는 수식어를 아무리 갖다 붙여도 턱없이 모자라기 때문이다. 굳이 말로 표현한다면 우주는 빅뱅 후 100만×100만×100만×100만×100만×100만분의 1초가 지났을 때부터 100만×10억×10억×10억×10억×10억×10억×10억×10억 배로 팽창했고, 이

말도 안 되는 초고속 인플레이션 팽창은 빅뱅 후 10^{-32}초 무렵부터 진정 국면으로 접어들었다(물론 그 후로도 팽창은 계속되었다). 인플레이션이 일어나기 전에는 지금 우리 눈에 보이는 수천억 개의 은하가 소립자보다 작은 공간 속에 똘똘 뭉쳐 있었다. 이곳에서 양자역학의 미세한 양자 요동이 일고 있었는데, 인플레이션이 일어나면서 이 요동이 공간과 함께 확대되어 우주배경복사에서 '주변보다 밀도가 높은 영역'으로 남게 된 것이다. 인플레이션 이론이 옳다면 우주배경복사는 빅뱅 후 40만 년 이전의 우주를 들여다보는 창문 역할을 한다. 우리는 우주배경복사 온도 분포도를 통해 빅뱅 후 100만×100만×100만×100만×100만×100만분의 1초가 지났을 때 우주의 모습을 보고 있는 셈이다. 나는 이것이야말로 과학사상 가장 놀라운 성과라고 생각한다. 우주가 탄생하고 무려 137억 년이 지난 후, 은하수 변방의 조그만 바위 행성에 붙어 사는 별 볼 일 없는 생명체들이 우주를 가로질러 날아온 태고의 빛을 분석하여 창조의 순간과 그 후의 진화 과정을 알아냈다니, 이보다 놀라운 일이 또 어디 있겠는가? 과학의 힘은 정말로 위대하고 내용의 풍부함은 비길 데가 없으며, 그로부터 얻은 우주의 참모습은 말로 표현할 수 없을 만큼 아름답다.

빛은 과학의 여정에서 아득히 먼 곳, 아득히 먼 과거의 이야기를 전해주는 메신저였다. 그러나 지구에 남아 있는 고대 유적들을 살펴보면, 빛은 인간의 역사에서도 매우 중요한 역할을 해왔다.

첫 번째 풍경

캐나다의 브리티시컬럼비아주에 있는 로키 산맥은 과학적 연구 가치가 높은 지역이자 인류의 '빛 이야기'가 시작된 곳이기도 하다. 과거에 이곳은 육지가 아닌 바다였는데, 약 5억 500만 년 전에 엄청난 양의 이류(泥流, mudflow, 자갈이나 점토로 구성된 흙물의 급속한 흐름 — 옮긴이)가 유입되어 모든 것을 덮어버리면서 진화 과정의 일부가 그 안에 기록되었다. 우연히 일어난 자연재해 덕분에 고대의 자연환경이 진흙 속에 고스란히 청사진으로 남게 된 것이다. 여기 새겨진 역사는 거의 5억 년이 흐른 다음에 이집트인들이 돌에 새겨 넣은 역사 못지않게 정확하고 자세하다. 로키 산맥의 지질학적 보물은 수억 년 동안 봉인되어 있다가 1909년에 드디어 모습을 드러냈다. 이것이 바로 그 유명한 버제스 혈암지대(Burgess Shale)이다.

버제스 혈암 지대에는 다양한 종류의 삼엽충 화석이 묻혀 있는데,
형태가 매우 선명하고 보존 상태가 좋아서 지질학자와 고생물학자의 '보물 창고'로 통한다.

버제스 혈암 지대는 지구에서 가장 중요하고 흥미로운 화석 지대로서,
5억 년 전에 살았던 다양한 생명체의 화석이 생생하게 남아 있다.

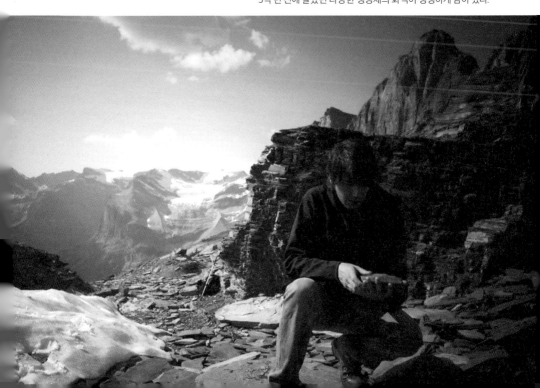

버제스 혈암 지대는 지구에서 가장 중요한 화석 지대로 꼽힌다. 화석의 종류가 다양하기도 하지만, 무엇보다 형성 연대가 오래되었기 때문이다. 5억 4000만 년 전까지만 해도 지구에는 복잡한 생명체가 존재하지 않았다. 이것은 화석을 통해 확인된 사실이다. 당시에도 생명체는 있었지만 뼈대를 갖추지 않은 단순한 형태였다. 그래서 5억 4000만 년 전보다 앞선 화석에는 생명체의 흔적이 거의 남아 있지 않다. 그러나 지질학적 규모에서 볼 때 "눈 깜짝할 사이에" 형성된 버제스 혈암 지대에는 복잡하고 다양한 다세포 생명체의 흔적이 또렷하게 남아 있다. 생물학자들은 이것을 '생물학적 빅뱅', 또는 '캄브리아기 대폭발'이라 부른다(무언가가 폭발했다는 뜻이 아니라, 생명체의 종류가 폭발적으로 증가했다는 뜻이다. 5억 4100만 년 전~4억 8500만 년 전을 캄브리아기라 한다 — 옮긴이).

그런데 왜 하필 이 시기에 복잡한 생명체가 대거 출현했을까? 무엇이 생명체의 진화를 촉진했을까? 로키 산맥 꼭대기의 화석 지대에 가면 그 실마리를 찾을 수 있다. 129쪽의 위에 있는 사진은 캄브리아기에 번성했다가 지금은 멸종한 삼엽충의 화석인데, 외골격과 관절 등 복잡한 구조를 갖고 있는 것도 놀랍지만 가장 놀라운 것은 이들의 겹눈이다. 당시 삼엽충은 먹이 사슬의 상위권을 점유한 포식자로서 먹이를 찾고 추적하는 데 매우 효율적인 시력을 갖고 있었으며, 바로 이 능력 덕분에 거의 2억 5000만 년 동안 전성기를 누리다가 250만 년 전의 페름기 대멸종 때 지구에서 사라졌다.

우주의 기원을 설명하는 천문학 최신 이론은 캄브리아기 대폭발을 촉발했던 삼엽충의 등장 이론과 비슷한 점이 있다. 일단 포식자가 효율적인 눈을 갖게 되면 새로운 자연 선택이 곧바로 적용되고, 이 선택에서 살아남으려면 새로운 위협에 더욱 효율적으로 적응해야 한다. 삼엽충의 시대에 살아남은 생명체들은 빼어난 위장술과 포식자 못지않은 시

우주의 기원을 설명하는 천문학 최신 이론은 캄브리아기 대폭발을 촉발했던 삼엽충의 등장 이론과 비슷한 점이 있다. 일단 포식자가 효율적인 눈을 갖게 되면 새로운 자연 선택이 곧바로 적용되고, 이 선택에서 살아남으려면 새로운 위협에 더욱 효율적으로 적응해야 한다.

력, 그리고 위험을 빨리 감지하고 피할 수 있는 감각 기관을 가진 종(種)이었다. 다시 말해서, 포식자가 시력을 업그레이드하면 자연 선택에 의해 먹이들도 빼어난 시력을 가진 놈들만 살아남게 된다는 것이다. 그러면 포식자의 사냥 능력은 또 다시 업그레이드되고 먹이도 회피 기술이 향상되는 등 치열한 생존 경쟁이 반복된다. 물론 능력이 저절로 향상되는 것이 아니라 능력이 뛰어난 놈들만 살아남아서 전체적인 생존 능력이 향상되는 것이다. 이런 식으로 자연 선택은 진화적 군비 경쟁을 촉진하고, 그 결과 생명체는 점점 더 복잡한 구조로 변해간다.

버제스 혈암 지대에 묻힌 고대 생물은 우주에 가득 찬 빛을 최초로 활용한 선구자들이었다. 이들이 등장하기 전까지만 해도 지구의 낮을 밝히는 태양과 밤하늘에 빛나는 별은 아무 의미가 없었다. 이들이 바로 우리의 조상이며, 지금 우리가 존재할 수 있는 것은 피카이아(Pikaia) 같은 신기한 생명체들이 독특한 적응력을 발휘한 덕분이다. 피카이아는 지렁이처럼 평범한 외모를 가졌지만, 진화의 역사를 통틀어 가장 중요한 생명체로 꼽힌다. 일부 진화생물학자는 피카이아를 최초의 척추동물로 간주하는데, 이들의 생각이 옳다면 피카이아는 인류의 가장 오래된 직계 조상인 셈이다. 피카이아가 특별 대접을 받는 또 한 가지 이유

우리는 시간이 처음 흐르기 시작하던 무렵에 방출된 태초의 빛을 감지할 수 있으며, 그로부터 존재의 기원을 어렴풋하게나마 짐작할 수 있다.

용골성운은 여러 개의 성단을 에워싼 대형 성운으로, 은하수에서 가장 크고 밝은 두 개의 별 에타 카리나이와 HD 93129A를 포함하고 있다. 지구로부터 약 7500광년 거리에 있는 용골성운은 폭이 260광년으로 오리온성운보다 일곱 배 크다. 이 사진은 덴마크의 라실라 천문대에 있는 직경 1.5m짜리 천체망원경으로 촬영한 것이다.

는 빛을 감지하는 세포를 이용하여 포식자를 피했다는 점이다. 이런 능력이 없었다면 피카이아는 캄브리아기를 넘기지 못했을 것이다. 이들이 발달시킨 감광 세포는 수억 년 세월을 거치면서 인간의 눈으로 진화했다. 피카이아에게 대양빛을 감지하는 특별한 능력이 없었다면 인간은 지구 생명체 계보에 이름을 올리지 못했을 것이며, 우주를 이해하려고 노력하는 생명체도 존재하지 않았을 것이다.

우주를 이해하는 과정은 범죄 수사 과정과 비슷하다. 다른 점이라곤 수수께끼를 해결하는 결정적 증거가 지문이나 발자국이 아닌 빛에 담겨 있다는 것뿐이다. 우리는 시간이 처음 탄생하던 무렵에 방출된 태초의 빛을 감지할 수 있게 되었으며, 그로부터 존재의 기원을 어렴풋하게나마 짐작할 수 있게 되었다. 별은 아주 먼 곳에서 수소 기체가 중력으로 응축된 결과이며, 관측 가능한 우주의 끝에서 발견된 은하들은 우주가 처음 탄생한 직후에 형성된 별의 집단이다. 100년 전에 누군가 이런 주장을 펼쳤다면 미친 사람 취급을 받았을 것이다.

5억 년 전, 캄브리아기 대폭발 무렵에 살았던 고생명체의 감광 능력이 현생 인류의 눈으로 진화했다는 것은 정말 놀라운 사실이다. 푸른 눈, 갈색 눈, 검은 눈 등 인종마다 색은 제각각이지만, 태초의 빛이 우주 공간을 가로질러 날아오는 동안 지구의 생명체는 눈이라는 감각 기관이 발달하여 드디어 그 빛을 볼 수 있게 되었다. 그리고 그중에서 가장 뛰어난 눈을 가진 호모 사피엔스는 빛의 물리적 특성을 분석하여 우주 탄생의 비밀을 조금씩 벗겨내고 있다. 수억 년 사이에 이런 기적이 일어나리라고 대체 어느 누가 짐작할 수 있었을까?

2장

우주의 먼지

존재의 기원

우리는 무엇으로 이루어져 있는가?
이것은 고대부터 철학자와 과학자가
끊임없이 탐구해온 가장 오래된 질문일 것이다.
이 질문은 현대까지 충실하게 전수되어,
독자들이 이 책을 읽을 무렵에는
우주의 기본 구성 단위를 연구하는 분야가
새로운 국면을 맞이하고 있을 것이다.
바로 이런 탐구 정신이 현대 과학의 위력이자
매력이며, 진보의 원동력이기도 하다. 이 장에서는
우주를 구성하는 기본 단위의 창조 과정과
지난 수십억 년 동안 이들이 융합하여
행성과 산, 강, 인간 등 복잡한 물질로
진화해온 과정을 살펴보기로 한다.

스위스 제네바 근처의 유럽입자물리연구소(CERN)에서 가동 중인
대형강입자가속기(Large Hadron Collider, LHC)의 모습.
LHC는 직경 27km짜리 거대한 지하 터널로 이루어져 있으며,
그 안에서 양성자빔이 수시로 충돌을 일으키고 있다. 이곳의 과학자들은
충돌의 여파로 생성된 입자를 분석하여 물질의 궁극적 최소 단위를 알아내는 중이다.

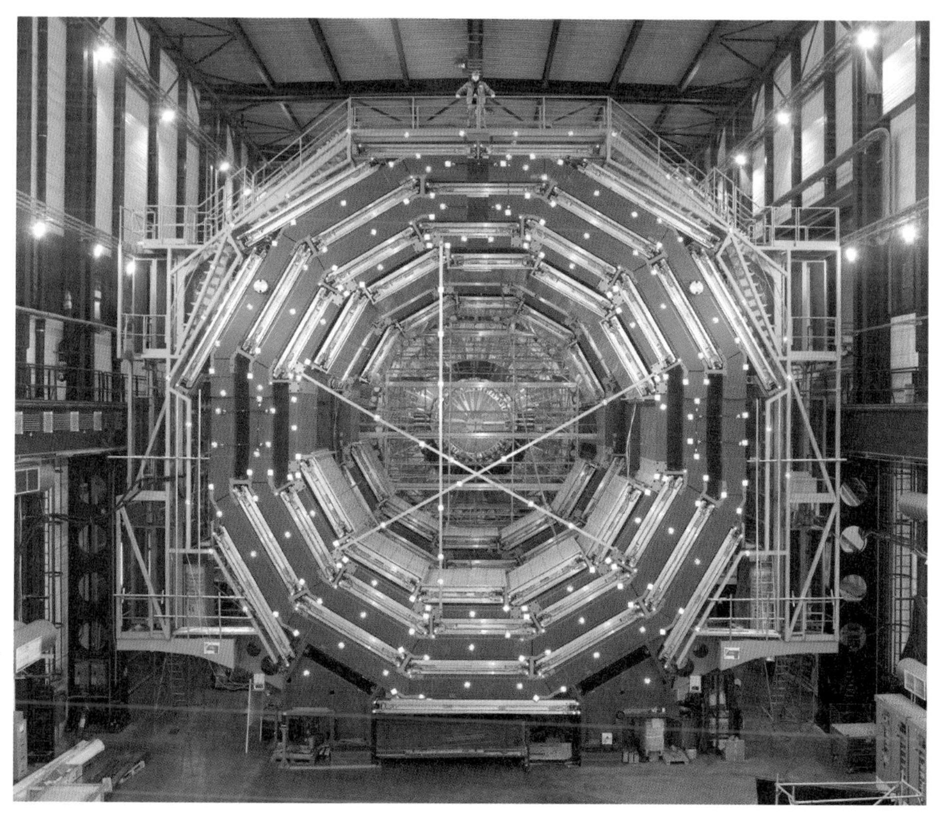

인간은 무엇으로 이루어져 있는가? 고대 그리스인들은 과학 지식이 턱없이 부족한 상태에서 이 질문을 깊이 파고든 끝에 "만물은 아주 작은 조각으로 이루어져 있다"는 하나의 결론에 도달했다. 이 분야의 선구자였던 레우키포스(Leucippos, BC 5세기)와 데모크리토스(Democritos, BC 460~370?)는 만물이 더 이상 분할할 수 없는 최소 단위로 이루어져 있다는 원자 가설을 주장했는데, 지금과는 달리 "물체마다 구성 원자의 종류가 다르고 모양도 제각각이며, 원자의 종류가 무한히 많다"고 생각했다. 철이 단단한 것은 철의 원자가 단단하고 뾰족하기 때문이고 물이 유동적인 것은 물 원자가 둥글고 매끄럽기 때문이라는 등, 고대 원자론은 물체의 거시적 특성을 원자에 그대로 투영했다. 물론 지금 우리는 이들의 생각이 틀렸다는 것을 잘 알고 있다. 만물의 최소 단위라는 개념은 옳았지만, 원자의 종류가 무한하다는 가정 때문에 상황이 너무 복잡해진 것이다. 현대 원자물리학에 따르면 우주의 삼라만상은 100종류가 조금 안 되는 원자로 이루어져 있다. 사람과 바위, 물고기와 흙, 하늘과 바다는 동일한 종류의 원자로 이루어져 있으며, 입자물리학은 이들의 기본 단위와 결합 방식을 연구하는 분야이다. 그리고 제네바의 CERN에서 가동되고 있는 대형강입자가속기(LHC)가 입자물리학의 실험적 증거를 찾고 있다.

입자물리학자들은 수십 년에 걸친 시행착오 끝에 우주의 만물이 12종의 기본 입자로 이루어져 있음을 알아냈다. 이들 중 우리의 몸을 포함하여 지구의 모든 물체를 구성하는 입자는 세 종류뿐이다. 그 주인공은 위-쿼크(up-quark)와 아래-쿼크(down-quark), 전자(electron)로서 쿼크끼리 결합하면 더 큰 입자가 만들어진다. 예를 들어 양성자는 두 개의 위-쿼크와 한 개의 아래-쿼크로 이루어져 있으며, 중성자는 두 개의 아래-쿼크와 한 개의 위-쿼크로 이루어져 있다. 그리고 양성자와 중성자, 전자가 결합하면 수소, 탄소, 산소, 철, 금, 은 등 자연에 존재하는 94종의 화학 원소가 만들어진다.

생명의 순환

네팔의 수도 카트만두에서 북쪽으로 24km쯤 가면 힌두교의 가장 성스러운 강 바그마티(Bagmati)의 발원지를 볼 수 있다. 이곳에서는 작은 천(川)이 하나로 모여 계곡을 굽이치는 강을 이루는데, 카트만두 계곡까지는 유량이 별로 많지 않지만 히말라야로 접어들면서 거대한 강으로 돌변한다.

옛날부터 강을 신성시해온 이 지역 사람들은 바그마티강에 최고의 경의를 표하고자 15세기에 힌두교 최대 성지 중 하나인 파슈파티나트 사원(Pashupatinath Temple)을 세웠다. 지금도 인도와 네팔의 순례자들이 이곳으로 모여들어 시바신에게 기도를 올리고 있다.

나는 오래전부터 힌두교에 관심이 많았다. 힌두교는 신화와 철학이 복잡하게 얽혀 있고 다양한 사원과 성지가 도처에 널려 있으며 종교 의식이 일상생활 속에 깊이 파고들어 독특한 매력을 발산하는데, 그중에서도 파슈파티나트 사원은 단연 압권이다. 이곳은 인도의 복잡다단한 사상과 티베트의 점잖은 철학이 만나 혼합 종교가 탄생한 곳으로, 수천 구의 시체를 한꺼번에 처리하는 화장장으로도 유명하다. 사원 안에서는 살이 타는 냄새와 풍경 소리, 원숭이 신을 찬양하는 노랫소리가 장사꾼들의 호객 소리와 섞여 묘한 분위기를 자아낸다.

힌두교의 핵심 교리는 삼신일체설(三神一體說, trimurti)이다. 창조의 신 브라마(Brahma)와 유지의 신 비슈누(Vishnu), 그리고 파괴의 신 시바(Shiva)가 절묘한 균형을 이루면서 우주의 질서를 유지하고 있다. 이들 중 시바는 분노에 찬 신으로 언젠가는 지구를 파멸로 몰고 갈 것이다. 그러나 무언가 새로 창조되려면 낡은 것이 사라져야 하기 때문에, 힌두교에서 '파괴'는 만물이 순환하기 위해 반드시 필요한 과정으로 인식된

바그마티 강변에서는 시신을 태우는 장작불이 매일같이 타오른다.

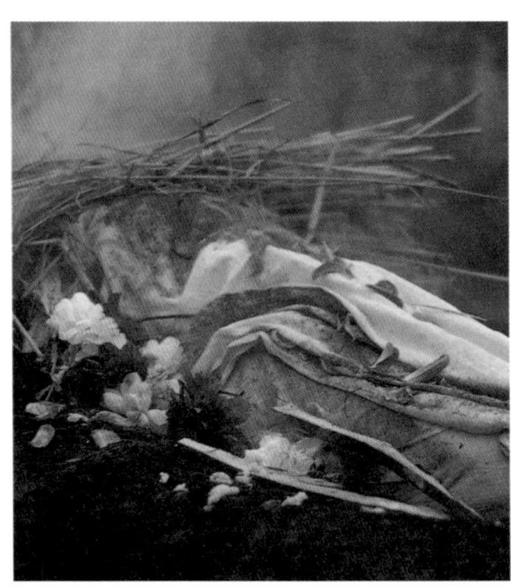

힌두교도는 사랑하는 사람이 죽으면 새로운 육체로 다시 태어난다고 믿는다. 이러한 윤회는 힌두 신앙의 핵심이다. 힌두교 성지인 바그마티강에 가면 시신을 화장하는 광경을 쉽게 볼 수 있다. 망자의 장남은 시신을 강물에 세 차례 담근 후 장작더미에 올려 불을 붙이고, 화장이 끝나면 조문객들과 함께 강물을 몸에 뒤집어쓰는 의식을 치른다.

다. 그러므로 시바는 파괴의 신이자 지구를 재탄생시키는 '개조의 신'이며, 그 안에서 살아가는 인간도 탄생과 죽음의 순환을 반복한다. '윤회(輪廻)'라 부르는 이 개념은 힌두 신앙의 핵심으로, 힌두교 신자들이 파슈파티나트 사원과 바그마티강을 성지로 여기는 것도 이곳을 윤회의 중심으로 생각하기 때문이다.

힌두교의 윤회는 영원히 계속되지 않는다. 하나의 영혼이 탄생과 죽음을 반복하다가 완전한 존재가 되면 물질계를 벗어나 우주와 하나가 된다. 이 세상에 다시 태어날 때마다 몸과 마음을 닦아 지고의 경지에 이르면 윤회의 사슬에서 벗어날 수 있다. 힌두교의 경전 《바가바드기타(Bhagavad Giā)》에는 이렇게 적혀 있다. "인간이 낡은 옷을 버리고 새 옷을 갈아입듯이, 영혼도 낡은 육체를 버리고 새로운 육체로 들어간다." 시바신의 가호 아래 시신을 파슈파티나트 사원에서 화장하면, 당신의 영혼은 낡은 육체에 더 이상 미련을 두지 않고 새로운 육체를 찾아간다.

네팔에서는 사람이 죽으면 화장하기 전에 바그마티강에 세 번 담그는 전통 의식을 치른다. 그 후 망자의 장남이 시신을 얹은 장작더미에 불을 붙여 시신을 태우고, 화장이 끝나면 조문객과 함께 성스러운 강물로 몸을 씻는다. 그래서 바그마티 강변은 목욕하는 사람들로 항상 번잡하다. 나 같은 영국인에게는 참으로 충격적인 광경인데, 죽음을 그렇게 공개적으로 다루는 것이 낯설기 때문이다. 그러나 힌두교도에게 장례식이란 사랑하는 사람이 낡은 육체를 벗고 새로운 육체로 다시 태어나는 것을 축하하는 자리다.

힌두교도들은 인간의 육체가 공기, 물, 불, 흙, 그리고 기(氣, ether)로 이루어져 있다고 믿는다. 현대 과학에 따르면 이것은 지나치게 복잡한 생각이지만, 사람이 죽은 후 이 원소들이 겪는 과정은 현대 과학 이론

힌두교도들이 치르는 화장 의식의 저변에는
"영혼이 떠난 육체는 더 이상 생명체가 아니므로
땅으로 되돌려 재활용한다"는 신념이 깔려 있다.
그런데 사람이 죽은 후 육체가 겪는 과정을
현대 과학의 관점에서 바라봐도 거의 모든 것이
힌두교의 사상과 완벽하게 일치한다.

과 놀라울 정도로 비슷하다.

화장 의식의 저변에는 "영혼이 떠난 육체는 더 이상 생명체가 아니므로 땅으로 되돌려 재활용한다"는 신념이 깔려 있다. 인간의 영혼은 불사(不死)의 존재이므로 죽음은 끝이 아니라 새로운 시작이며, 삶의 무대가 바뀌는 전환점일 뿐이다. 이들에게는 삶과 죽음도 순환의 일부인 것이다. 그런데 사람이 죽은 후 육체가 겪는 과정을 현대 과학의 관점에서 바라봐도 거의 모든 것이 힌두교의 사상과 완벽하게 일치한다. 다만 인간의 육체가 원자로 이루어져 있다는 점만 다를 뿐이다. 내가 죽으면 온갖 미생물이 내 몸을 산산이 분해해 땅속으로 흡수되고, 시간이 충분히 흐르면 다른 생명체나 무생물의 일부가 될 것이다.

물론 우주와 인간의 창조 설화가 힌두교에만 있는 것은 아니다. 인간의 출현과 사후 세계에 관한 설화는 전 세계 모든 문화권에서 찾아볼 수 있는데, 그 내용을 분석해보면 생명의 근원과 앞날을 궁금해하는 것은 인간의 본성인 듯하다.

전통 종교와 마찬가지로 현대 과학도 자기 나름의 창조 이론을 구축해놓았다. 종교와 다른 점이 있다면 구전된 설화가 아니라 물리학과 우주론을 통해 충분히 검증된 이야기라는 점이다. 현대 과학은 인간의 구성 성분과 존재의 기원을 논리적으로 설명할 수 있으며, 여기서 한 걸음 더 나아가 세상 만물의 구성 성분과 기원까지 설명할 수 있다. 또한 현대 과학은 지구보다 훨씬 큰 우주의 기원까지 설명해준다. 인간과 지구의 기원을 알려면 우주의 기원부터 이해해야 하기 때문이다. 그러나 종교와 과학은 결정적인 곳에서 확연한 차이를 보인다. 현대 과학에서 '위대한 깨달음의 순간'은 한 개인의 삶과 죽음을 이해할 때가 아니라, 별의 삶과 죽음을 이해할 때 비로소 찾아온다.

별자리 지도

해가 진 후 도시를 벗어나 멀리 떨어진 교외로 가면 우리의 선조들이 그토록 별에 집착했던 이유를 쉽게 알 수 있다. 밤하늘의 별을 조용히 바라보고 있노라면, 왠지 별들이 어떤 패턴에 따라 나열되어 있는 듯한 느낌이 든다. 고대의 천문학자들은 밤하늘의 별을 맨눈으로 관측하여 위치와 밝기를 자세히 기록했고, 특별히 눈에 띄는 별 무리에는 형상을 딴 이름까지 붙여놓았다. 1970년대 후반에 독일의 고고학자들이 발견한 매머드의 엄니에 오리온 별자리가 새겨져 있는데, 탄소 연대를 측정하니 3만 년 전에 만들어진 것으로 확인되었다. 또한 프랑스의 동굴에서 발견된 별자리 벽화로 미루어볼 때, 인류는 고대 문명이 발생하기 한참 전인 수만 년 전부터 우주에 관심이 많았던 것으로 추정된다.

고대 이집트인들은 별자리 지도를 작성했을 뿐만 아니라, 일부 별에 이름을 부여했다. 그들은 북극성을 '지지 않는 별'이라 불렀고, 눈에 잘

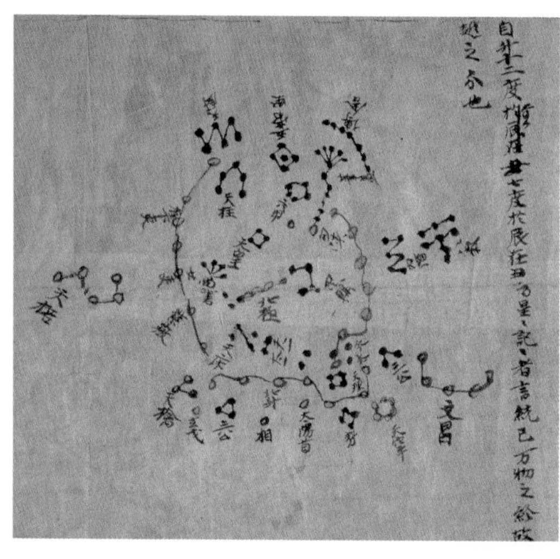

중국 둔황(敦煌)에서 발견된 별자리 도해. BC 700년경에 작성된 것으로, 현존하는 별자리 지도 중 가장 오래된 것으로 꼽힌다(둔황은 중국 대륙의 북쪽 실크로드에 위치한 도시이다). 지금은 영국 국립도서관에 소장되어 있다. 둔황 별자리 도해에는 고대 중국인의 시각에서 바라본 다양한 별자리가 소개되어 있다.

17세기 네덜란드의 지도 제작자 프레데릭 더 빗(Frederik de Wit)이 제작한 별자리 지도. 둔황의 도해보다 훨씬 다양한 별자리가 자세히 소개되어 있다.

띄는 별 무리에는 별자리를 지정하여 이름까지 붙여놓았다. 수메르인과 바빌로니아인은 여기서 더 나아가 별자리의 이름과 패턴을 일일이 기록해놓았으며, 별과 별자리의 천문학 카탈로그를 작성한 후 새로운 별자리가 발견될 때마다 목록에 추가했다. 그리스와 중국, 그리고 이슬

고대의 철학자들은 수천 년 동안 밤하늘의 별을 맨눈으로 관측하여 위치와 밝기를 자세히 기록했고, 특별히 눈에 띄는 별 무리에는 형상을 딴 이름까지 붙여놓았다.

람의 천문학자들도 별자리를 지정하여 복잡한 천체도를 만들었는데, 오늘날 통용되는 별자리 이름 중 상당수는 아랍 문화권에서 유래된 것이다.

고대인에게 별은 불멸의 존재였으므로, 별의 배열 상태로 구체적인 모양을 떠올리고 신화와 결부시키는 것이 그다지 이상한 일은 아니었다. 그러나 서기 185년에 역사상 최초로 새로운 별이 밤하늘에 등장하면서 천체를 대하는 자세가 달라지기 시작했다. 당시 중국 천문학자들은 새로 등장한 별의 정체를 파악하기 위해 별의 탄생과 죽음을 처음으로 떠올렸고, 별도 사람처럼 생명이 유한할지도 모른다고 생각했다. 그 별은 거의 8개월 동안 같은 자리에서 찬란한 빛을 발하다가 사라졌다고 한다.

그로부터 1800여 년이 지난 2006년, 서양의 천문학자들은 그것이 초신성 폭발(supernova explosion)이라는 가정하에 폭발의 잔해를 관측하는 데 성공했다. 147쪽의 사진은 찬드라 X-선 망원경으로 촬영한 RCW 86의 모습인데, 이 천체는 우주에서 가장 극적인 사건인 초신성 폭발의 잔해일 것으로 추정된다.

초신성 폭발은 무거운 별이 수명을 다했을 때 일어나는 초대형 폭발 사건으로, 폭발이 한 번 일어나면 태양의 10억 배에 이르는 빛이 사방으로 방출된다. RCW 86이 서기 185년에 나타났던 초신성의 잔해

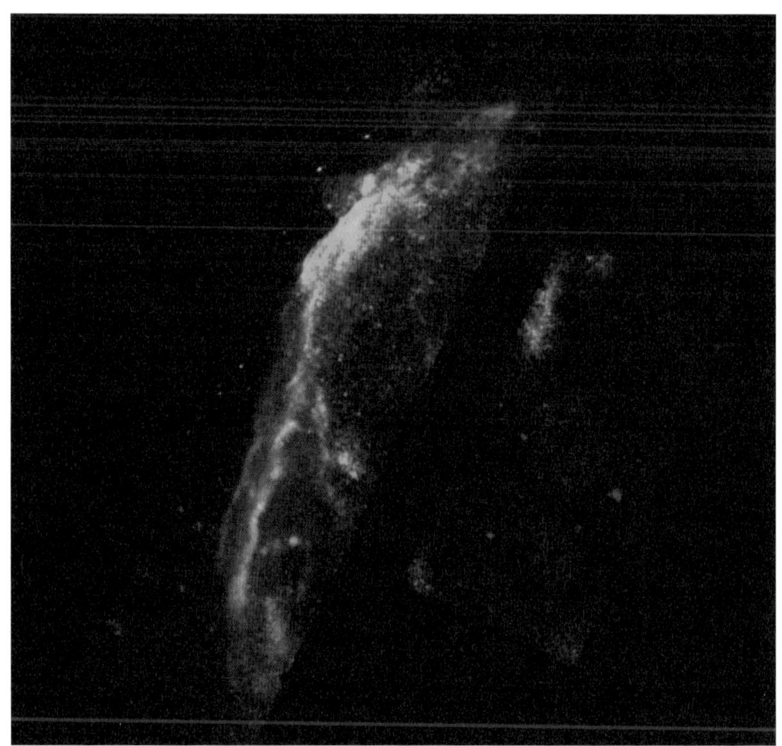

서기 185년에 중국 천문학자들은 남쪽 하늘에서 전에 없었던 새로운 별을 발견했다. 기록에 따르면 그 별은 화성과 거의 비슷한 밝기로 빛을 내면서 거의 8개월 동안 같은 자리를 지키다가 사라졌다고 한다. 그로부터 1800여 년이 지난 2006년에 서양의 천문학자들은 그것이 폭발하는 초신성이었음을 알아냈고, 폭발의 잔해를 관측하는 데 성공했다. 이 사진은 찬드라 X-선 망원경으로 촬영한 RCW 86의 모습인데, 붉은색과 녹색, 푸른색은 각각 낮은 에너지, 중간 에너지, 높은 에너지 X-선이 방출되는 지역이다. 천문학자들은 X-선의 에너지 분포를 분석한 끝에, RCW 86이 8000광년 거리에 있는 거대한 별의 폭발 잔해로부터 생성되었다고 결론지었다.

라면, 중국 천문학자들이 '객성(客星, guest star)'이라 불렀던 그 별은 약 8000광년 거리에 있는 초신성이었을 것이다. 그때의 천문학자들은 이런 사실을 몰랐지만, 별의 수명이 유한하다는 증거를 처음으로 기록해 놓았다.

갓 태어난 별들

지금도 우리 머리 위에서 탄생과 죽음의 이야기가 가장 극적인 형태로 펼쳐지고 있다. 새로운 별이 무더기로 탄생하는 성운은 아기별들의 요람이자 우주에서 가장 아름다운 천체로 꼽힌다. 이들 중 천문학자의 관심을 가장 많이 끄는 것은 아마도 오리온자리에 위치한 오리온성운(Orion Nebula, 150쪽 아래 사진)일 것이다. 이 성운을 처음 발견한 사람은 프랑스의 천문학자 니콜라-클로드 파브리 드 페레스(Nicolas-Claude Fabri de Peiresc, 1610년)로 알려져 있지만, 설화에 따르면 고대 마야인들도 오리온 벨트(Orion's belt, 삼태성)의 바로 아래에서 희미하게 빛나는 성운을 알고 있었다. 오리온성운은 맑은 날 밤에 맨눈으로 관측할 수 있

NASA의 은하진화탐사선(Galaxy Evolution Explorer)이 촬영한 적외선 사진. 미라라는 별이 엄청나게 긴 꼬리를 드리운 채 하늘을 가로지르고 있다. 미라가 우주 공간에 뿌린 먼지는 훗날 새로운 별과 행성이 되고, 그로부터 새로운 생명체가 탄생할 수도 있다.

으며, 새로운 별이 탄생하면서 형태가 수시로 변하는 성운으로 알려져 있다.

오메가성운(Omega Nebula, 말굽성운, 또는 백조성운이라고도 한다)은 폭 15광년짜리 거대한 성간 구름으로, 수백 개의 어린 별들이 이곳에서 태어나는 중이다. 새로 태어난 별들은 질량에 따라 향후 수억 년에서 수십억 년 동안 수소로 핵융합 반응을 일으키면서 빛을 발하다가 수소가 고갈되면 몸집을 엄청나게 부풀릴 것이다.

질량이 큰 별들이 죽을 때가 되면 거대한 적색거성(赤色巨星, red giant)으로 변한다. 지름이 태양의 400배나 되는 미라(Mira)가 이런 경우이다. 적색거성은 한동안 덩치를 유지하다가 최후의 순간에 초신성 폭발을 일으키면서 우주 공간으로 흩어진다. 그런데 원래 별의 질량이 어떤

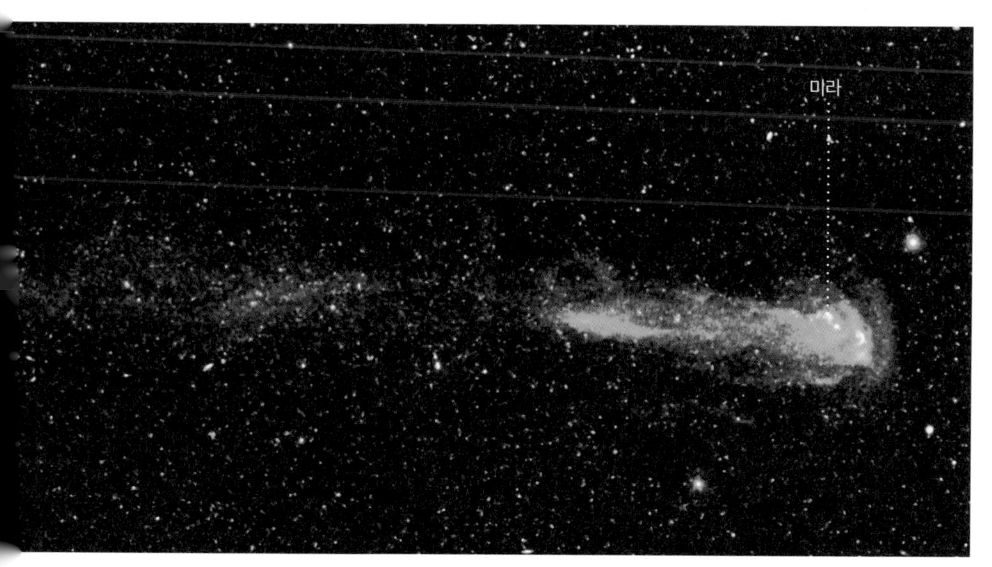

말굽성운, 또는 백조성운으로 알려진 이 성운은 생긴 모습이 그리스 알파벳 오메가(Ω)와 비슷하여 오메가성운으로 불리기도 한다. 이곳에서는 수백 개의 어린 별들이 형성되는 중이어서, 주변을 에워싼 기체들이 붉은색을 띠고 있다. 이 사진은 칠레의 라 실라(La Silla)에 있는 유럽남방천문대(European Southern Observatory, ESO)의 직경 3.8m짜리 천체망원경으로 찍었다.

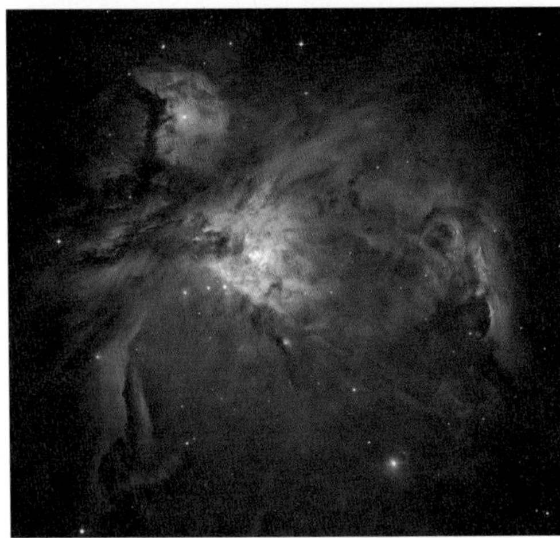

오리온성운은 지금까지 가장 자세히 관측된 천체이자, 밤하늘에서 가장 아름다운 천체로 꼽힌다. NASA의 허블 우주망원경은 2004년부터 2005년까지 궤도를 100번 이상 돌면서 이 아름다운 광경을 포착해냈다. 오리온성운은 맨눈으로 관측 가능하지만, 사실 그 안에는 3000개가 넘는 별들이 독자적으로 빛을 발하고 있다. 천문학자들은 오리온성운을 분석하면서 별의 탄생 과정에 대하여 많은 사실을 알게 되었다.

한계 값을 초월하면 초신성 폭발을 겪은 후 블랙홀이 된다. 블랙홀은 초고밀도 상태의 죽은 별로서, 중력이 너무 강해서 빛조차 빠져나오지 못한다. 이보다 조금 가벼운 별은 초신성 폭발 후 빠르게 자전하는 중성자별(neutron star)이 되는데, 여기서 주기적으로 방출되는 라디오파 덕분에 그 존재를 확인할 수 있다.

미라보다 훨씬 가벼운 별은 최후의 순간에 초신성 폭발을 겪지 않고 적색왜성(赤色矮星, red dwarf)이 된다. 이것은 우리은하에 가장 흔한 천체로서, 가장 유명한 적색왜성은 글리제 581(Gliese 581)이다. 글리제 581은 지구로부터 20광년 거리에 있는데, 최근에 그 둘레에서 행성이 최소 여섯 개 발견되면서 주목을 받았다. 이들 중 '글리제 581g'로 명명된 행성은 모항성(母恒星)인 글리제 581과 적절한 거리를 두고 있어서 외계 생명체가 존재할 가능성이 꽤 높을 것으로 추정된다.

'금성의 태양 횡단'은 아주 드물게 일어나는 천체 현상으로, 2004년과 2012년에 관측되었으며 앞으로 한동안은 일어나지 않을 것이다. 금성이 태양을 가로지르는 장관을 다시 구경하려면 2116년까지 기다려야 한다.

2004년 6월 8일, 금성이 태양을 횡단했다.
지구에서 관측하면 작고 검은 원반이 태양의 얼굴을 가로지르는 것처럼 보인다.

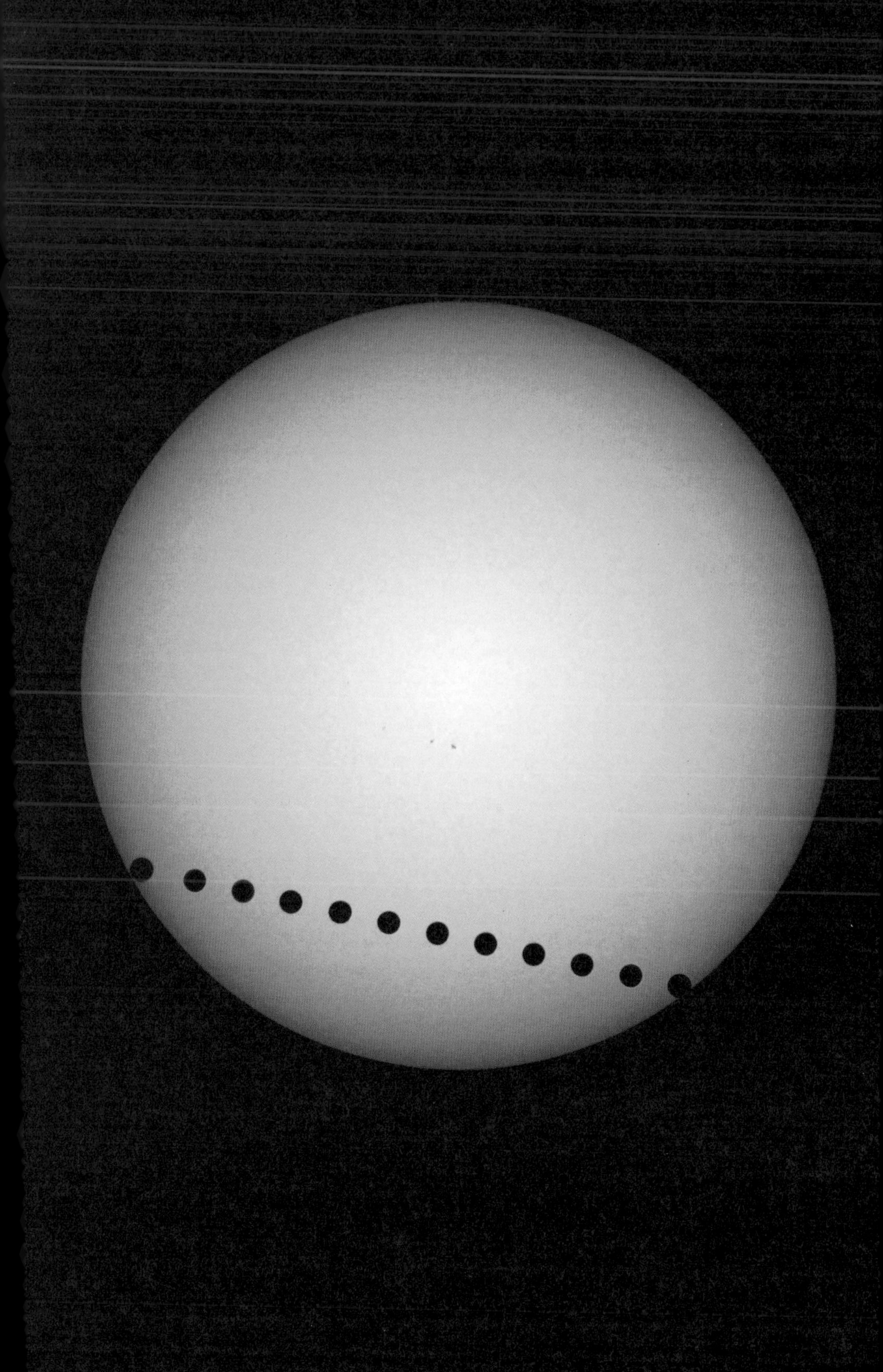

'외계 행성 사냥'은 현대 천문학의 흥미로운 분야 중 하나이다. 만일 외계 생명체가 존재한다면 그들이 살 수 있는 곳은 외계 행성밖에 없기 때문이다. 태양계 밖에 있는 행성은 너무 희미하기 때문에, 얼마 전까지만 해도 외계 행성 탐색은 불가능하다고 생각했다. 그러나 천문학자들은 개선된 관측 장비에 힘입어 외계 행성을 찾는 두 가지 방법을 개발했다. 시선속도법(視線速度法, radial velocity method)과 횡단

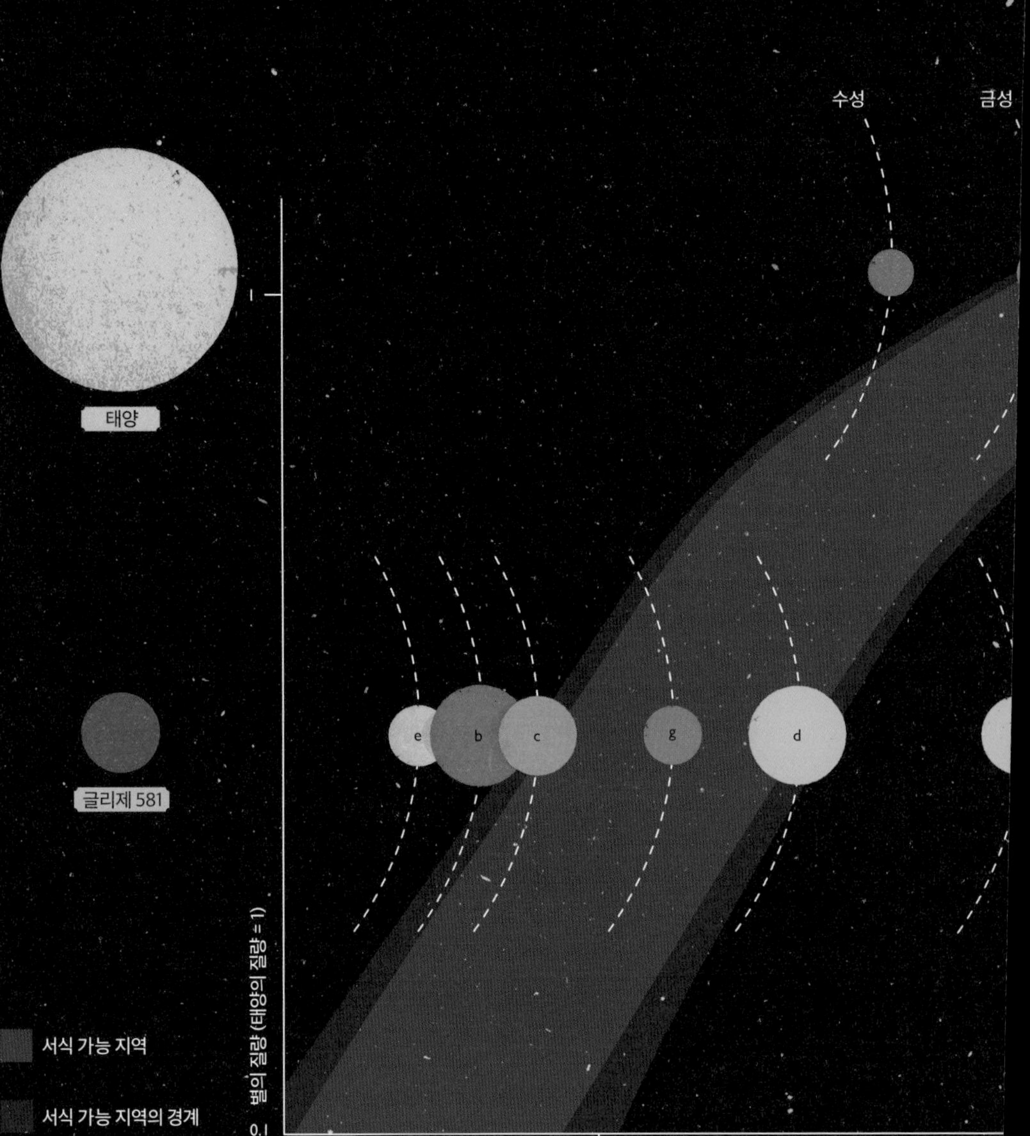

법(橫斷法)이 바로 그것이다. 지금까지 이 방법으로 수백 개의 외계 행성이 직간접적으로 발견되었는데, 질량은 지구의 몇 배에서 목성의 25배까지 매우 다양하다. 그런데 외계 행성에는 과연 생명체가 살고 있을까? 그 여부는 행성과 모항성 사이의 거리에 달려 있다. 별의 주변에서 물이 액체 상태로 존재할 수 있는 거리를 '서식 가능 지역'이라 한다. 이 지역의 거리와 크기는 별에서 방출되는 에너지에 따라 달라지는데, 별이 희미할수록 가깝고 좁아진다. 적색거성 글리제 581은 서식 가능 지역에 적어도 한 개 이상의 행성을 거느리고 있다.

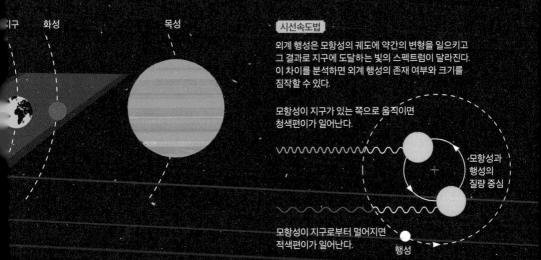

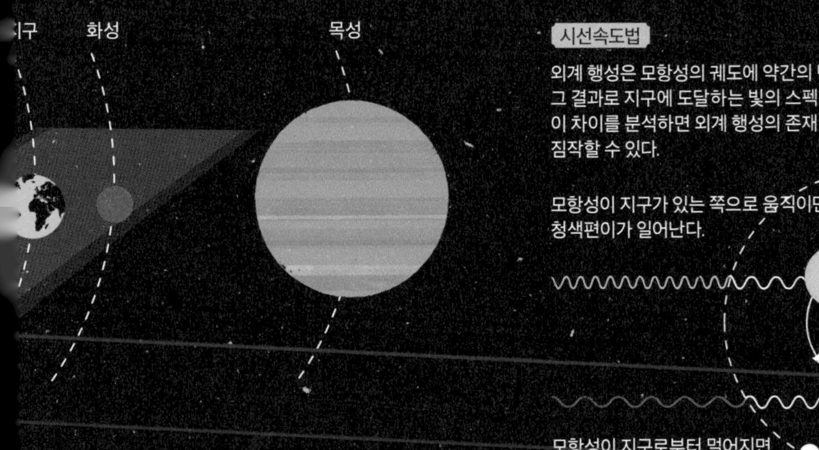

지구
화성
목성
시선속도법
외계 행성은 모항성의 궤도에 약간의 변형을 일으키고 그 결과로 지구에 도달하는 빛의 스펙트럼이 달라진다. 이 차이를 분석하면 외계 행성의 존재 여부와 크기를 짐작할 수 있다.
모항성이 지구가 있는 쪽으로 움직이면 청색편이가 일어난다.
모항성과 행성의 질량 중심
모항성이 지구로부터 멀어지면 적색편이가 일어난다.
행성

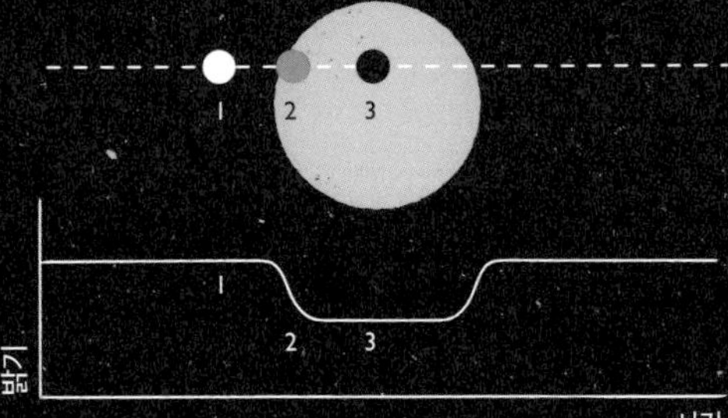

외계 행성이 모항성을 가로지르면 항성의 밝기가 감소한다.

태양과의 거리 10
[단위=천문 단위(AU)]

최첨단 천체망원경으로
우주의 이곳저곳을 둘러보면,
각 지역은 별의 일생에 대하여
각기 다른 이야기를 들려준다.
그러나 천문학자들은 이로부터
별의 존재와 관련한
더욱 심오한 사실을 깨달았다.
모든 별은 레우키포스와
데모크리토스가 예견했던 '원자'로
이루어져 있으며,
우리의 몸도 별과 똑같은 물질로
이루어져 있다.
별이 우리의 존재에 얼마나 중요한
기여를 했는지 제대로 이해하려면,
하늘에서 잠시 눈을 떼고 지구에
집중할 필요가 있다.

생명의 기원

별과 생명체의 관계를 이해하려면 제일 먼저 우리 몸의 구성 성분부터 알아야 한다. 어디서 시작해야 할까? 언뜻 납득이 안 가겠지만, 가장 적절한 출발점은 지구에서 가장 높은 히말라야 산맥이다. 이곳에는 7200m를 넘는 고봉이 100개가 넘고, 세계 최고봉 10개 중 9개, 50개 중 45개가 집중되어 있다. 겉모습은 디할 나위 없이 웅장하고 범접할 수 없는 신성함마저 느껴지지만, 우주의 기본 구성 단위를 찾는 사람에게 이곳만큼 적절한 장소도 없다. 세계의 지붕으로 통하는 히말라야, 그러나 수천만 년 전에는 지금과 사뭇 다른 모습이었다.

히말라야는 세계에서 가장 높은 산악 지대이면서 지질학적으로는 가장 젊은 지대이다. 7000만 년 전만 해도 히말라야 산맥은 아예 존재하지도 않았다. 지질학의 관점에서 볼 때 7000만 년은 아주 짧은 시간이다. 그러던 어느 날, 지질구조판이 가차없이 이동하면서 (지질학적으로) 눈 깜짝할 사이에 히말라야 산맥이 만들어졌다. 인도-오스트렐리아판(지각이 갈라지면서 생긴 여러 지질구조판 중 하나. 태평양판, 유라시아판, 아프리카판, 남극판 등이 있다 — 옮긴이)이 유라시아판과 충돌한 후 1년에 약 15cm씩 올라갔고, 그 바람에 한때 바다였던 지역이 위로 솟아올라 지금의 히말라야가 형성된 것이다. 그러므로 히말라야의 고봉을 이루는 대부분의 암석들은 원래 바다 밑에서 오랜 세월에 걸쳐 형성되었다가 지각이 융기하는 바람에 졸지에 물 밖으로 삐져나온 '지질학적 신참내기'인 셈이다.

이 특별한 지질 현상이 실제로 일어났음을 보여주는 증거는 히말라야에서 쉽게 찾을 수 있다. 이 지역의 석회암은 유난히 거칠고 잘 부서지는데, 그 이유는 이 암석이 오래전 바닷속에 살았던 산호와 말미잘의

히말라야는 지구에서 규모가 가장 큰 산악 지대이자 지질학적으로 가장 젊은 지대이다. 이 사진은 네팔의 사가르마타(Sagarmatha) 국립공원에 있는 칼라파타르(Kala Patthar)에서 찍은 것인데, 고도가 5554m나 되는데도 히말라야의 극히 일부밖에 보이지 않는다. 히말라야의 탄생 과정을 이해하면 우주에 존재하는 생명체에 대하여 많은 정보를 얻을 수 있다.

히말라야의 에베레스트산에 오르면 이 거대한 산악 지대가 한때 해저면이었다는 사실이 믿기지 않는다.

자연의 재활용 사이클은 놀랍기만 하다. 히말라야의 석회암은 대부분 생명체의 퇴적물로 이루어져 있다. 에베레스트산 꼭대기에서는 바닷조개를 비롯한 해양 생물의 화석이 무더기로 발견되었다.

껍데기 등으로 만들어졌기 때문이다. 지질학적으로 아주 짧은 시간 동안 엄청난 압력이 가해지면서, 바다 생물의 퇴적물이 석회암으로 변한 것이다. 석회암은 물속의 탄산칼슘이 침전되면서 만들어질 수도 있지만, 히말라야에는 생명체의 퇴적물로 형성된 석회암이 훨씬 많다. 에베레스트산 꼭대기에서 바다 생물의 화석이 발견된 적도 있다! 이것은 거의 50억 년 동안 지구의 자원이 끊임없이 재활용되었음을 보여주는 확실한 증거이다.

이 재활용 사이클에는 인간도 포함된다. 그리 듣기 좋은 말은 아니겠지만, 당신의 몸을 구성하는 원자들은 과거 한때 나무나 공룡, 바위 등 다른 물체의 일부였다. 바위는 생명체의 일부가 될 수 있고, 생명체는 죽어서 바위의 일부가 된다. 우주 만물은 똑같은 물질로 이루어져 있기 때문이다.

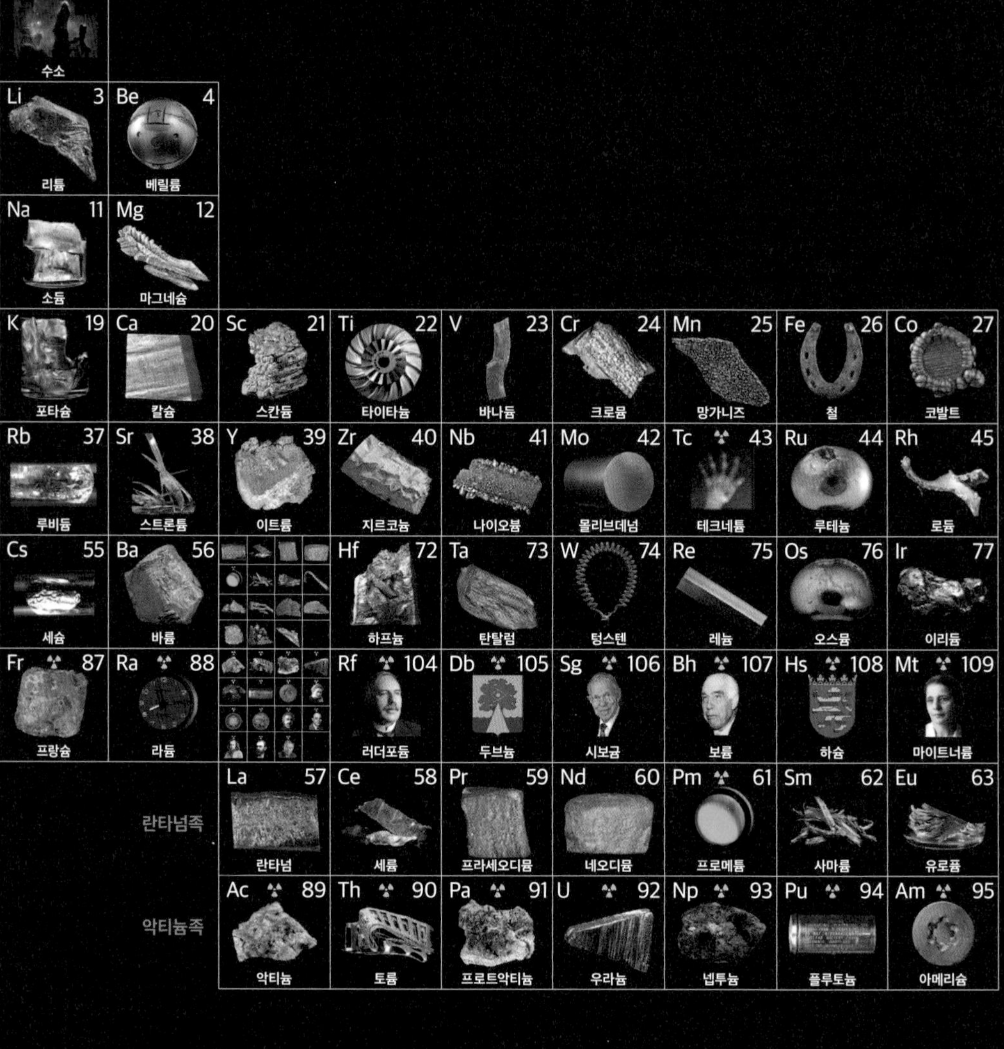

IMAGE COURTESY OF PERIODICTABLE.COM

주기율표

사람들에게 주기율표를 보여주면 십중팔구는 중고등학교시절 과학 시간을 떠올린다. 주기율표가 그만큼 인상적이었겠지만, 더 큰 이유는 아마도 학교를 졸업한 후 다시 접한 적이 없기 때문일 것이다. 주기율표는 만물의 최소 단위를 일정한 규칙에 따라 나열한 '화학 원소의 총목록'이지만, 여기에는 단순한 목록 이상의 의미가 담겨 있다. 물질의 원소 이론은 고대 그리스 시대부터 거론되어오다가 1869년에 러시아의 화학자 드미트리 멘델레예프(Dmitri Mendeleev)가 주기율표를 완성하면서 지금과 같은 형태를 갖추게 되었다. 당시에 알려진 원소는 총 66종이었는데, 멘델레예프가 이 원소들을 화학적 특성에 따라 분류한 것은 참으로 천재적인 발상이었다. 그가 정한 규칙에 따라 주기율표를 작성하면 각 원소의 화학특성이 분명하게 드러날 뿐만 아니라, 아직 발견되지 않은 원소를 미리 예측할 수 있다. 실제로 멘델레예프는 이런 식으로 갈륨(Ga)과 저마늄(Ge) 등 당시에는 알려지지 않았던 8종의 원소를 예측했고, 이들은 30년 안에 모두 발견되어 주기율표의 빈자리를 찾아갔다. 더욱 놀라운 것은 새로 발견된 원소들의 화학적 특성이 멘델레예프의 예측과 정확하게 일치했다는 점이다. 그 후 원소의

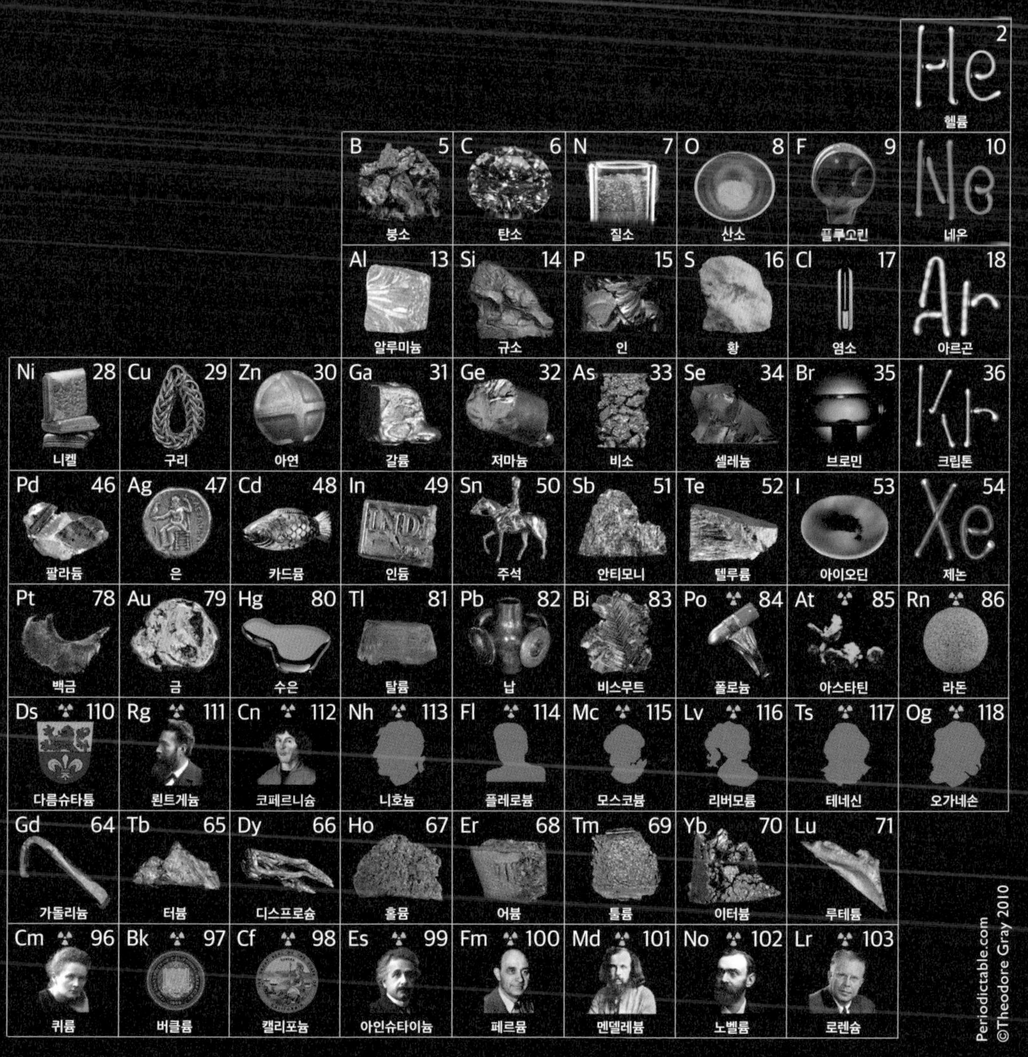

종류는 꾸준히 증가했고 1955년에 캘리포니아 버클리 대학교의 연구팀이 101번째 원소를 발견하여 멘델레븀(Md)으로 명명했다. 현재 주기율표에는 118종의 원소가 등록되어 있는데, 2010년에 러시아-미국 합동 연구팀은 117번 원소인 테네신(Ts)을 발견했다.

주기율표에서 천연적으로 존재하는 원소는 수소(H)부터 플루토늄(Pu)까지 모두 94종이다. 자연에 존재하는 모든 물질은 이들 중 하나, 또는 여러 개로 구성되어 있다. 나머지 24종은 실험실에서 인공적으로 만든 것들인데 상태가 불안정하기 때문에 짧은 시간 안에 붕괴된다. 1번부터 94번까지 94종의 원소만 알고 있으면 양성자와 중성자, 전자, 쿼크 등 소립자를 굳이 도입하지 않아도 생물학과 화학의 모든 현상을 설명할 수 있다. 화학 원소를 더 작은 단위로 분해하려면 엄청나게 큰 에너지와 높은 온도가 필요하기 때문이다. 실제로 이런 환경이 조성되어 있는 곳은 별의 내부뿐이다.

인간의 기원을 설명하기 위한 우리의 여행길은 94개의 원소를 이해하는 것에서 출발한다. 그러나 본격적인 여행을 떠나기 전에 한 가지 확인할 것이 있다. 지구뿐만 아니라 우주의 모든 천체들도 멘델레예프의 주기율표에 수록된 원소들로 이루어져 있을까?

우주적 화학 실험 도구

다들 알다시피 우주에서 인간이 직접 가본 천체는 달밖에 없다. 그런데도 우리는 우주에 존재하는 관측 가능한 모든 별과 행성, 위성의 구성 성분을 속속들이 알고 있다. 그토록 멀리 떨어진 별의 내부 구조를 대체 무슨 수로 알아냈을까?

1969년 7월 21일, 닐 암스트롱(Niel Armstrong)과 버즈 올드린(Buzz Aldrin)은 지구 바깥의 다른 세계에 처음으로 발자국을 남긴 인간이 되었다. 두 사람은 2시간 36분 40초 동안 달 표면을 거닐며 다양한 임무를 수행했는데, 그중에서도 가장 중요한 임무는 월석 표본을 채취하는 것이었다. 올드린은 달 표면에 두 개의 시료 채취관을 삽입하고 약간의 망치질을 하면서 역사상 가장 유명한 바위 표본 22kg을 추출했다. 그러고는 도르래를 이용하여 무한한 가치를 지닌 표본을 짐칸에 싣고 달 착륙선 안으로 들어가 잠자리에 들었다. 암스트롱과 올드린이 숙면을 취하는 동안 미국 정부는 방송을 내보내 "우리는 인류 역사상 가장 값진 지질 표본을 채취하는 데 성공했으며, 정치적으로도 위대한 승리를 거두었다"고 선언했다. 당시에는 미-소 냉전이 극으로 치닫고 있었기에, 서방 자유 진영에서 미국의 승리는 곧 인류의 승리로 인식되었다.

그러나 아폴로 11호가 달에 착륙했을 때 소련의 우주선도 달 궤도를 돌고 있었다는 사실을 아는 사람은 별로 많지 않다. 당시 미국과 소련은 월석을 먼저 채취하려고 필사의 경쟁을 벌였는데, 달에 먼저 착륙한 쪽은 미국이 아닌 소련이었다. 소련의 세 번째 무인 달 탐사선 루나 15호가 아폴로 11호보다 3일 먼저 달에 착륙한 것이다. 그러나 루나 15호는 착륙 과정에서 달 표면에 세게 충돌하여 대부분의 기능을 상실했고, 최초의 월석 채취 경쟁은 미국의 승리로 돌아갔다. 아폴로 11호

1969년 7월 21일, 닐 암스트롱과 버즈 올드린은 달 표면을 최초로 밟은 인간이 되었다. 아폴로 11호가 달 착륙에 성공함으로써 과학자들은 달의 형성 과정을 좀 더 자세히 알게 되었으며, 우주 경쟁에서 항상 소련에 뒤쳐져 있던 미국은 막판 역전승을 거두었다. 사진은 올드린이 월석 표본을 채취하는 모습이다.

아폴로 11호 달 탐사선은 1969년 7월 16일에 케네디 우주센터에서 발사된 후 무한한 가치를 지닌 월석 표본을 싣고 1969년 7월 24일에 무사히 귀환했다. 수거된 화물 상자는 엘링턴 공군 기지로 이송되었다가 텍사스주 휴스턴에 있는 유인우주선센터(Manned Spacecraft Center, MSC)의 달시료연구소(Lunar Receiving Laboratory)로 옮겨졌다.

가 가져온 월석 표본은 텍사스주 휴스턴의 보안이 철저한 연구실에서 지금까지 분석되고 있다.

월석 표본의 분석을 시작한 지 47년이 흘렀지만, 흥미를 끌 만한 특성은 아직 발견되지 않았다. 다만 외계 지형의 바위가 지구의 바위와 놀랍도록 비슷하다는 사실만 확인했을 뿐이다. 월석의 주성분은 산소와 규소, 마그네슘, 철, 칼슘, 알루미늄 등 지구의 바위와 거의 동일했으며, 지구에 없는 새로운 성분은 단 하나도 발견되지 않았다.

아폴로 11호 프로젝트가 성공적으로 마무리된 후, 우리는 화성과 금성에 무인 탐사선을 착륙시켰고 목성의 대기에는 낙하산을 타고 진입했으며, 토성의 위성인 타이탄(Titan)과 소행성 에로스(Eros), 이토카와(Itokawa), 혜성 템플 1(Temple 1)에도 탐사선을 보냈다. 그리고 이 모든 프로젝트는 "태양계 내부의 모든 천체는 동일한 재질로 이루어져 있다"는 한 가지 사실을 거듭 확인해주었다. 특히 지구와 가장 가까운 행성인 화성에는 지금까지 여덟 차례 탐사선을 보내 지질의 세부적인 것까지 알아냈다. 화성의 표면이 붉게 보이는 이유는 흙 속에 다량으로 함유된 철이 산화 작용을 일으켜 전체적으로 녹이 슬었기 때문이다. 그리고 화성의 토양은 약한 산성을 띠고 있으며 마그네슘과 나트륨(소듐), 포타슘, 염화물 등으로 이루어져 있다. 또한 금성의 두꺼운 대기는 유황으로 가득 차 있고, 수성은 거대한 철 덩어리에 얇은 실리콘 지각이 덮여 있다. 심지어 지구로부터 수십억 km나 떨어져 있는 해왕성에서도 지구에서 흔히 볼 수 있는 메탄(메테인, methane)이 다량으로 발견되었다. 태양계를 그토록 열심히 뒤졌는데 새로운 원소가 단 하나도 발견되지 않은 것이다. 하지만 과학의 눈으로 보면 그리 놀랄 일도 아니다. 멘델레예프가 주기율표를 처음 발표했을 때 가벼운 원소 쪽에는 빈칸이 없었으므로, 웬만한 원소들은 그 무렵에 이미 다 발견된 상태였다. 지구가 아닌 다른

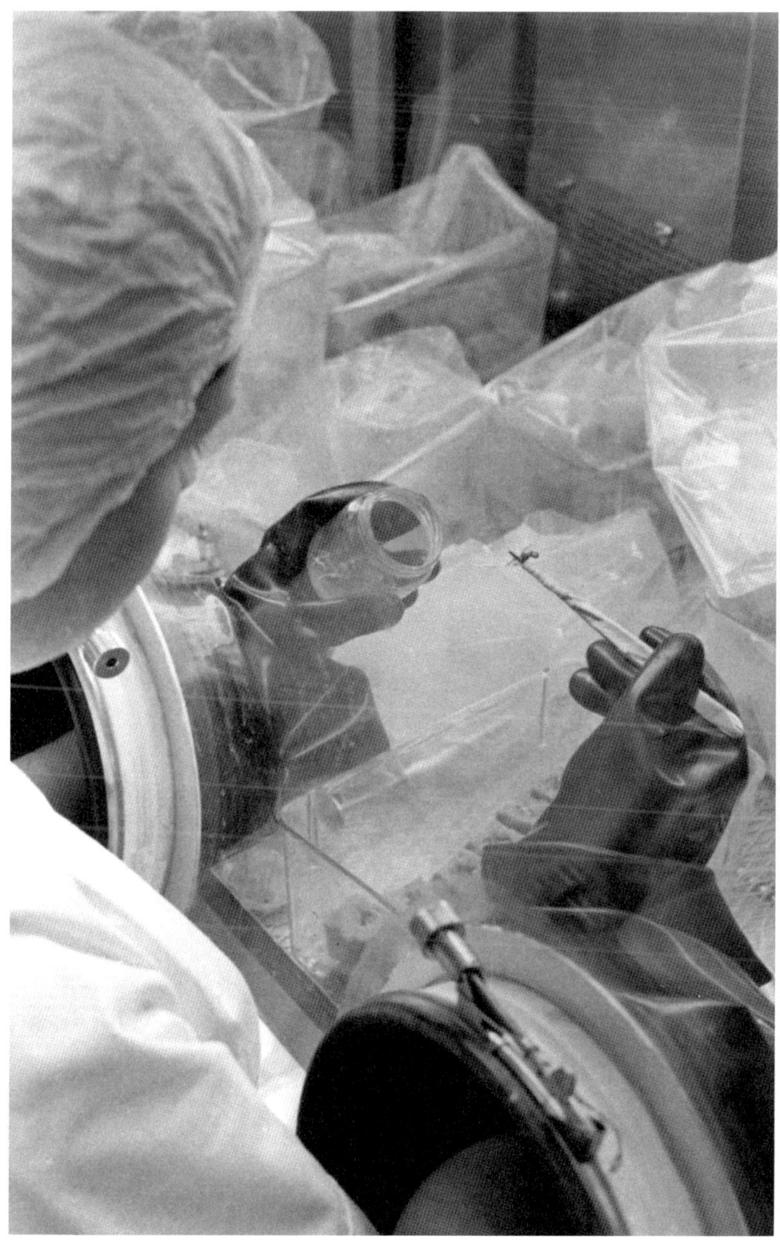

아폴로 11호가 달에서 가져온 월석은 보안이 철저한 연구소에서 세밀히 분석되었다. 월석 연구는 지금까지 진행 중이다.

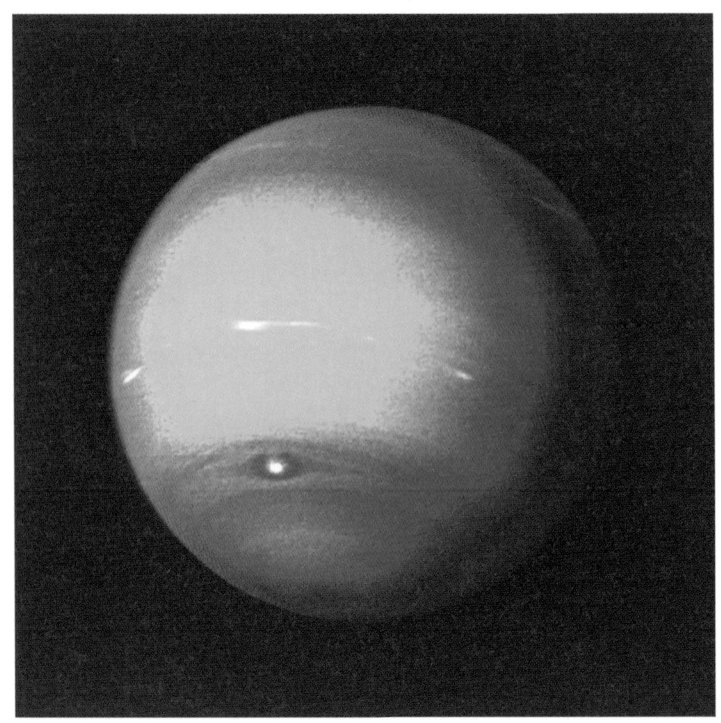

보이저 2호가 전송해온 해왕성 사진(색상은 인위적으로 입혔음). 천문학자들은 이 사진을 분석하여 해왕성에 메탄과 같은 유기 분자가 다량 존재한다는 사실을 알게 되었다.

천체에서 주기율표에 없는 새로운 원소가 발견되려면 물리 법칙부터 바뀌어야 한다. 그러나 누가 알겠는가? 백문이 불여일견이라 했으니, 새로운 무언가가 발견되기만 하면 믿지 않을 수 없을 것이다.

그렇다면 나머지 우주는 어떤가? 우주 반대편에 있는 천체들도 주기율표에 등록된 원소로 이루어져 있을까? 혹시 그곳에서는 태양계와 다른 물리 법칙이 적용되지 않을까? 일리 있는 질문이다. 우리 주위의 자연을 서술하는 물리학 이론이 제아무리 정확하다 해도, 그것이 수십억 광년 떨어진 곳에서도 성립한다는 보장은 없기 때문이다. 사실을 확

과학자들이 지난 40여 년 동안 태양계를 열심히 뒤졌지만, 새로운 원소는 전혀 발견되지 않았다.

인하는 방법은 오직 관찰과 실험밖에 없다. 대부분의 별들이 너무 멀리 있기 때문에 위에서 제기한 의문은 영원히 풀리지 않을 수도 있지만, 일찍 포기할 필요는 없다. 우리는 사람을 달에 보내기 전부터 별의 구성 성분을 이미 알아내지 않았던가?

별은 무엇으로 이루어져 있는가?

태양계의 중심에서 찬란하게 불타는 태양은 지구에서 약 1억 5000만 km 떨어져 있다. 태양 다음으로 우리와 가까운 별은 적색왜성 프록시마 켄타우리로, 태양계와의 거리는 4광년쯤 된다. 이 별은 1915년에 남아프리카 케이프 천문대의 로버트 이네스(Robert Innes)가 발견했으며, 그 후로 100년 동안 수많은 천문학자들이 관측을 시도하면서 꽤 많은 사실을 알아냈다(맨눈으로는 이 별을 볼 수 없다). 지금까지 알려진 바에 따르면 프록시마 켄타우리는 쌍성계(binary star system)인 알파 켄타우리 A, B와 함께 삼성계(三星界, triple star system)를 이루고 있다. 앞에서도 말했듯이, 우리에게 별과 관련된 정보를 알려주는 것은 우주를 가로질러 날아온 빛뿐이다. 우리는 이 빛을 분석하여 프록시마 켄타우리의 질량과 크기, 그리고 지난 100년간 밝기의 변화까지 거의 정확하게 알아냈다. 지금은 어떤 별이건 망원경에 잡히기만 하면 구성 성분을 속속들이 알 수 있다. 지구에 도달한 빛에 충분한 정보가 이미 들어 있기 때문이다. 이 모든 것은 원소들이 갖고 있는 특별한 성질 덕분이다.

빛으로 별의 과거를 유추하는 방법은 1670년에 아이작 뉴턴이 처음으로 제시했다. 그는 빛이 색 스펙트럼으로 이루어져 있음을 최초로 발견한 사람이다. 빛은 프리즘을 통과하면서 여러 개의 단색광으로 분리되므로, 이 과정을 머릿속에서 거꾸로 되돌리면 금방 이해가 갈 것이다. 그로부터 150년이 지나, 독일 과학자 요제프 폰 프라운호퍼(Joseph von Fraunhofer)는 첨단 망원 렌즈와 프리즘을 이용하여 태양빛 스펙트럼에서 574개의 어두운 선을 발견했다. 태양빛에서 누락된 색이 수백 개나 되었던 것이다. 프라운호퍼는 자신이 얼마나 중요한 발견을 했는지 전혀 모르는 상태에서 어두운 선의 위치를 정확하게 측정한 후 달과 행

양자 이론에 중요한 실마리를 제공한 구스타프 키르히호프와 로베르트 분젠의 실험은 간단한 모닥불로 재현할 수 있다. 이들이 150년 전에 발견했던 것처럼, 모닥불에 구리를 던져 넣으면 푸른 불꽃이 아름답게 피어오른다.

성, 그리고 별에서 날아온 빛의 스펙트럼을 똑같은 방법으로 분석했다. 이때 발견된 검은 선들을 '프라운호퍼선'이라 한다.

프라운호퍼선의 의미를 알아낸 사람은 19세기 독일 과학자 구스타프 키르히호프(Gustav Kirchhoff)와 로베르트 분젠(Robert Bunsen, 분젠 버너를 발명한 바로 그 사람)이었다. 이들은 검은 스펙트럼선이 태양의 대기를 구성하는 원소들의 '지문'이라고 주장했다. 1억 5000만 km를 날아온 빛에 태양 성분의 자세한 정보가 들어 있었던 것이다.

키르히호프와 분젠의 발견은 순전히 경험에 기초한 것이었다. 지구에

19세기 초에 독일 과학자 요제프 폰 프라운호퍼는 태양 스펙트럼에서 574개의 어두운 선(그림에서 세로로 난 검은 선)을 발견했다.

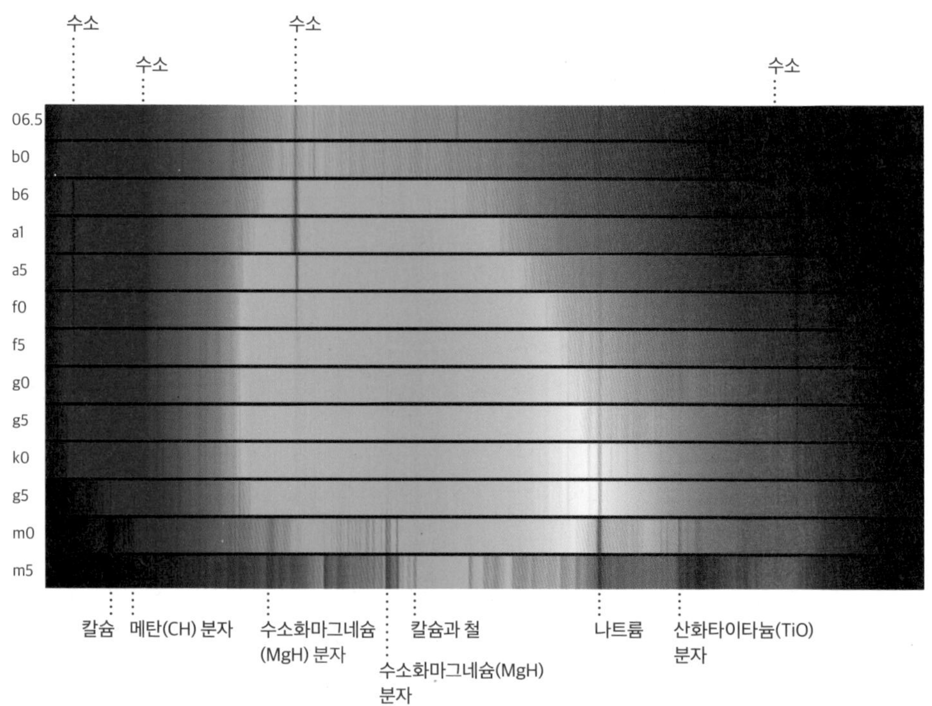

서 기체에 열을 가하면 뜨거운 금속처럼 단순한 빛을 내지 않고 특별한 단색광을 방출한다. 이때 단색광의 종류는 기체의 종류에 따라 다르며, 온도와는 전혀 무관하다. 각 화학 원소를 가열하면 고유의 단색광을 방출하는데, 예를 들어 스트론튬(Sr)은 붉은색, 나트륨은 진한 황색, 구리는 선명한 진녹색 빛을 방출한다. 키르히호프와 분젠은 태양빛 스펙트럼에 나타난 검은 선의 위치가 여러 원소에서 방출되는 단색광과 일치한다는 사실을 알아냈다. 예를 들어 태양빛 스펙트럼의 노란색 근처에 나타나는 두 개의 검은 선은 뜨겁게 달궈진 나트륨 기체에서 방출되는 두 개의 노란색 단색광과 정확하게 일치한다. 또한 이 두 가지 색을 혼합하면 밤길을 비추는 나트륨 가로등의 색상과 같다.

키르히호프와 분젠은 스펙트럼에 검은 선이 나타나는 이유를 여전히 모르고 있었지만, 지구에서 관측된 원소와 태양빛에 들어 있는 원소의 흔적을 비교하는 게 목적이라면 아무 문제가 없다. 이 신기한 일치는 20세기에 양자역학이 등장한 후에야 비로소 밝혀졌으며, 키르히호프와 분젠의 분광학은 초기 양자 이론(quantum theory)의 발전에 크게 기여했다. 양자역학의 원자 모형에 따르면 모든 원소는 원자핵의 둘레를 도는 전자가 궤도를 바꿀 때마다 빛을 방출하거나 흡수한다. 20세기 초에 물리학자들을 양자역학으로 인도한 핵심 개념은 '전자 궤도의 불연속성'이었다. 태양 둘레를 도는 행성은 질량과 속도에 따라 어떤 궤도도 돌 수 있지만, 원자핵 둘레를 도는 전자는 특별한 조건을 만족하는 궤도만 돌 수 있다. 그 이유는 전자가 입자성과 파동성을 동시에 지니고 있기 때문이다. 바로 이 파동적 성질 때문에 전자의 궤도에 많은 제한 조건이 부가되는 것이다. 원자가 빛을 흡수하면 전자는 에너지가 더 높은 궤도로 '점프'하는데, 이것을 들뜬 상태(excited state)라 한다. 그런데 들뜬 전자는 물리적으로 불안정하기 때문에 이 상태로 오래 머물지 못하고

우주에서 날아온 빛을 분광기로 분석한 결과, 큰개자리의 시리우스는 무거운 금속으로 이루어져 있음이 밝혀졌다. 시리우스의 철(Fe) 함유량은 태양의 세 배에 달한다.

곧바로 빛을 방출하면서 낮은 에너지 상태로 돌아온다. 이때 높은 에너지와 낮은 에너지의 차이는 원자가 흡수하거나 방출한 빛의 에너지와 정확하게 일치한다.

양자 이론에 따르면 빛도 전자처럼 파동성과 입자성을 동시에 갖고 있다. '광자'라는 말은 빛의 구성 입자를 일컫는 용어이다. 그리고 여기서 가장 중요한 사실, "광자의 종류는 단색광의 색상에 따라 다르다."

우리는 빛을 살펴보는 것만으로
멀리서 반짝이는 별의 구성 성분을 알아낼 수 있다.
성능 좋은 망원경과 분광기만 있으면 된다.

즉, 적색광의 광자와 녹색광의 광자는 서로 다른 광자이다. 무엇이 다를까? 바로 '에너지'가 다르다! 붉은 광자(광자 자체가 붉다는 뜻이 아니라, "붉은 단색광에 대응하는 광자"라는 뜻이다 — 옮긴이)는 노란 광자보다 에너지가 작고, 노란 광자는 푸른 광자보다 에너지가 작다. 그런데 모든 원자는 전자가 놓일 궤도가 이미 정해져 있기 때문에, 전자가 높은 에너지 궤도로 점프하려면 특정 에너지를 갖는 광자를 잘 골라서 흡수해야 한다. 그리고 높은 에너지 궤도로 올라간 전자가 다시 낮은 에너지 궤도로 내려올 때도 역시 특정 에너지(두 궤도의 에너지 차이)를 갖는 광자를 방출한다. 이것이 바로 원소가 빛을 흡수하거나 방출할 때 일어나는 현상이다. 우리는 스펙트럼을 통하여 원자의 구조를 직접 보고 있는 셈이다.

태양빛 스펙트럼에는 수백 개의 프라운호퍼선이 있고, 각 선은 태양의 대기를 구성하는 원소를 나타낸다. 빛이 태양의 대기를 통과하는 동안 특정 광자들이 흡수되었기 때문이다. 노란색 영역의 나트륨부터 철, 마그네슘을 거쳐 수소에 이르기까지, 다양한 원소가 태양빛 스펙트럼에 새겨져 있다.

천문학자들은 태양빛 스펙트럼을 분석하여 태양에 어떤 원소들이 존재하는지 정확하게 알아낼 수 있었다. 지금까지 알려진 바에 따르면 태양의 70%는 수소이고 28%는 헬륨이며, 기타 원소들이 2%를 차지하고

있다.

이 이론은 태양뿐만 아니라 밤하늘에 반짝이는 모든 별에 적용된다. 아무리 멀리 있는 별이라 해도 빛을 충분히 모으기만 하면 대기의 성분을 알아낼 수 있다. 빛을 살펴보는 것만으로 모든 천체의 구성 성분을 알 수 있다니, 정말 놀랍지 않은가?

우주의 어느 곳을 바라보건 간에, 우리 눈에 보이는 것은 지구에서 발견된 원소뿐이다. 우리가 아는 한 그밖의 원소는 우주에 존재하지 않는다. 이것이 분광학을 통해 내려진 결론이다.

우리 몸은 과거 한때 죽은 별의 잔해였다. 그것이 우주를 표류하다가 뭉쳐서 새로운 별과 행성이 되었고, 거기에 화학 에너지가 개입하면서 생명체가 탄생했다. 이 사실을 감안한다면 1000억 개 은하와 각 은하에 포함된 수천억 개의 별이 우리 몸과 동일한 원소로 이루어진 것은 그다지 놀랄 일도 아니다. 그리고 또 한 가지, 뒤에서 다시 언급하겠지만 우주에 존재하는 만물은 하나의 기원에서 탄생했다.

북극성(위, 가운데 사진)은 지구로부터 430광년 떨어져 있지만,
우리는 이 별의 무거운 원소 함유량이 태양과 비슷하며
탄소와 질소 함유량은 태양보다 현저히 적다는 사실을 알고 있다.
반면에 북쪽 하늘에서 두 번째로 밝은 직녀성(Vega, 아래)은
금속 함유량이 태양의 3분의 1에 불과하다.

태초의 우주

인간 존재는 어디서 비롯되었을까?
이 질문의 답을 구하려면 우주 탄생 직후 몇 초 동안 어떤 사건이 일어났는지 알아야 한다.
태초에 우주는 상상할 수 없을 정도로 밀도가 높고 뜨거웠다. 얼마나 뜨거웠는지 구체적으로 표현하고 싶지만, 우리가 사용하는 언어에는 적절한 단어가 없다. 그냥 "말로 표현할 수 없을 정도로 뜨거웠다"는 표현이 최선이다.
태초의 우주에는 아무 구조도 없고 물질도 존재하지 않았으며, 어느 쪽을 바라봐도 똑같은 모습이었다.
이런 상황이 머릿속에 그려지지 않는다고 해서 실망할 필요는 없다. 상상하기 어려운 것은 전문가들도 마찬가지다. 그러나 지구에서 가장 흔한 물질 중 하나를 잘 분석하면 초기 우주에 어떤 일이 일어났는지 짐작할 수 있다.
그 물질은 바로 '물'이다.

물은 지구에서 가장 흔한 물질이지만 지질학적 경이를 만들어내는 원천이기도 하다. 칠레의 엘 타티오 간헐천에 가면 물의 막강한 위력을 실감할 수 있다.

칠레의 엘 타티오 간헐천 지대

칠레 북쪽의 안데스 산맥 꼭대기에는 세계의 절경으로 꼽히는 엘 타티오 간헐천 지대(El Tatio Geysers)가 있다. 해발 4200m 고지대에 위치한 이곳은 남반구 최대의 간헐천이자 고도가 제일 높은 간헐천이기도 하다. 이곳에서 물이 분출되는 장관을 구경하려면 일출 시간에 맞춰 찾아가야 한다.

이른 아침, 태양이 지평선 위로 모습을 드러낼 때쯤 되면 뜨거운 물과 차가운 공기가 한데 어우러져 보기 드문 장관을 연출한다. 일반적으로 간헐천에서는 지질학적 펌프 작용으로 끓는 물이 지면 위로 솟아올랐다가 순식간에 기화하면서 거대한 증기 기둥이 형성된다. 그러나 엘 타티오는 고도가 높고 기온이 매우 낮아서 증기가 곧바로 액화하기 때문에, 간헐천이 활동을 시작하면 주변 일대가 얇은 얼음으로 뒤덮인다. 땅속에서 분출된 액체가 곧바로 기화했다가 차가운 공기와 만나 다시

칠레 북쪽 안데스 산맥 꼭대기에 있는 엘 타티오 간헐천은 지구에서 가장 경이로운 장소로 꼽힌다. 이곳은 해발 4200m로, 세계에서 고도가 가장 높은 간헐천으로 알려져 있다.

지구 표면의 70%는 물로 덮여 있다. 엘 타티오 간헐천 지대에는 물의 세 가지 상태인 액체-기체-고체가 동시에 존재한다. 땅바닥에 고인 물 위를 거닐다 보면 얇게 서린 얼음이 부서지는 소리가 들린다.

액화한 후 곧바로 얼어붙는 것이다. 그래서 엘 타티오 간헐천 지대에는 물의 세 가지 상태인 액체, 기체, 고체가 엄청난 규모로 한꺼번에 존재한다. 우주가 막 태어난 초창기에도 아주 짧은 시간 동안 이와 비슷한 상태 변화가 일어났다.

물은 산소와 수소로 이루어져 있다. 산소 원자와 수소 원자가 각기 따로 존재할 때는 대칭 구조가 유지된다. 여기서 잠시 '대칭'이라는 말의 의미를 짚고 넘어갈 필요가 있다. 원자의 구조가 대칭이라는 것은 원자를 어떤 방향에서 바라봐도 생김새가 똑같다는 뜻이다. 물리학에서는 이것을 '회전 대칭(rotational symmetry)'이라 한다. 완전한 구(球)는 임의의 방향으로 임의의 각도만큼 돌려도 모양이 변하지 않는다. 이런 경우를 물리학자들은 "완벽한 회전 대칭"이라고 말한다. 그런데 산소 원자

증기가 얼음으로 변하고 혼돈에서 질서가 탄생하듯이, 우주도 탄생 초기에 이와 비슷한 위상 변화를 겪으면서 온갖 입자를 만들어냈다.

하나가 두 개의 수소 원자와 결합하여 H_2O(물 분자)가 되면 회전 대칭이 사라진다. 두 개의 수소 원자가 물 분자를 중심으로 105°의 각도를 이루면서 특별한 방향성을 갖기 때문이다. 이런 경우를 두고 물리학자들은 "대칭성이 붕괴되었다"고 한다. 그러나 물 분자도 그 나름의 대칭성을 갖고 있다. 예를 들어 물 분자를 180° 뒤집어도 모양은 변하지 않는다. 그러나 여기서 온도를 낮춰 물을 얼리면 대칭이 또 다시 붕괴된다. 얼음 분자는 구조가 엄청나게 복잡하기 때문에, 원래 원자가 갖고 있던 회전 대칭은 말할 것도 없고 물 분자가 갖고 있던 대칭마저 사라지는 것이다.

이와 같이 구조가 복잡해질수록 대칭은 줄어든다. 그러나 물 분자의 대칭이 붕괴되는 과정에서 우리가 한 일은 아무것도 없다. 그저 온도만 내려갔을 뿐이다. 아름답고 복잡다단한 자연을 둘러보고 있노라면 솜씨 좋은 조물주가 심혈을 기울여 만들어놓은 것 같지만, 사실은 고도의 대칭을 가진 기본 단위에서 시작하여 저절로 대칭성이 붕괴되면서 지금처럼 아름다운 세상이 된 것이다.

물리학자들은 이 과정을 '자발적 대칭 붕괴(spontaneous symmetry breaking)'라 부른다. 우주는 탄생 초기에 고도의 대칭성을 갖고 있다가 순식간에 대칭이 붕괴되면서 지금과 같은 모습으로 진화했다.

빅뱅

우주는 약 130억 년 전에 빅뱅이라는 대폭발로 탄생했다. 빅뱅이 왜 일어났는지, 그리고 우주의 초기 상태가 어떤 규칙에 따라 결정되었는지는 아무도 모른다. 이것은 물리학이 풀어야 할 최대의 미스터리로 남아 있다. 빅뱅 후 플랑크 시간이라는 아주 짧은 시간 안에 최초의 사건이 일어났다. 플랑크 시간은 약 10^{-43}초(0.0000000000000000000000000000000000000000001초)로서, 결코 긴 시간은 아니다. 플랑크 시간이 이토록 짧은 이유는 중력이 약하기 때문인데, 그 이유도 아직 오리무중이다. 아무튼 우주가 처음 탄생한 후 이 짧은 시간 동안 자연에 존재하는 네 가지 힘(중력, 강한 핵력, 약한 핵력, 전자기력)은 '초힘(superforce)'이라는 하나의 힘으로 통일되어 있었다. 이 시기에는 물질이 아직 형성되지 않았으며, 오직 에너지와 초힘만 존재했다. 물리학자들은 이것을 가리켜 "대칭이 매우 높은 상태"라고 한다.

그 후 공간이 빠르게 팽창하고 온도가 내려가면서 일련의 대칭 붕괴가 일어나기 시작했다. 플랑크 시간이 끝나갈 무렵에 중력이 가장 먼저 초힘에서 떨어져나와 독자적으로 작용하기 시작했으며, 자연의 대칭은 그만큼 감소했다. 그리고 빅뱅 후 10^{-36}초가 지났을 무렵 또 다른 대칭 붕괴가 일어나면서 이른바 '대통일 시기(Grand Unification Era)'가 막을 내렸다. 그때까지 하나로 통일되어 있던 세 힘 중 강한 핵력(강력, 양성자와 중성자 안에서 쿼크를 단단하게 결합시키는 힘)이 분리되어 나온 것이다. 바로 이 무렵에 우주는 인플레이션이라는 급속 팽창을 겪었는데, 빅뱅 후 10^{-32}초가 지났을 때 공간은 처음의 10^{26}배(100만×100만×100만×1억 배)로 커졌으며, 처음으로 아원자 입자가 모습을 드러냈다. 그러나 이 입자들은 질량이 없었기 때문에 지금과는 사뭇 달랐다.

여기까지는 이론적으로 큰 무리가 없는 가설일 뿐, 입증된 사실은 아니다. 그러나 그다음에 일어난 대칭 붕괴부터는(빅뱅이 일어나고 10^{-11}초 이후) 꽤 믿을 만한 이야기다. 이 시간 후에 일어난 사건들은 CERN의 대형강입자가속기(LHC)로 재현할 수 있기 때문이다. 세 번째이자 마지막으로 일어난 대칭 붕괴는 '약전자기 대칭 붕괴(electroweak symmetry breaking)'로서 전자기력과 약한 핵력(약력)이 갈라져나왔고, 그 후로 우주에는 네 종류의 힘이 따로 존재하게 되었다. 또한 이 시기에 전자와 쿼크 등 물질을 구성하는 입자들이 질량을 획득하여 지금과 같은 성질을 갖게 되었는데, 이 과정을 설명하는 이론이 바로 그 유명한 '힉스 메커니즘(Higgs Mechanism)'이다. 힉스 메커니즘에 의하면 질량을 가진 모든 입자는 힉스 입자가 만든 장(場, field)을 통해 질량을 획득한다. 강입자가속기의 중요한 임무 중 하나는 바로 이 힉스 입자를 발견하는 것이다(힉스 입자는 2012년에 CERN에서 발견되었다 — 옮긴이).

약전자기 붕괴부터는 우주에서 일어난 사건을 설명하는 이론이 있고, 입자가속기를 통하여 실험 증거도 어느 정도 확보되었다. 지금 우주에 존재하는 입자와 힘들은 플랑크 시간이 끝날 무렵부터 시작된 대칭 붕괴의 결과이다. 적어도 물리학자들은 그렇게 믿고 있다. 우주 초기에 일어났던 자발적 대칭 붕괴는 수증기가 물로 변하고 물이 얼음으로 변하는 위상 변화와 비슷하다. 눈 결정 같은 복잡한 구조물이 자연에 존재하는 것은 누군가의 각별한 보살핌 덕분이 아니라, 단순히 온도가 내려갔기 때문이다. 그리고 자연에 복잡한 패턴이 나타나면 초기 상태의 대칭은 보이지 않는 곳으로 사라진다. 눈 결정의 복잡한 구조가 산소 원자와 수소 원자의 대칭을 가리는 것처럼, 만물을 구성하는 입자들과 네 종류의 힘은 초기 우주에 존재했던 대칭을 가리고 있다.

그렇다면 원자의 핵심 요소인 양성자와 중성자는 어떻게 탄생했을

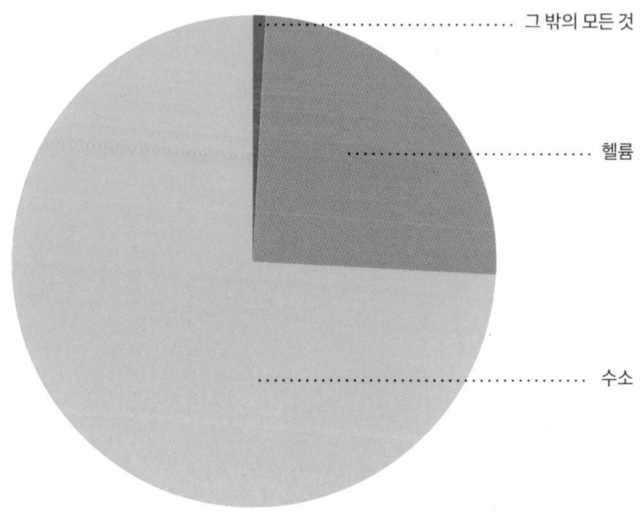

현재 우주의 성분 분포도. 가장 간단한 원소인 수소와 헬륨이 거의 대부분을 차지하고 있다.

까? 앞서 말했듯이, 이들은 3개의 쿼크로 이루어져 있다. 빅뱅이 일어나고 100만분의 1초가 지났을 무렵, 쿼크의 에너지가 충분히 낮아지면서 강한 핵력을 통해 서로 결합하여 양성자와 중성자가 만들어졌다. 그리고 멘델레예프의 주기율표에서 구조가 가장 단순한 원자는 수소 원자이므로(수소 원자는 양성자 한 개와 전자 한 개로 이루어졌다 — 옮긴이), 빅뱅 후 100만분의 1초가 지났을 무렵부터 곳곳에서 수소 원자가 만들어지기 시작했고, 3분이 지난 후에는 양성자와 중성자가 결합하여 헬륨(He) 원자가 탄생했다. 헬륨의 원자핵은 두 개의 양성자와 두 개(또는 한 개)의 중성자로 이루어져 있어서, 우주에서 두 번째로 단순한 원소이다. 그리고 극히 소량이긴 하지만 리튬(Li, 3개의 양성자와 3개의 중성자)과 베릴륨(Be, 4개의 양성자와 4개의 중성자)이 초기 원소 목록에 추가되었다. 그렇다면 나머지 원소들도 이런 과정을 거쳐 순차적으로 만들어졌을까?

아니다. 입자들이 저절로 뭉쳐서 원소가 되는 과정은 베릴륨에서 끝났다. 나머지 원소들은 별의 내부에서 핵융합 반응을 거쳐 생성되었는데, 자세한 내용은 나중에 다루기로 한다(헬륨과 리튬의 상당 부분도 별의 내부에서 생성되었다). 빅뱅이 일어나고 3분 후, 우주에는 중력, 강한 핵력, 약한 핵력, 전자기력이라는 네 가지 힘이 작용했고 전체 질량의 75%는 수소, 25%는 헬륨이었다. 이것이 빅뱅 후 3분 사이에 일어난 사건의 개요이다.

힉스 보손(힉스 입자의 또 다른 이름)이 네 개의 뮤온(muon, 흰색 경로)으로 붕괴되는 장면을 컴퓨터 시뮬레이션으로 재현한 그림. CERN의 대형강입자가속기는 이런 반응을 강제로 일으켜서 힉스 보손의 존재를 확인하고 있다.

원자를 구성하는 입자들

우리는 지난 100년 사이에 물질의 세부 구조에 대하여 꽤 많은 사실을 알게 되었다. 원래 원자는 '생명체의 기본 단위'를 뜻하는 말이었으나, 20세기 초에 영국의 물리학자 어니스트 러더퍼드(Ernest Rutherford)가 산란 실험을 실시해보니 원자의 대부분은 텅 비어 있고 아주 작은 중심부에 원자핵이 밀집되어 있으며, 전자가 그 주변을 돌고 있었다. 그 후 다양한 충돌 실험으로 원자핵이 양성자와 중성자로 이루어져 있음이 밝혀졌고, 양성자와 중성자는 다시 위-쿼크와 아래-쿼크로 이루어져 있다는 사실도 알게 되었다. 지금까지 밝혀진 바에 따르면 우주에는 기본 입자 열두 개가 기본 힘 네 가지를 통해 상호작용하고 있으며 모든 입자에 질량을 부여하는 힉스 보손이 추가로 존재한다(그 외에 입자들 사이에서 힘을 매개하는 광자와 글루온, 그리고 $W^{\pm}$입자와 Z^{0}입자가 있다 — 옮긴이). 물리학자들은 물질의 기본 단위를 확인하기 위해 입자가속기를 발명했다. 이것은 입자의 운동 에너지를 가능한 한 높이 끌어올리는 장치로서, 여기서 가속된 입자들이 충돌을 일으키면 온도가 초기 우주와 비슷한 수준으로 올라가면서 다양한 입자가 생성된다.

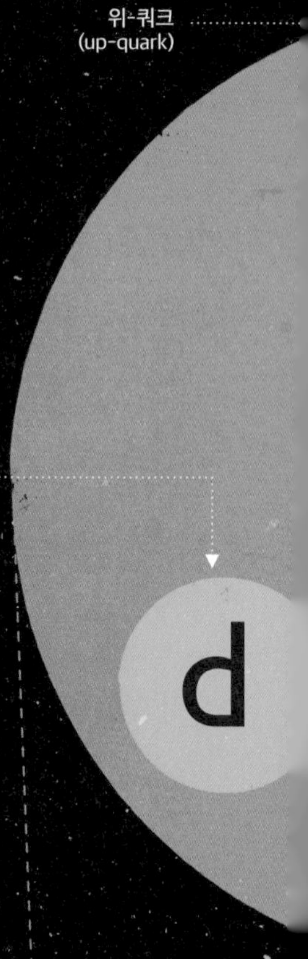

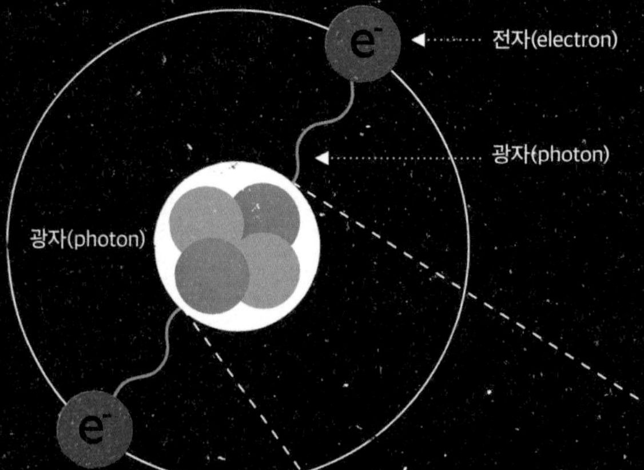

원자(atom)

전자기력을 통해 전자(e^-)가
원자핵 주변에 구속되어 있다.
전자기력은 광자에 의해 매개된다.

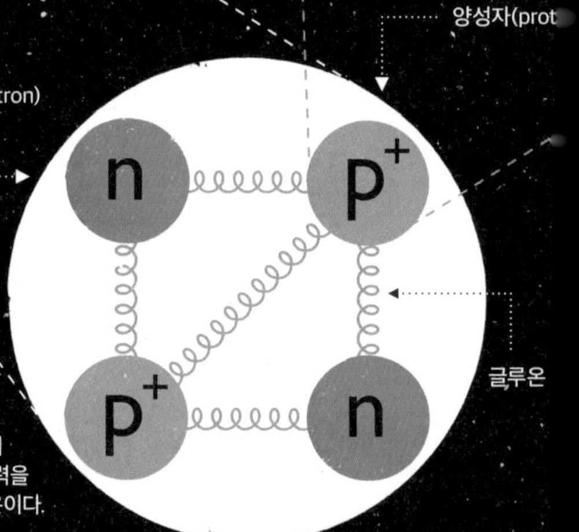

원자핵(nucleus)

원자핵 안에서는
양성자와 중성자가
강한 핵력으로 단단하게
결합되어 있다. 강한 핵력을
매개하는 입자는 글루온이다.

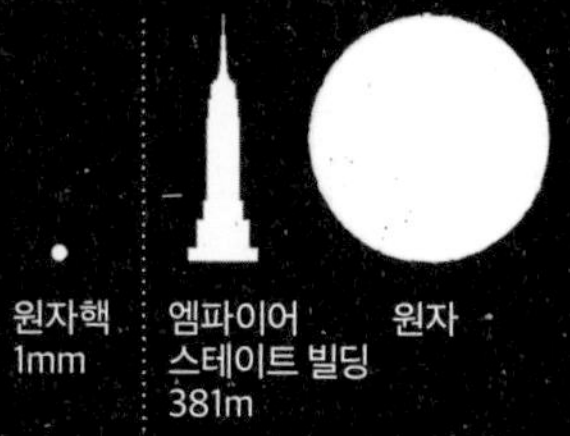

(원자를 엠파이어스테이트 빌딩만큼
확대했을 때 원자핵의 크기는 1mm쯤 된다.)

u

u

글루온(gluon)

표준 모형의 입자 목록

구분	질량	전하	스핀	기호	이름
쿼크(quark)	2.4 MeV	2/3	1/2	u	위-쿼크
쿼크(quark)	1.27 Gev	2/3	1/2	c	맵시-쿼크
쿼크(quark)	171.2 Gev	2/3	1/2	t	꼭대기-쿼크
쿼크(quark)	4.8 MeV	-1/3	1/2	d	아래-쿼크
쿼크(quark)	1.04 MeV	-1/3	1/2	s	야릇한-쿼크
쿼크(quark)	4.2 GeV	-1/3	1/2	b	바닥-쿼크
렙톤(lepton)	< 2.2 eV	0	1/2	ν_e	전자뉴트리노
렙톤(lepton)	< 0.17 MeV	0	1/2	ν_μ	뮤온뉴트리노
렙톤(lepton)	< 15.5 MeV	0	1/2	ν_τ	타우뉴트리노
렙톤(lepton)	0.511 MeV	-1	1/2	e	전자
렙톤(lepton)	105.7 MeV	-1	1/2	μ	뮤온
렙톤(lepton)	1.777 GeV	-1	1/2	τ	타우
BOSONS (FORCES)	0	0	1	γ	광자
BOSONS (FORCES)	0	0	1	g	글루온
BOSONS (FORCES)	91.2 GeV	0	1	Z^0	약한 핵력의 매개입자
BOSONS (FORCES)	80.4 GeV	±1	1	$W^\pm$	약한 핵력의 매개입자
				H	힉스 보손

양성자(proton)

양성자는 두 개의 '위-쿼크'와 한 개의 '아래-쿼크'로 이루어져 있다. 쿼크들은 양성자 안에서 강한 핵력을 통해 단단하게 결합된 상태이다. (매개입자 = 글루온)

약한 핵력(weak force)

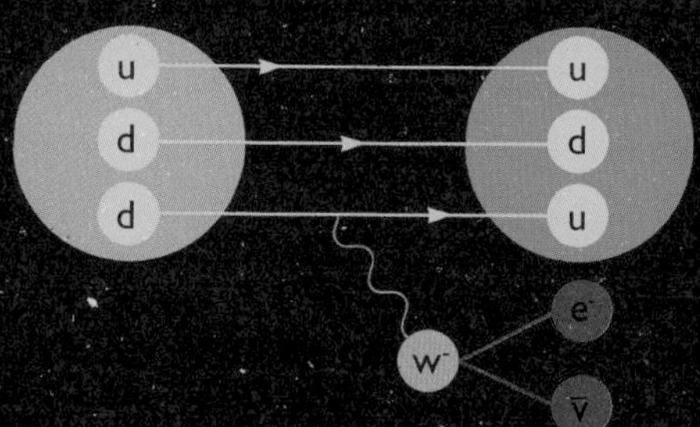

약한 핵력은 중성자를 양성자로 변환시키는 힘으로, 별의 내부에서 핵융합이 일어날 때 첫 단계에 작용한다.

우주의 역사: 빅뱅에서 현재까지

우주의 역사는 물리적 환경에 따라 몇 개의 시간대로 나눌 수 있다. 우주 전체가 뜨거운 에너지 수프로 가득 차 있었던 탄생 초기에 다양한 사건이 순식간에 일어났는데, 이 무렵에 양성자와 중성자가 출현하여 최초의 원자인 수소와 헬륨이 만들어졌다. 그리고 빅뱅 후 40만 년이 지났을 무렵에는 온도가 2700°C까지 낮아지면서 모든 사건이 훨씬 느리게 진행되었다. 현재 통용되는 이론에 따르면 우주는 앞으로 계속 팽창하다가 아득히 먼 훗날 암흑으로 뒤덮이게 될 것이다.

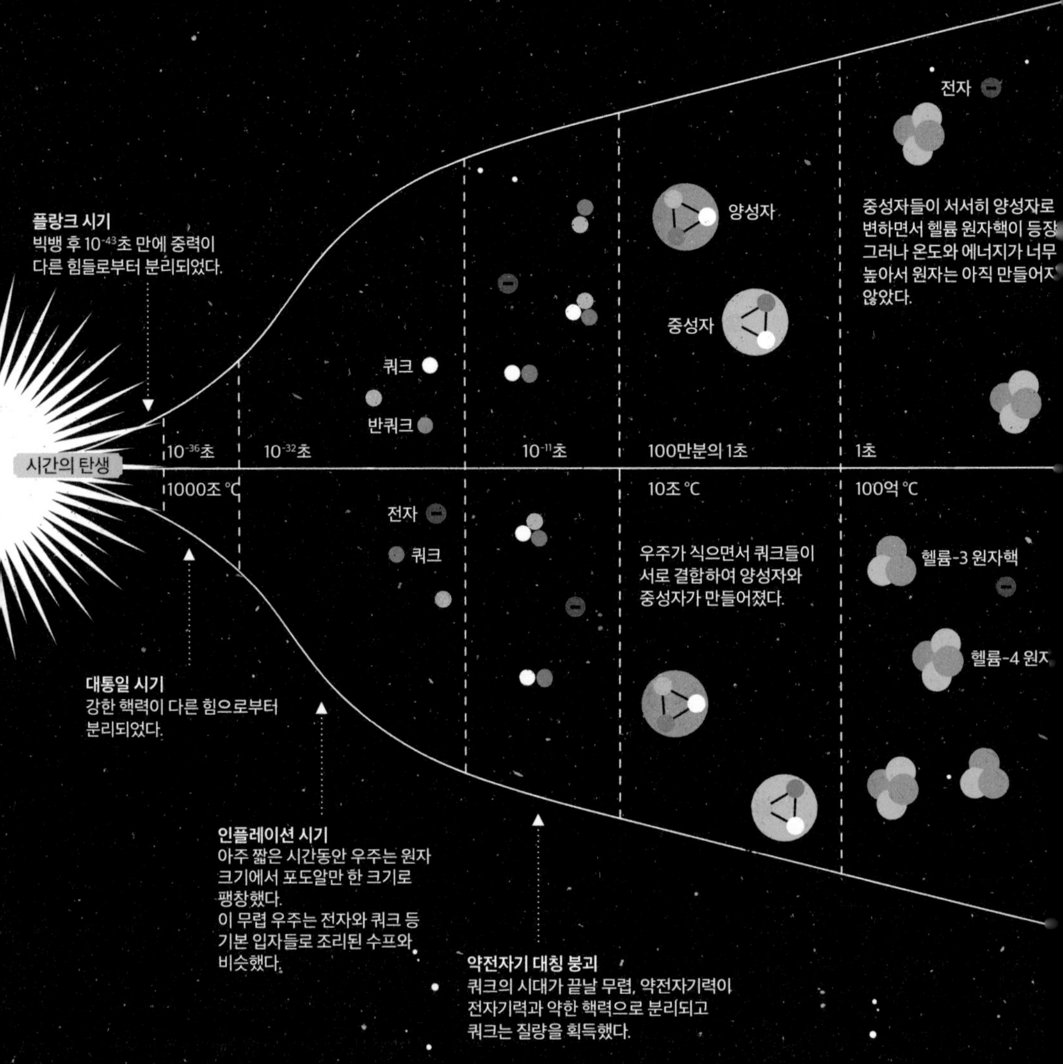

플랑크 시기
빅뱅 후 10^{-43}초 만에 중력이 다른 힘들로부터 분리되었다.
시간의 탄생
10^{-36}초
1000조 °C
10^{-32}초
쿼크
반쿼크
전자
쿼크
10^{-11}초
양성자
중성자
100만분의 1초
10조 °C
우주가 식으면서 쿼크들이 서로 결합하여 양성자와 중성자가 만들어졌다.
전자
중성자들이 서서히 양성자로 변하면서 헬륨 원자핵이 등장
그러나 온도와 에너지가 너무 높아서 원자는 아직 만들어지
않았다.
1초
100억 °C
헬륨-3 원자핵
헬륨-4 원자
대통일 시기
강한 핵력이 다른 힘으로부터 분리되었다.
인플레이션 시기
아주 짧은 시간동안 우주는 원자 크기에서 포도알만 한 크기로 팽창했다.
이 무렵 우주는 전자와 쿼크 등 기본 입자들로 조리된 수프와 비슷했다.
약전자기 대칭 붕괴
쿼크의 시대가 끝날 무렵, 약전자기력이 전자기력과 약한 핵력으로 분리되고 쿼크는 질량을 획득했다.

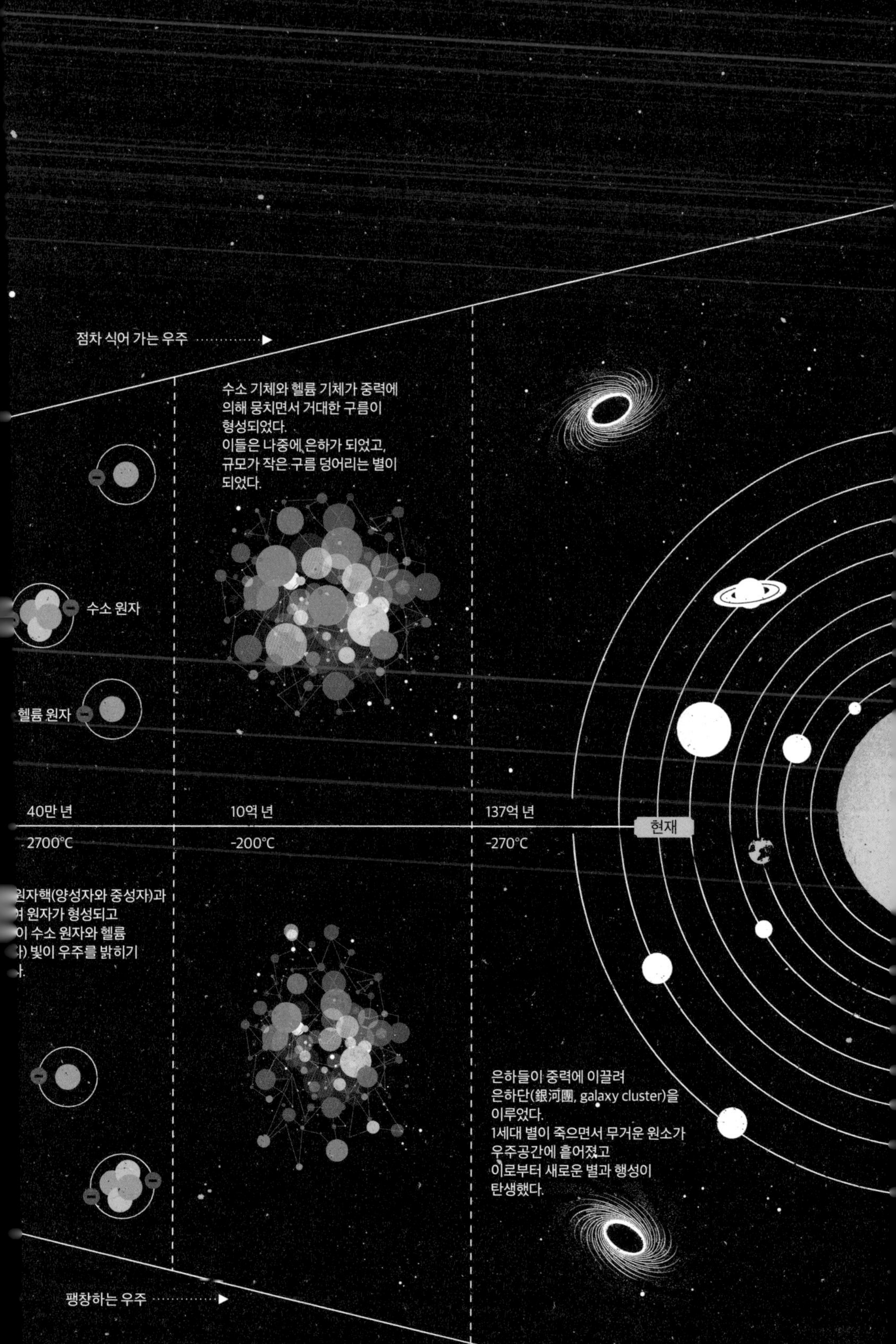

점차 식어 가는 우주
수소 기체와 헬륨 기체가 중력에
의해 뭉치면서 거대한 구름이
형성되었다.
이들은 나중에 은하가 되었고,
규모가 작은 구름 덩어리는 별이
되었다.
수소 원자
헬륨 원자
40만 년
2700°C
10억 년
-200°C
137억 년
-270°C
현재
원자핵(양성자와 중성자)과
여 원자가 형성되고
이 수소 원자와 헬륨
) 빛이 우주를 밝히기
.
은하들이 중력에 이끌려
은하단(銀河團, galaxy cluster)을
이루었다.
1세대 별이 죽으면서 무거운 원소가
우주공간에 흩어졌고
이로부터 새로운 별과 행성이
탄생했다.
팽창하는 우주

우주는 정말 단순하다.
그런데 그 이유를 알 길이 없다.
적어도 지금까지는 그렇다.
과학의 가장 큰 미스터리는
우주가 단순한 이유를
설명하지 못한다는 것이다.
제아무리 복잡한 물체도
세부 구조에는 더할 나위 없는
단순함이 숨어 있으며
이 단순함은 원자의 구조에서
가장 극명하게 드러난다.

우주에 존재하는 화학 원소들의 구조는 아주 간단한 실험으로 재현할 수 있다.
비눗방울 한 통이면 충분하다. 방울 하나만 불면 당신은 우주에 양성자만
존재했던 태초로 돌아갈 수 있다.

물질에 부여된 숫자들

인류의 역사를 돌아보면 새로운 원소를 발견하고 활용할 때마다 새로운 문명이 탄생했다. 1만 1000년 전, 인류는 역사상 처음으로 구리를 채굴하고 가공함으로써 석기 시대와 작별을 고하고 금속제 도구와 무기를 사용하는 새 시대로 접어들었다. 그로부터 4000년 후, 인류는 철이라는 새로운 금속을 발견하면서 철기 시대로 접어들었고, 철에 탄소를 섞는 기술을 개발한 후 산업화의 길을 걷기 시작했다.

구리와 철이 인류 문명을 바꿀 수 있었던 것은 이들이 물리적으로 매우 특별한 성질을 갖고 있기 때문이다. 인류가 처음 사용한 금속이 구리라는 데는 의심의 여지가 없다. 구리는 다른 원소와 화학 반응을 거의 하지 않기 때문에, 자연에서 순수한 상태로 발견된다(이런 금속은 몇 종류밖에 없다). 또한 구리는 부드럽고 잘 구부러져 도구나 무기로 만들기도 쉽다. 구리에 주석을 섞으면 청동이 되고, 구리에 아연을 섞으면 황동(놋쇠)이 된다. 구리 다음에 등장한 것이 철이었다. 그런데 놀랍게도 철은 지구에서 가장 흔한 원소이자, 지각(地殼)의 구성 성분 중 네 번째로 많은 원소이다. 철은 청동과 달리 원석에서 추출하는 과정이 복잡하고 가공하기도 어렵지만, 일단 무기로 만들어놓으면 청동보다 훨씬 견고하고 수명도 길다.

구리와 철은 주기율표에서 세 칸 떨어져 있다. 철(Fe)의 원자번호는 26이고, 구리(Cu)의 원자번호는 29이다. 물론 구리와 철을 처음 사용했던 조상들은 이들 사이의 유사성과 차이점에 대하여 아무런 지식도 없었다. 구리와 철의 차이는 아주 단순하다. 앞서 말한 바와 같이 모든 원자는 양성자와 중성자, 그리고 전자로 이루어져 있다. 양성자와 중성자는 다시 쿼크로 이루어져 있지만, 지구 수준의 온도에서 쿼크는 결코

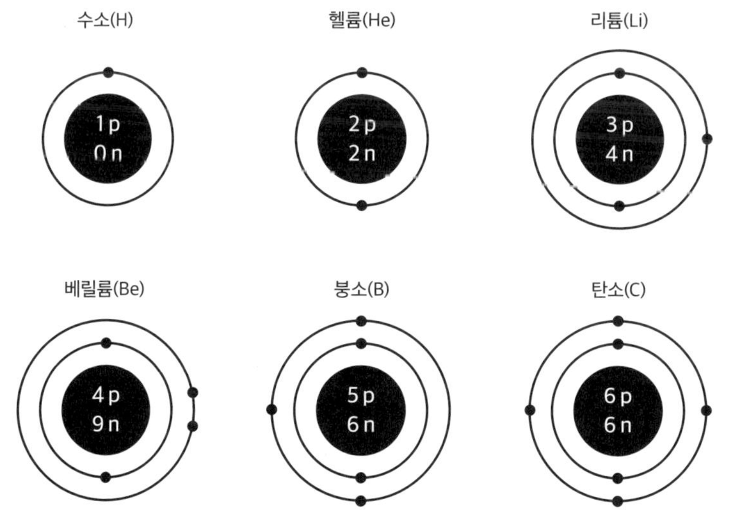

가장 가벼운 원소 여섯 개: 수소에서 탄소까지
각 원소에서 양성자(p)의 개수는 궤도 운동을 하는 전자의 개수와 동일하다. 그러나 전하를 띠지 않은 중성자(n)의 개수는 얼마든지 다를 수 있다.

낱개로 분리되지 않기 때문에 굳이 쿼크까지 고려할 필요는 없다.

앞에서 우리는 원자번호 1~4에 해당하는 원소들을 이미 접한 적이 있다. 이들 중 원자번호 1인 수소의 원자핵은 달랑 양성자 하나로 끝이다. 양성자는 양전하(+)를 띠고 있기 때문에, 음전하(−)를 띤 전자를 주변에 붙들어놓을 수 있다. 이런 식으로 하나의 전자가 하나의 양성자 주위를 돌고 있으면 그것이 바로 수소 원자이다. 또한 양성자와 전자의 전하는 부호만 다르고 크기가 정확하게 같기 때문에, 수소 원자는 전기적으로 중성이다. 전자와 양성자의 전하가 (부호만 빼고) 같은 이유는 아직 알려지지 않았다. 양성자의 구성 입자인 쿼크의 전하를 생각하면 더욱 놀랍다. 양성자는 두 개의 위-쿼크와 한 개의 아래-쿼크로 이루어져 있는데, 위-쿼크의 전하는 +2/3이고 아래-쿼크의 전하는 −1/3이다(전자의 전하를 −1로 봤을 때 그렇다는 이야기다. 실제로 전자의 전하는 $-1.602176565 \times 10^{-19}$쿨롱(C)이다 — 옮긴이). 이들을 다 더하면 2×(2/3) + (−1/3) = +1이 되어 양성자의 전하와 일치하고, 여기에 전자의 전하 −1을 더하면 정확하게 0이 된다. 한편 중성자는 한 개의 위-쿼크와 두 개의 아래-쿼크로 이루어져 있어서 총 전하는 2/3 + 2×(−1/3) = 0이다. 즉, 중성자는 전하가 없다. 왜 그럴까? 이것은 21세기 물리학이 풀어야 할 커다란 미스터리 중 하나이다.

원소의 화학적 성질을 좌우하는 것은 원자핵에 들어 있는 양성자의 개수이며, 중성자의 수는 화학적 성질에 아무 영향도 주지 않는다. 그래서 양성자의 수가 다르면 원소의 이름 자체가 달라지지만, 양성자는 같고 중성자의 수만 다르면 똑같은 이름에 '동위원소(isotope)'라는 이름을 추가하여 구별한다. 예를 들어 양성자 여섯 개, 중성자 여섯 개인 원소는 '탄소(C)'이고, 양성자 여섯 개에 중성자가 일곱 개인 원소는 '탄소의 동위원소'로 부른다. 전기적으로 중성인 원소들은 양성자의 수와 전자의 수가 같기 때문에, 화학자들은 원소의 화학적 성질을 가늠할 때 양성자 대신 전자의 수와 거동 방식에 초점을 맞춘다. 앞서 말한 대로 수소는 한 개의 양성자와 한 개의 전자로 이루어져 있다. 그러나 수소의 원자핵에 중성자 하나가 추가된 수소도 있다. 앞에서 말한 규칙을 따른다면 이것은 수소의 동위원소에 해당하지만, 쓰임새가 다양하여 '중수소(重水素, deuterium)'라는 특별한 이름으로 부른다. 수소와 중수소는 전자의 개수(또는 양성자의 개수)가 같기 때문에 화학적 성질도 동일하다. 원자핵에 양성자가 두 개 있고 그 주위를 전자 두 개가 돌고 있으면 그것은 무조건 헬륨 원자이다. 개중에는 중성자가 한 개인 것도 있고(He−3) 두 개인 것도 있지만(He−4), 이들은 화학적 특성이 같은 동위

원소이다. 원자번호가 3인 리튬(Li)은 3개의 양성자와 3개의 전자, 그리고 3개 또는 4개의 중성자로 이루어져 있으며, 원자번호 6인 탄소는 양성자와 전자가 6개이고 중성자는 2~16개로 다양하다. 주기율표에 나열된 원소들은 한 칸 이동할 때마다 양성자수가 하나씩 증가하고, 중성자수는 적어도 한 개 이상 증가한다(뒤로 갈수록 증가폭이 크다). 중성자는 전기 전하를 갖고 있지 않지만 강한 핵력으로 핵자(양성자와 중성자를 합쳐서 부르는 이름 — 옮긴이)들을 단단하게 결합시킨다. 사실 원자핵 안에서 전기력은 백해무익한 힘이다. 양성자들은 모두 양전하를 띠고 있기 때문에, 결합은커녕 서로 밀어낸다. 그러나 중성자는 전기 전하가 없으므로 전기력의 영향을 받지 않은 채 핵자들의 결합에 전념할 수 있다. 그래서 원자가 무거울수록 양성자보다 중성자가 많다.

이처럼 원자의 구조는 매우 단순하다. 철을 구리로 바꾸고 싶다면 원자핵에 양성자 세 개와 약간의 중성자를 추가하면 된다. 말로는 간단한데, 이 작업을 인공적으로 수행하기란 결코 쉽지 않다. 그러나 자연에서는 문자 그대로 '자연스럽게' 진행된다. 빅뱅 후 몇 분 동안 우주에 존재하는 원소는 네 종류뿐이었고, 나머지 무거운 원소들은 '별'이라는 별도의 생산 라인에서 만들어졌다.

지구에서 일어난 가장 강력한 폭발

제2차 세계대전이 한창이던 1942년, 미국은 영국, 캐나다와 함께 맨해튼 프로젝트를 추진하여 사상 초유의 대량 살상 무기를 만들었다. 그러나 이 프로젝트가 시작되기 몇 년 전에 당대 최고의 물리학자 두 사람은 '물리학으로 만든 무기'에 이미 흥미를 잃은 상태였다. 에드워드 텔러(Edward Teller)와 엔리코 페르미(Enrico Fermi)는 오랜 친구 사이로 맨해튼 프로젝트에 함께 참여했으나, 지구에 핵폭탄이 투하되기 전인 1941년부터 마음은 다른 곳에 가 있었다.

히로시마와 나가사키에 투하된 폭탄은 핵분열을 이용한 원자폭탄이었다. 무거운 원자핵을 스트론튬(Sr)이나 세슘(Cs) 같은 가벼운 원자핵으로 분해하면 엄청난 에너지가 방출되는데, 이것으로 터빈을 돌리면 원자력 발전소가 되고 도시에 떨어뜨리면 원자폭탄이 된다(히로시마에 투하된 폭탄은 무거운 원소로 우라늄을 사용했고, 나가사키에 투하된 폭탄은 플루토늄을 사용했다). 간단히 말해서 원소가 생성되는 과정을 거꾸로 되돌린 것이다. 우라늄(U)이나 플루토늄(Pu) 원자핵이 두 조각으로 쪼개지면 여분의 중성자가 튀어나오면서 다른 우라늄(또는 플루토늄) 원자핵을 때려 두 조각으로 분열시킨다. 그러면 여기서 또다시 중성자가 튀어나와 다른 우라늄 원자핵을 분해하고…… 이런 식으로 연달아 일어나는 핵분열 과정을 '연쇄반응(chain reaction)'이라 한다. 그리고 무거운 원자핵이 분열될 때마다 엄청난 양의 에너지가 외부로 방출되는데, 이 에너지의 원천은 강한 핵력장(strong nuclear force field)에 저장되어 있던 '핵결합 에너지(nuclear binding energy)'이다.

엔리코 페르미는 맨해튼 프로젝트가 시작되기 몇 년 전부터 "핵융합을 이용하면 정치인들이 상상하는 것보다 훨씬 강력한 폭탄을 만들 수

수소폭탄 XX-33 로미오의 시험 폭발 장면(1955년 3월 26일). 미국이 실시한 폭탄 실험 중 세 번째로 규모가 큰 실험이었다.

있다"는 사실을 알고 있었다. 그리고 텔러는 페르미의 아이디어를 이어받아 원자폭탄과는 비교가 안 될 정도로 가공할 폭탄을 설계했으니, 이것이 바로 "이 세상에 있어서는 안 될 물건"으로 불리는 수소폭탄이다. 그 후에 텔러의 이름 앞에는 '수소폭탄의 아버지'라는 별로 달갑지 않은 별칭이 항상 붙어 다녔다.

1952년 11월 1일, 페르미와 텔러의 노력이 첫 번째 결실을 맺었다. 태평양의 에네웨타크 환초(Enewetak atoll)에서 실험용 수소폭탄이 사상 초유의 폭발을 일으킨 것이다(이 실험의 명칭은 '아이비 마이크[Ivy Mike]'였다). 폭발의 위력은 히로시마와 나가사키에 떨어진 원자폭탄의 450배였고 불꽃 기둥이 5km 상공까지 타올랐으며, 해저에는 직경 2km짜리 큰 크레이터가 생겼다. 그리고 실험 장소였던 에네웨타크 환초는 아예 지도에서 사라졌다. 텔러는 맨해튼 프로젝트에 참여했던 과학자 스타니스와프 울람(Stanislaw Ulam)과 수소폭탄을 함께 설계했으나, 정작 폭탄이 터지던 날에는 현장으로부터 수천 km 떨어진 캘리포니아 대학교 버클리 캠퍼스의 연구실에서 지진계를 노려보고 있었다. 그러다가 드디어 수소폭탄이 터지는 순간, 지진계에서 신호를 감지한 텔러는 옆에 있는 동료들을 향해 소리쳤다. "나왔어, 사내놈이야!(It's a boy!)" 폭발이 성공적이었음을 뜻하는 암호였다.

'아이비 마이크'는 역사상 최초로 인공 핵융합을 구현한 실험이었다. 핵융합은 핵분열의 반대 개념으로, 두 개의 원자핵이 결합하여 하나의 무거운 원자핵으로 변하는 과정을 의미한다. 수소폭탄은 빅뱅 후 처음 몇 초 만에 일어났던 우주적 사건, 즉 "수소 원자가 융합하여 헬륨 원자로 변한 사건"을 인공적으로 재현한 것이다. 현재 수소폭탄은 다섯 나라에서 보유하고 있는데, 기본 디자인은 텔러와 울람이 설계하고 에네웨타크 환초에서 실험을 거친 수소폭탄과 크게 다르지 않다.

새로운 원소를 만들면서 에너지를 다량 생산하는 방법은 두 가지가 있다. 첫 번째 방법은 무거운 원소를 쪼개는 핵분열이고, 두 번째는 가벼운 원소를 결합시키는 핵융합이다. 그런데 상반된 과정에서 어떻게 똑같이 에너지가 생성되는 것일까? 언뜻 보기엔 모순 같지만, 모순이 아니다. 자연은 원래 이런 식으로 작동한다. 핵분열과 핵융합에서 생성되는 에너지는 상반된 두 힘의 미묘한 균형에서 비롯된 것이다. 원자핵 안에서는 양성자들 사이에 작용하는 전기 척력과 핵자들을 결합시키는 강한 핵력이 서로 반대 방향으로 작용하면서 경합을 벌이고 있으므로, 어떤 특정한 핵자수에서 두 힘은 이상적인 균형을 이룰 것이다. 실제로 주기율표에서 이 균형에 가장 가까운 원소는 철과 니켈(Ni)인데, 이는 곧 철과 니켈이 가장 안정한 원소라는 뜻이기도 하다. 이보다 가

지금도 우주에서는 아이비 마이크와 비교가 안 될 정도로
거대한 천연 수소폭탄이 수시로 터지고 있으며,
그 여파로 생성된 에너지가 지구의 모든 생명체를
먹여 살리고 있다.

벼운 원소들은 서로 융합할 때 에너지를 방출하면서 더욱 안정한 상태가 되고, 이보다 무거운 원소들은 핵분열이 일어날 때 에너지를 방출하면서 더욱 안정한 상태를 찾아간다.

엄밀히 말해서 원자핵의 안정성을 좌우하는 것은 전자기력과 강한 핵력뿐만이 아니다. 원자핵의 전체 형태와 핵자의 분포 상태 등도 안정성을 좌우하는 중요한 요인이며, 이 모든 것은 양자역학의 법칙을 따른다(관심 있는 독자들은 구글 검색창에서 '반경험적 질량 공식[semi-emphirical mass formula]'을 찾아보기 바란다).

지구에서는 핵융합이 최첨단 과학 기술에 속하지만, 우주에서는 가장 자연스럽고 흔한 일상사일 뿐이다. 빅뱅이 일어난 후 지금까지 우주의 모든 별은 핵융합 반응을 통해 찬란한 빛을 발했고, 이 과정은 우주가 사라질 때까지 계속될 것이다.

태양도 마찬가지다. 태양은 핵융합 반응을 통해 수소를 헬륨으로 바꾸면서 엄청난 양의 에너지를 방출하고 있다. 아이비 마이크와 비교가 안 될 정도로 거대한 천연 수소폭탄이 수시로 터지면서, 그 여파로 생성된 에너지가 우리를 먹여 살리고 있는 것이다. 태양의 표면에서 내부로 80만 km쯤 파고 들어가면 온도가 1500만 ℃까지 치솟는다. 바로 이곳이 천연 핵융합 공장으로, 매초 6억 톤의 수소가 헬륨으로 바뀌면서

막대한 에너지를 방출하고 있다. 지구에 생명체가 번성하고, 태양계가 열과 빛으로 가득 차고, 은하수에서 수천억 개 별이 빛을 발하는 것은 모두 핵융합 반응 덕분이다.

이처럼 태양은 수소를 헬륨으로 바꾸는 핵융합 반응을 통해 다량의 에너지를 생산한다. 그러나 태양 내부에서 새로 만들어지는 원소는 헬륨뿐이다. 태양뿐만 아니라 우주에 존재하는 모든 별은 수소 구름이 응축된 덩어리에서 만들어지기 때문에, 초창기에는 수소를 헬륨으로

태양은 핵융합이 맹렬하게 일어나고 있는 천연 공장이다. 태양을 비롯한 모든 별은 수소를 헬륨으로 바꾸면서 엄청난 양의 에너지를 방출하고 있다.

바꾸는 핵융합 반응 단계를 반드시 거쳐야 한다.

두 번째로 간단한 원소인 헬륨에 대해서는 꽤 많은 사실이 알려져 있다. 초기 우주에서 가장 먼저 생성된 원소는 수소와 헬륨이었고, 갓 태어난 별은 헬륨 생산 공장이며, 이 과정은 지구에서 인공적으로 실행할 수도 있다. 그러나 이것만으로는 나머지 92종의 원소가 만들어진 경위를 설명할 수 없다. 지구는 말할 것도 없고 다른 행성과 별들에도 나머지 92종의 원소가 골고루 분포되어 있으므로, 우주 어딘가에 무거운 원소를 만들어내는 공장이 있었던 게 분명하다. 우리 몸은 마그네슘(Mg)과 아연(Zn), 철 등을 포함하여 수많은 원자로 이루어져 있다. 그중에서 생명 활동에 가장 필수적인 원자는 탄소이며, 한 사람의 몸에는 약 10억×10억×10억 개(10^{27}개)의 탄소 원자가 존재한다. 하지만 우주 초기에는 탄소 원자가 단 한 개도 존재하지 않았다. 그 많은 탄소는 대체 어디서 온 것일까? 사건을 추리하는 형사의 입장이 되어 생각해보자. 수소와 헬륨까지는 자연적으로 생성될 수 있지만 리튬부터는 전문 생산 공장에서 대량으로 생산되었음이 분명하다. 새로운 원자를 생산하는 방법은 핵융합밖에 없다. 그렇다면 초대형 핵융합 시설을 갖춘 공장은 어디에 있을까? 모든 정황을 종합할 때, 가장 그럴듯한 곳은 별의 내부이다.

빅뱅에서 최초의 별이 탄생할 때까지

빅뱅 후 1억 년이 지났을 무렵, 우주에 최초의 별이 등장했다. 별에서 수소 원료가 소모되는 속도는 별의 질량에 따라 다르다. 질량이 클수록 별은 더 밝게 빛나고 수명은 짧아진다. 무거운 원소들이 만들어진 과정을 이해하려면 별이 수소 원료를 모두 소진한 후에 어떤 일이 일어나는지 알아야 한다. 별이 수소를 소모하는 속도는 약간의 계산을 거치면 알 수 있는데, 질량이 제일 큰 축에 속하는 별들은 탄생 후 수백만 년이면 수소가 고갈되고, 태양은 거의 100억 년을 버틸 수 있다. 그러나 우주의 나이가 약 137억 년이므로, 그 사이에 별들은 탄생과 죽음을 반복하면서 몇 세대를 보냈을 것이다.

오리온자리는 겨울철 남쪽 하늘에서 가장 눈에 잘 띄는 별자리이다.

적색거성

별이 수소 원료를 소진하고 나면 어떻게 될까? 언뜻 생각하면 다 타버린 모닥불처럼 빛을 서서히 잃다가 의미 없는 찌꺼기만 남을 것 같다. 그러나 태양과 덩치가 비슷한 별들이 수명을 다하면 정반대 현상이 일어난다. 이런 별들은 수백만 년에서 수억 년 동안 빛을 발하다가 수소가 고갈되면 원래 크기의 수백 배까지 덩치를 키우면서 주변 천체들을 집어삼키는데, 이때부터는 별(star)이 아니라 적색거성(red giant)이라는 이름으로 불리게 된다.

현존하는 적색거성 중 지구에서 가장 가까운 것은 500광년 거리에 있는 오리온자리의 알파성이다. 흔히 '베텔게우스(Betelgeuse)'로 알려진 이 별은 밤하늘에서 아홉 번째로 밝은 천체로서, 맨눈으로도 잘 보여 오래전부터 천문학자들의 관심을 끌었다. 19세기에 존 허셜 경(Sir John Herschel)은 베텔게우스를 관측하다가 짧은 시간 동안 밝기가 크게 변하는 것을 발견하고 관측 자료를 기록해놓았다. 그 후 캘리포니아 윌슨산 천문대의 앨버트 마이컬슨(Albert Michelson)과 프랜시스 피스(Francis Pease), 그리고 존 앤더슨(John Anderson)이 별의 크기를 관측하던 중 베텔게우스가 보통 별이 아님을 깨달았다. 간섭계(interferometer)를 이용하여 각지름(angular diameter, 천체의 지름 양끝 점과 관찰자를 연결하는 두 직선 사이의 각도 — 옮긴이)을 측정해보니, 베텔게우스의 크기가 상상을 초월할 정도로 컸던 것이다. 베텔게우스의 질량은 태양의 20배쯤 된다. 태양과 밀도가 같다면 지름은 약 2.7배가 되어야 한다. 그런데 정작 관측을 해보니 베텔게우스의 지름은 무려 8억 km나 되었다. 이는 태양 지름의 570배이며, 태양을 베텔게우스로 대치하면 목성까지 이르고도 남는다. 별 하나의 크기가 태양계와 거의 비슷하다는 뜻이다.

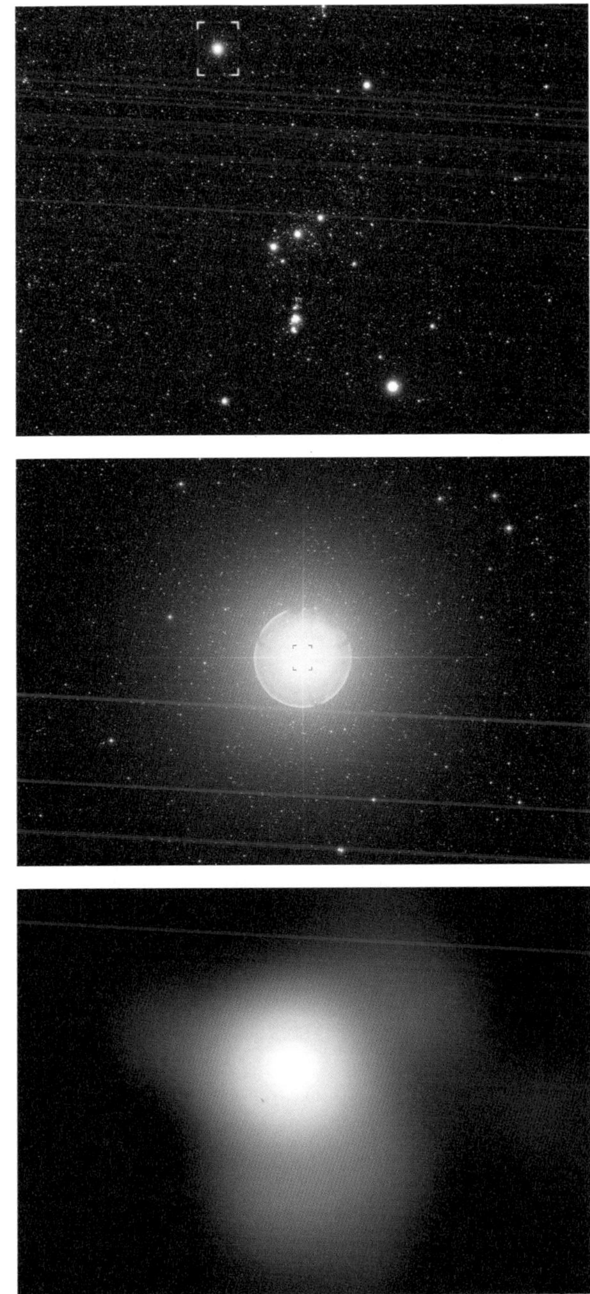

칠레에 있는
유럽남방천문대의 초거대망원경
(Very Large Telescope)으로
촬영한 베텔게우스의 모습.
별의 표면에서 분출되는 기체가
선명하게 보인다.

태양을 베텔게우스로 대치하면
목성까지 이르고도 1억 7000만 km가 남는다.
별 하나의 크기가 태양계와 거의 비슷하다는 뜻이다.

베텔게우스는 덩치가 크고 비교적 가까운 곳에 있기 때문에 항성치고는 알려진 사실이 꽤 많다. 1996년에 허블 우주망원경이 베텔게우스의 사진을 지구에 전송했다. 별을 촬영한 사진은 그 전에도 많았지만, 이 사진에는 베텔게우스의 둥그런 지평선이 확연하게 드러나 있다. 태양을 제외하고, 별의 모습을 이토록 선명하게 찍은 것은 천문 관측 사상 처음 있는 일이었다. 천문학자들은 이 사진을 토대로 베텔게우스의 표면에 난 흑점과 대기 성분을 자세히 연구할 수 있었다. 그러나 무거운 원소들의 탄생 비화를 알아내려면 적색거성의 표면이 아니라 내부 깊숙이 파고들어가야 한다.

베텔게우스는 우리은하에서 아홉 번째로 밝은 별이자
가까운 별 중 하나이다. 맨눈으로 보면
오리온 신화와 더불어 매우 낭만적으로 느껴지지만,
허블 우주망원경에 포착된 모습은 별로 그렇지 않다.

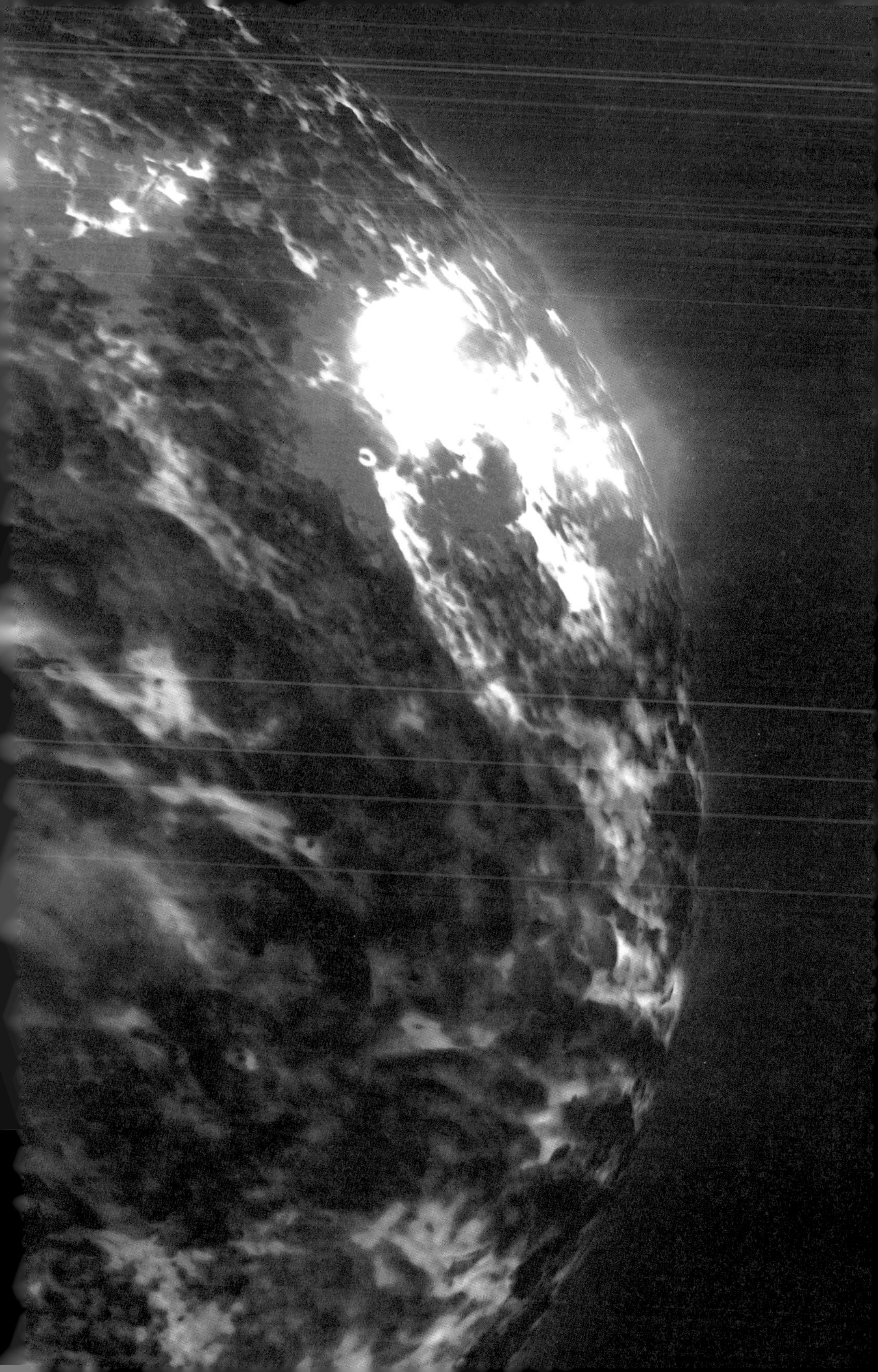

별의 죽음

TV 다큐멘터리에서 복잡한 이야기를 쉽게 전달하려면 시각 자료를 최대한 활용해야 한다. 이 프로그램의 제작진도 시각 자료를 수집하려고 세계 곳곳을 돌아다녔는데, 가장 인상적인 곳은 브라질의 리우데자네이루 한복판에 있는 버려진 교도소였다.

건물의 상태는 한마디로 처참함 그 자체였다. 창문 유리는 하나도 남지 않고 외벽도 곳곳이 갈라져 당장 무너져내릴 것 같았다. 각 방에 딸린 조그만 화장실에는 낡은 옷가지들이 아무렇게나 널려 있고, 벽은 대부분 기괴한 그림들로 도배되어 있었다. 이 교도소를 방문했을 때, 나는 두 가지 사실에 놀라움을 금치 못했다. 첫째, 리우데자네이루는 매우 덥고 습기가 많아서 철근 콘크리트 건물에 사람을 몇 년씩 가둬놓는 것은 그 자체만으로 끔찍한 형벌이다. 둘째, 이 교도소는 온갖 폭발물로 에워싸여 있다. 감방 안에는 빛이 거의 들어오지 않아 창밖 풍경이 유난히 밝게 보였고, 지면은 마치 별의 표면처럼 반짝였다. 나는 금방이라도 무너져내릴 것 같은 교도소 안을 한동안 돌아다니다가, 문득 죽어가는 별의 내부에 들어와 있는 듯한 느낌이 들었다. 수명을 다한 별은 안간힘을 다해 마지막 빛을 방출하지만, 내부로 깊이 들어가면 지옥을 방불케 하는 극단적 환경에서 생명체를 이루는 원소들이 정교한 과정을 거쳐 생산되고 있다. 지난 수억 년 동안 게걸스러운 소비자로 살아왔던 별이 말년에 접어들어 생산자로 돌변하는 것이다.

대부분의 별은 '불안정한 평형 상태'에서 한평생을 살아간다. 중력은 별을 안으로 수축시키고, 수소 원자들 사이에 작용하는 전기 척력은 중력에 대항하여 별의 구성 원소를 바깥쪽으로 밀어낸다. 이 극렬한 경쟁의 와중에 수소 원자핵이 융합하여 헬륨으로 변신하고, 핵반응의 부산물로 방출된 에너지가 별을 더욱 뜨겁게 달군다. 그러다가 수소가 고갈되면 바깥으로 향하던 압력이 사라지고 중력이 우위를 점하면서 별의 위상이 드라마틱하게 변한다. 수소와 헬륨으로 이루어진 껍데기층을 뒤로한 채 별의 중심부가 안으로 급격하게 수축하는 것이다. 이 과정에서 중심부의 온도는 1억 °C까지 상승하고, 헬륨을 원료로 삼은 '핵융합 2라운드'가 시작된다. 별이 이 단계로 접어들면 다량의 에너지를 방출하면서 빠르게 팽창하는데, 바로 이 시점부터 별은 '적색거성'으로 불린다. 또한 헬륨을 원료로 사용하는 핵융합 2라운드에서 생명체에 반드시 필요한 원소들이 만들어진다. 헬륨 원자핵은 두 개의 양성자와 두 개의 중성자로 이루어져 있으므로, 두 개의 헬륨 핵이 융합 반응을 일으키면 네 개의 양성자와 네 개의 중성자로 이루어진 베릴륨-8이 생성된다. 그런데 자연에 존재하는 베릴륨은 대부분 중성자가 다섯 개이며, 베릴륨-8(4, 4)은 동위원소 중 하나로서 상태가 불안정하기 때문에 수명이 매우 짧다. 그러나 다행히도 별의 내부 온도가 1억 °C에 가까우므로 불안정한 베릴륨도 당분간은 버틸 수 있고, 그 사이에 세 번째 헬륨이 융합에 합세하여 생명체에 필수적인 탄소(C-12)를 생산한다. 우주에 존재하는 모든 탄소 원자는 바로 이런 과정을 거쳐 만들어졌다. 죽어가는 별에서 생명의 씨가 잉태된 것이다.

별의 수명은 헬륨을 태워 탄소를 만드는 것으로 끝나지 않는다. 1억 °C를 상회하는 온도에서는 갓 생산된 탄소 원자핵이 또 다시 융합하여 더 무거운 원소를 만들어낼 수도 있기 때문이다. 지구 대기의 21%를 차지하는 산소는 물의 구성 성분이자 생명 활동에 반드시 필요한 원소이며, 전 우주를 통틀어 수소와 헬륨 다음으로 흔한 원소이기도 하다. 우리는 1분에 2.5g의 산소를 흡입하는데, 사실 이 산소는 지구가 탄생하기도 전에 우주 저편에서 수명이 거의 다한 별의 내부에서 만들어졌다.

별의 수명과 비교할 때, 탄소와 산소의 생산 라인이 가동된 시간은 거의 찰나에 불과하다. 헬륨을 원료로 한 핵융합 2라운드는 100만 년 동안 지속되며, 이 단계가 끝나면 대부분의 별은 더 이상 핵융합을 하지 못한다. 태양을 포함한 평균 크기의 별들은 마지막 생산 단계에 접어든 상태이다. 태양은 처음 탄생한 후 100억 년 동안 핵융합 1, 2라운드를 진행할 수 있는 체급인데, 2라운드가 끝나면 3라운드를 진행할 만큼 충분한 중력 에너지를 발휘하지 못하여 매우 불안정한 상태가 되었다가, 결국은 압력을 견디지 못하고 대기 전체가 폭발하면서 산소,

버려진 교도소나 죽어가는 별에서는 구성 요소들이 불안정한 상태에 놓여 있다. 단, 교도소는 최후의 순간에 사람의 손길을 필요로 하지만, 별은 스스로 폭발하면서 온갖 잔해를 사방에 퍼뜨린다. 건물을 폭파하는 데 몇 초면 충분하듯이, 적색거성도 몇 초 만에 완전히 붕괴된다.

탄소, 수소 등 값진 원소들을 우주 공간에 흩뿌릴 것이다. 거의 100억 년 동안 소중한 원소를 부지런히 생산하다가 마지막 수만 년 동안 행성상성운(行星狀星雲, planetary nebula, 수명을 다한 별이 폭발하면서 주변에 뿌리는 가스 구름 — 옮긴이)이라는 장관을 연출한 후 장렬하게 전사하는 것이다.

이 장엄한 우주 쇼가 끝나면 보통 크기의 별은 지구만 한 크기로 줄어들면서 백색왜성(white dwarf)이 된다. 이것으로 별의 수명은 끝난 셈이다. 그러나 베텔게우스처럼 질량이 태양의 1.5배가 넘는 별들은 이 단계에 이르렀을 때 화학 원소 생산 라인을 또 다시 가동하기 시작한다. 헬륨이 모두 고갈된 후에도 중력이 충분히 강하게 작용하기 때문이다. 중심부가 응축되면서 온도가 수억 ℃에 도달하면 탄소가 헬륨과 융합하여 네온이 되고, 네온이 또 헬륨과 융합하여 마그네슘이 되고, 탄소끼리 융합하여 나트륨이 생성되기도 한다. 핵융합 용광로 안에 새로운 요리 재료가 추가되고 온도가 올라가면서 더욱 무거운 원소가 만들어지는 것이다.

이런 식으로 무거운 원소가 연이어 생산되다가, 원자번호 26인 철에 이르면 갑자기 생산 라인이 중단된다(철은 실리콘 원자핵의 융합으로 생성된다). 이때가 되면 내부 온도가 25억 ℃까지 올라가지만, 별은 더 이상 갈 곳이 없다. 가장 안정한 원소에 도달하면 양성자나 중성자를 추가해도 더 이상 나올 에너지가 없기 때문이다. 별이 철을 생산하는 기간은 며칠에 불과하며, 별의 내부가 순수한 철로 바뀌고 나면 중력에 의해 내파되면서 몇 초 만에 행성상성운으로 돌변한다.

리우데자네이루에서 교도소를 촬영하던 중, 내가 카메라를 향해 몇 걸음 옮겼을 때 갑자기 굉음이 울려 퍼지면서 건물 전체가 무너져 내렸다. 건물을 철거하려고 미리 설치해놓은 폭탄이 드디어 폭발한 것이다.

이 모든 과정은 몇 초밖에 걸리지 않았다. 적색거성이 최후를 맞이할 때에도 이와 비슷한 시간이면 충분하다.

행성상성운

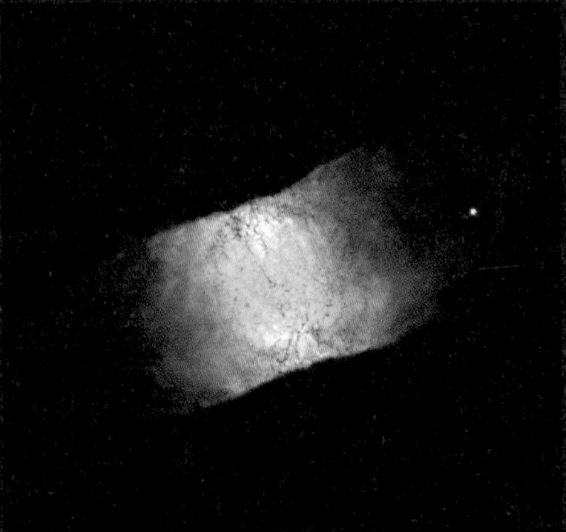

죽어가는 별 IC 4406의 모습. 수명을 다한 다른 별들과 마찬가지로 대칭성을 강하게 띠고 있다. 이 별에서 방출되는 덩굴 모양의 먼지구름이 사람 눈의 망막과 비슷하기 때문에 '망막성운(Retina Nebula)'으로 불리기도 한다.

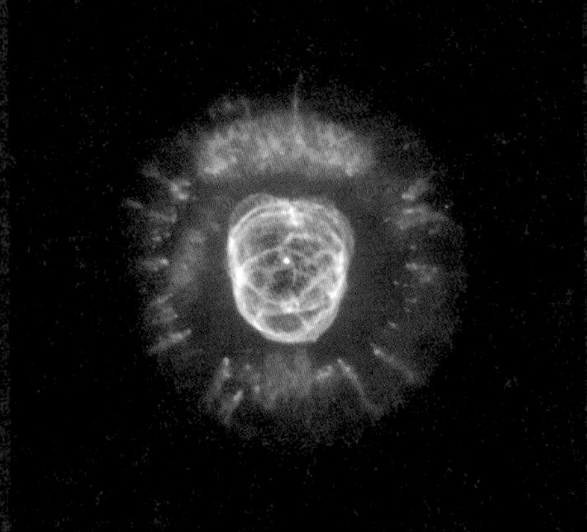

에스키모성운(Eskimo Nebula). 지구에서 보면 털모자를 쓴 에스키모인처럼 보이기 때문에 이런 이름이 붙었다. 이 성운은 1787년에 영국 천문학자 윌리엄 허셜(William Herschel)이 발견했다.

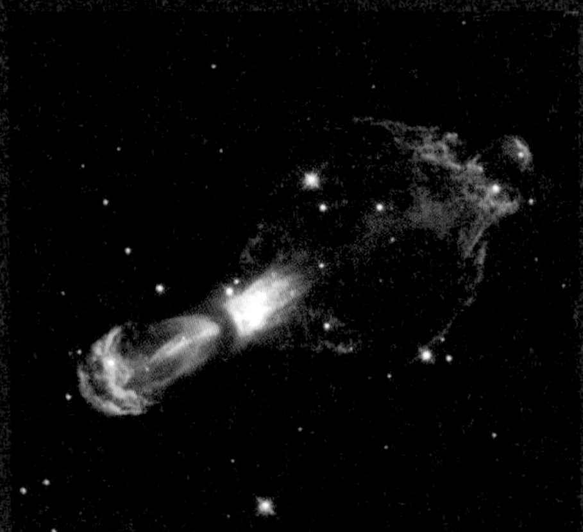

지구로부터 5000광년(약 4경 7000조 km) 거리에 있는 호리병박성운(Calabash Nebula). 별에서 온갖 물질이 격렬하게 방출되고 있다(허블 우주망원경이 촬영한 사진).

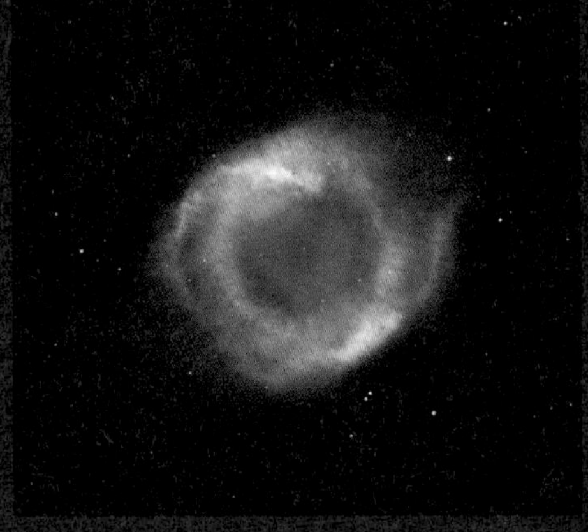

이 행성상성운은 도넛 모양을 하고 있지만, 최근 들어 두 개의 기체 원반이 나사선 모양으로 배열된 것이 밝혀지면서 '나사성운(Helix Nebula)'이라는 새 이름으로 불린다.

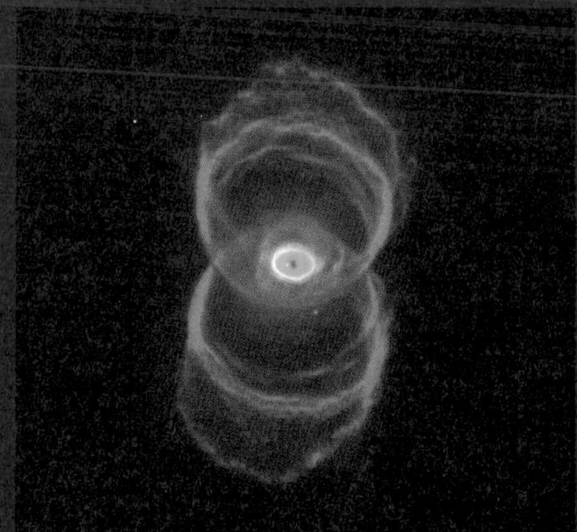

20세기 초에 발견된 행성상성운 MyCn18의 모습. 1996년 1월에 허블 우주망원경이 찍은 사진으로, 모래시계를 닮은 형상이 뚜렷하게 나타나 있다.

1997년 7월에 촬영된 Mz3 행성상성운. 생긴 모습이 개미 같아서 개미성운(Ant Nebula)으로 불리기도 한다. 그러나 자세히 보면 개미의 몸통은 두 개의 먼지구름으로 이루어져 있다.

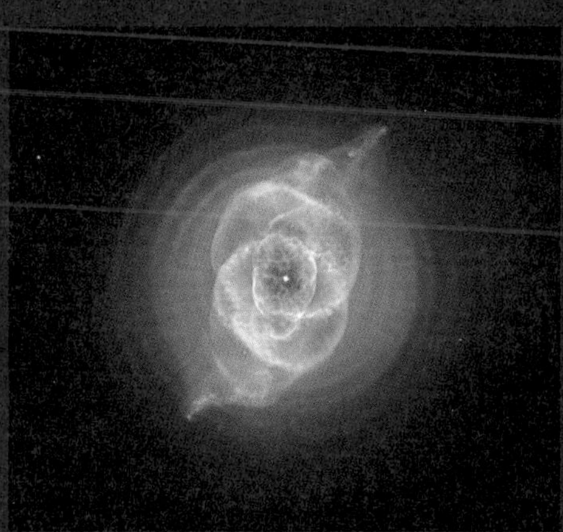

1786년에 윌리엄 허셜이 발견한 행성상성운 NGC 6543의 모습. '고양이눈성운(Cat's Eye Nebula)'이라는 적절한 별명도 갖고 있다. 지금까지 발견된 성운 중 구조가 가장 복잡하다.

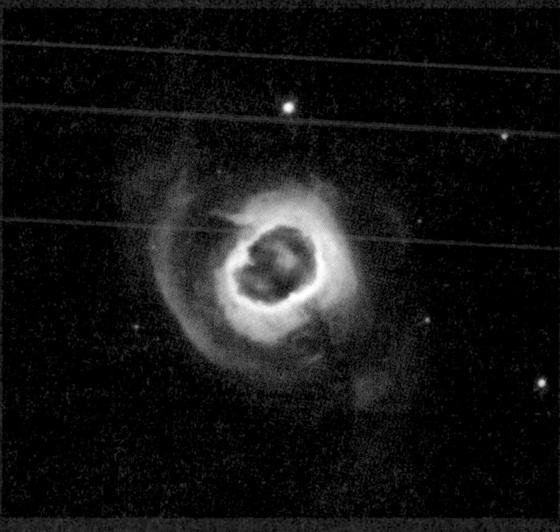

행성상성운 코후테크 4-55(또는 K 4-55)의 모습. 최초 발견자인 체코의 천문학자, 루보시 코후테크(Lubos Kohoutek)의 이름을 땄다. 보통 성운과 달리 여러 겹의 구름층으로 둘러싸여 있다.

가장 희귀한 것

수소(H, 원자번호 1)부터 철(Fe, 원자번호 26)까지는 별의 중심부에서 생성되었다가 별이 죽을 때 우주 공간으로 뿌려진다. 그렇다면 나머지 72종의 원소는 어떨까? 이들 중에는 생명 활동에 필수적인 것도 있고, 지구에서 매우 비싼 값에 거래되는 보석도 있다. 이들이 별의 내부에서 생성되지 않았다면 대체 어디서 나타났을까?

지금으로부터 거의 한 세기 전, 캘리포니아주 북서쪽의 산림 지대는 일확천금을 꿈꾸는 사람들로 북새통을 이루었다. 19세기 말에 이곳에서 거대한 금광이 발견되었기 때문이다. '캘리포니아 골드러시(california gold rush)' 붐을 타고 이곳에 모여든 수만 명의 사람들은 도끼로 굴을 파거나 전문 채굴팀을 고용하는 등, 금을 조금이라도 더 얻으려고 전 재산을 쏟아부었다. 수십억 달러에 이르는 금이 채굴되면서 세계적인 대

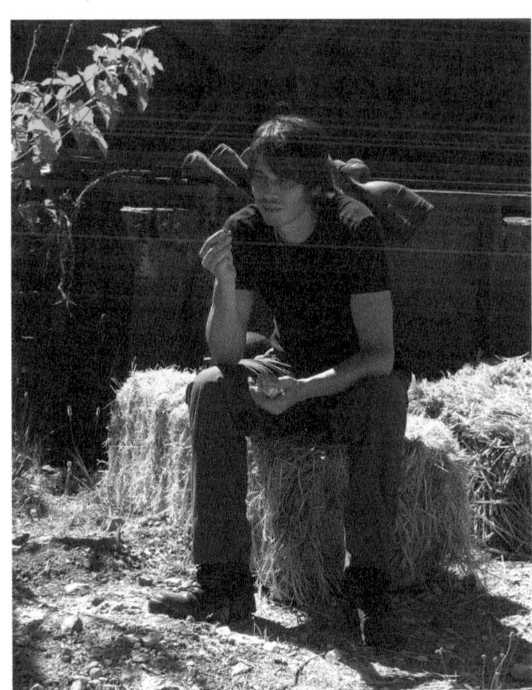

한때 미국 골드러시의
중심지였던 16-1 금광은
캘리포니아주의 관리 아래
지금도 운영되고 있다.
나는 광부들과 함께 직접
금을 채굴해보았는데,
평범해 보이는 바위에서
노랗게 반짝이는 금을
발견했을 때의 희열감은
말로 표현하기 어려웠다.

도시 중 하나인 샌프란시스코가 생겨났다. 요즘 사람들은 옛날처럼 금에 목숨을 걸진 않지만, 타호(Tahoe)호 근처에 있는 16-1 광산에서는 캘리포니아주의 관리 아래 아직도 채굴 작업이 진행 중이다.

16-1 광산에 금이 많은 이유는 지질학적으로 특별한 곳이기 때문이다. 캘리포니아는 북아메리카판과 태평양판이 만나는 곳으로 도시 전체가 거대한 단층선 위에 놓여 있고, 작은 단층선들은 바위산까지 이어진다. 16-1 광산에는 산허리에 완만한 동굴이 뚫려 있는데, 그 안으로 들어가면 바위와 석영 사이에 난 단층선을 눈으로 확인할 수 있다.

1억 4000만 년 전, 공룡이 광산 위를 뛰어다니던 쥐라기에 뜨거운 물이 바위 사이로 흐르면서 값진 화물을 잔뜩 실어다놓았다. 다량의 금을 머금은 채 흐르던 물이 석영층을 만나 유속이 느려졌고, 그 결과 금이 바닥에 퇴적된 것이다. 그래서 지난 100년 동안 광부들은 금을 찾기 위해 석영층의 경계선을 추적해왔다.

16-1 광산의 석영층을 따라 매장된 금은 순도가 85%나 되며, 바위 사이를 뱀처럼 구불거리며 뻗은 광맥에 햇빛이 비치면 노란색으로 반짝인다. 이곳에는 금 말고도 순도 14.5% 은을 비롯해 무거운 금속이 다량으로 매장되어 있다.

그런데 한 가지 짚고 넘어갈 것이 있다. 금은 94가지 원소 중 하나일 뿐인데, 우리는 왜 금에 그토록 많은 가치를 부여하는 것일까? 금은 물러서 연장을 만들 수 없는데도 사람들은 오랜 옛날부터 금을 조금이라도 더 가지려고 안간힘을 썼다. 구리나 철은 생존에 도움이 되지만, 금은 아무짝에도 쓸모없다. 천신만고 끝에 손에 넣은 금은 대부분 보석이나 장신구로 가공된다. 금이 이토록 귀한 대접을 받는 이유는 단 하나, 엄청나게 귀하기 때문이다. 인류가 출현한 이래 채굴한 금을 모두 한곳에 모아봐야 올림픽 규격 수영장 세 개를 채울 정도밖에 안 된다.

인류가 출현한 이래 채굴한 금을 모두
한곳에 모아봐야 올림픽 규격 수영장 세 개를
채울 정도밖에 안 된다. 이 정도로 귀하기 때문에 금은
"가장 비싼 금속"이라는 특별 대접을 받고 있다.

지구의 크기를 생각할 때 수영장 세 개는 작아도 너무 작다. 이 정도로 귀하기 때문에 비싼 것이다. 그렇다면 귀한 금속은 금뿐일까? 아니다. 금은 지구에서 희귀한 금속 중 하나일 뿐이다.

철보다 무거운 금속은 60종이 넘는다. 개중에는 금, 은, 백금처럼 비싼 것도 있고 구리나 아연처럼 생명 활동에 반드시 필요한 것도 있으며, 우라늄, 주석, 납처럼 일상생활에 유용한 것도 있다. 대체 이것들은 어디서 만들어졌을까? 질량이 아주 큰 별들은 '중성자 포획(neutron capture)'이라는 과정을 통해 비스무트-209 이하의 무거운 원소를 아주 조금 만들어낼 수 있다. 하지만 이 정도로 큰 별이 흔치 않기 때문에 현존하는 원소의 양을 설명하기에는 역부족이다.

철보다 무거운 원소가 대량으로 생산될 수 있는 장소는 딱 한 군데뿐이다. 우주에서 가장 희귀하고 가장 역동적인 천체 현상이 일어나는 곳, 무거운 원소들은 바로 그곳에서 만들어진다. 1000억 개의 별들로 이루어진 은하를 100년 동안 쉬지 않고 관측했을 때, 이 현상을 목격할 수 있는 시간은 2분도 채 되지 않는다. 그러니 잠시라도 한눈을 팔았다간 놓치기 십상이다.

초신성: 윤회하는 별

모든 별은 기체 구름에서 탄생한다. 그러나 별의 수명과 운명은 오로지 질량에 의해 좌우된다. 태양보다 수십 배 이상 무거운 별들은 기껏해야 수백만 년 동안 빛을 발하다가 초거성(超巨星, supergiant)이 된 후 초신성 폭발을 일으키면서 생을 마감한다(윗줄). 그러나 태양과 질량이 비슷한 별들은 수십억 년을 살다가 적색거성이 된 후 비깥층 대기는 행싱상성운이 되고(가운데 줄) 별의 중심부는 백색왜성이 되어 향후 수십억 년 동안 빛을 발하다가 서서히 사라진다. 태양보다 질량이 작은 별들은 적색왜성으로 수십억 년을 살다가(아랫줄) 서서히 빛을 잃고 죽은 별이 된다.

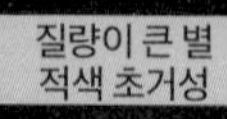

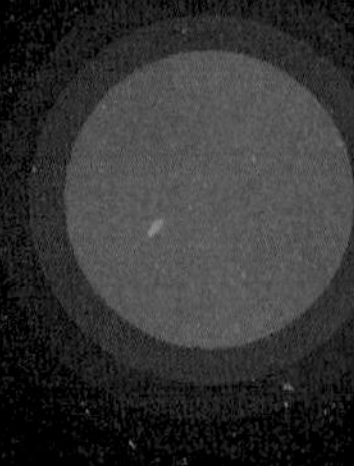

초거성은 식으면서 점점 더 붉은빛을 발한다.

10억 km

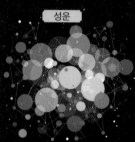

성운

밀도가 큰 성운 영역이 자체 중력으로 뭉치기 시작한다.

100조 km

원시별

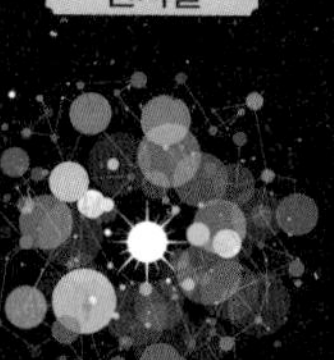

크기가 줄어들수록 중력이 더욱 강하게 작용하여 원자들 사이의 간격이 좁아지고 중심부의 온도는 600만 °C까지 올라간다.

1억 km

주계열성

핵융합 반응을 일으키면서 열과 빛을 방출한다.

100만 km

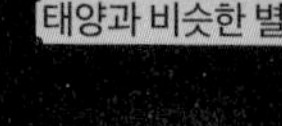

수소층이 타면서 별은 적색거성이 된다.

질량이 작은 별

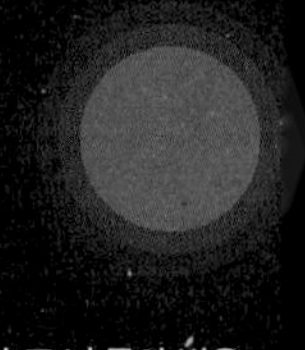

수조 년 동안 빛을 발하다가 적색거성이 된다.

10만 km

초신성 폭발이 일어나면 별의 바깥층이 흩어지면서 무거운 원소들을 우주 공간에 살포한다.

별의 질량이 태양의 1.4배 이상이면 자체 중력으로 수축되어 크기가 작고 밀도가 높은 중성자별(neutron star)이 된다.

15km

수명을 다한 별의 질량이 태양의 세 배를 초과하면 블랙홀이 된다. 이곳에서는 중력이 너무 강해 빛조차도 빠져나올 수 없다. 블랙홀 주변에는 중력에 포획된 기체와 먼지가 원반 모양으로 소용돌이치고 있다.

50km

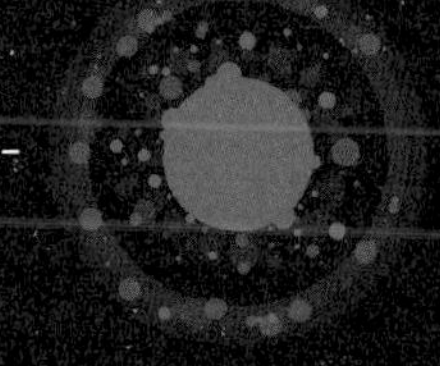

적색거성의 바깥층이 행성상성운으로 변하기 시작한다.

헬륨층을 모두 태운 후 수축하여 백색왜성이 된다.

10만 km

백색왜성은 결국 수명을 다하여 흑색왜성이 된다.

1만 km

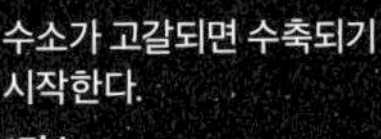

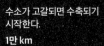

수소가 고갈되면 수축되기 시작한다.

1만 km

밀도가 극도로 높은 희미한 별이 되었다가 결국은 백색왜성으로 생을 마감한다.

완전히 죽은 별이 되어 더 이상 빛을 방출하지 않는다.

시작과 끝

질량이 큰 축에 속하는 별들은 수백만 년의 짧은 삶을 살다가 극적인 최후를 맞이한다. 수소에서 시작하여 원료가 고갈되고 나면 핵융합 반응의 부산물을 또다시 원료로 삼아 제2, 제3의 핵융합 반응을 이어나가다가 철을 생산하는 단계에 이르면 원소 생산 라인이 잠정적으로 중단된다. 그러나 이 별들은 기진맥진한 상태에서도 "격렬하고 고결한" 최후를 준비하고 있다. 밀도가 엄청나게 높은 상태에서 철보다 무거운 원소들을 빠르게 생산한 후, 우주에서 가장 장렬한 최후를 맞이하는 것이다.

죽어가는 거성의 중심부에서 가장 강하게 작용하는 힘은 중력이다. 핵융합이 마무리되면 거대한 강철구(鋼鐵球)는 광속의 4분의 1이라는 어마어마한 속도로 수축되어 직경 30km까지 줄어들고, 온도는 1000억 ℃, 밀도는 원자핵의 밀도와 비슷한 수준까지 올라간다. 이 단계에 이르면 중심부에 있는 대부분의 전자와 양성자는 하나로 뭉쳐 중성자가 된다. 그런데 중성자는 전자나 양성자와 마찬가지로 볼프강 파울리(Wolfgang Pauli)의 배타 원리(exclusion principle)를 따른다. 이 원리에 따르면 두 개, 또는 그 이상의 입자는 동일한 양자 상태를 점유할 수 없다. 다시 말해, 중성자들이 가까워지는 데는 한계가 있다는 것이다. 이것은 우주에서 가장 단단한 물체인 중성자별이 형성되는 과정에 중요한 영

베텔게우스가 초신성 폭발을 일으키는 단계를 컴퓨터 그래픽으로 표현한 그림. 최후의 순간이 오면 자체 중력으로 수축되다가 엄청난 힘에 밀려 대폭발을 일으키는데, 이때 발생하는 폭발파(blast wave)는 별의 온도를 1000억 ℃까지 상승시킨다. 그 후 베텔게우스는 중성자별이 되고, 폭발의 잔해는 그 주변에 수백만 년 동안 성운으로 남는다.

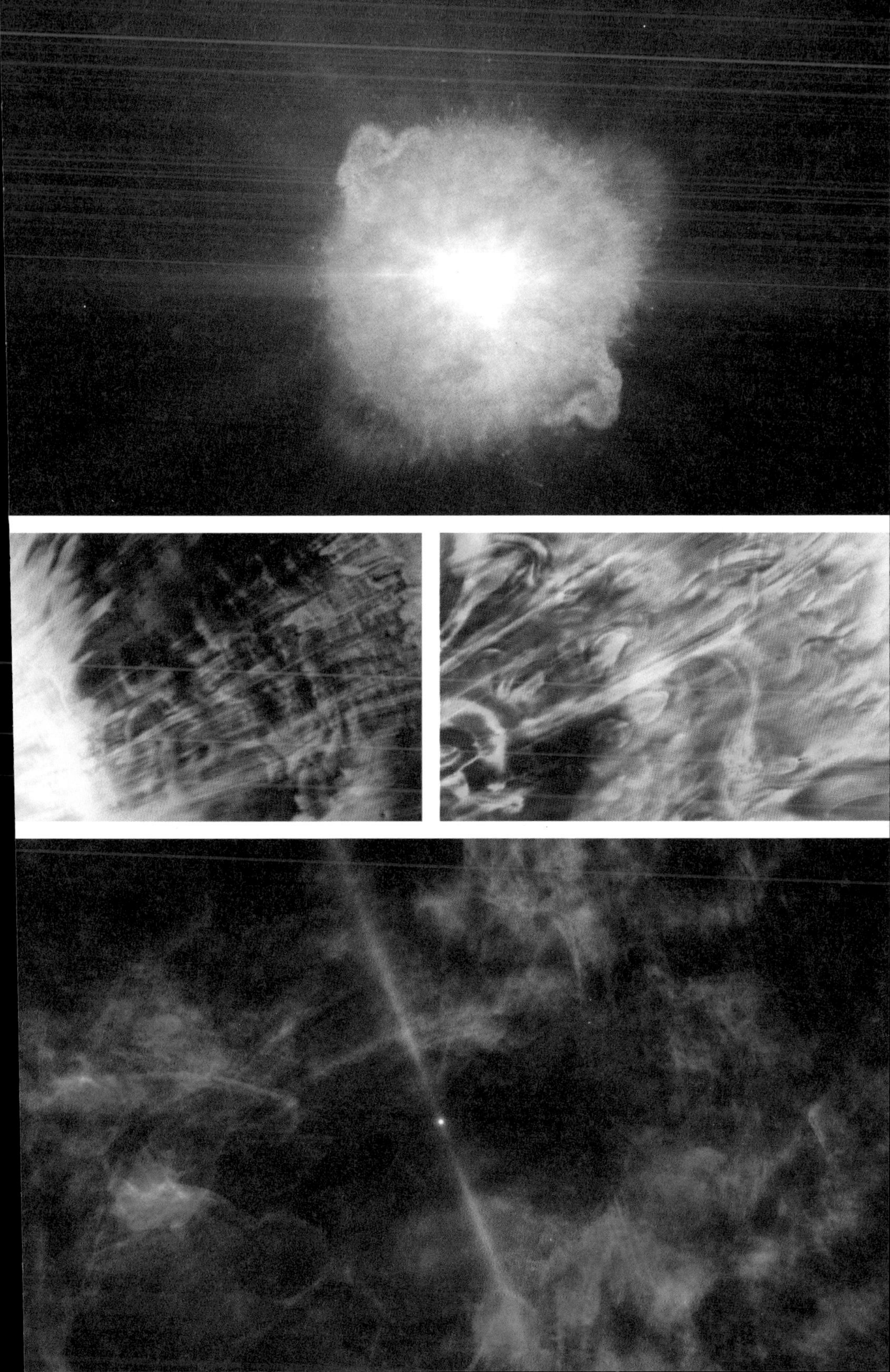

향을 미친다(중성자별은 다이아몬드보다 1억×100만×100만 배쯤 단단하다). 중성자별이 더 이상 압축될 수 없는 지경에 이르면 초고온으로 과열된 물질들이 엄청난 힘으로 부풀면서 별 전체에 충격파를 일으키고, 이 충격이 별의 외부층에 전달되면 온도는 1000억 ℃까지 급상승한다. 온도가 올라가는 구체적인 과정은 아직 미지의 영역으로 남아 있지만, 어쨌거나 아주 짧은 시간 동안 중성자별의 내부에는 무거운 원소(금~플루토늄)들이 생성되기에 충분한 환경이 조성된다. 이것이 바로 우주에서 가장 강력한 폭발을 일으키는 II형 초신성(Type II supernova)이다.

현대의 천문학자들은 초신성이 폭발하는 장면을 한 번도 보지 못했다. 초신성 폭발은 그만큼 드물게 일어나는 사건이다. 지구에서 초신성이 마지막으로 관측된 것은 망원경이 발명되기 몇 년 전인 1604년의 일이었다. 1000억 개의 별로 이루어진 은하에서 초신성 폭발은 평균 100년에 한 번꼴로 일어나는데, 지난 400년 동안 지구에는 그런 행운이 찾아오지 않았다. 지금도 많은 천문학자들이 "400년 만에 초신성 폭발을 처음 목격한 사람"이 되려고 하늘을 이 잡듯이 뒤지고 있다.

가장 그럴듯한 초신성 후보는 오리온자리에서 붉은빛을 발하는 베텔게우스이다. 다행히도 이 별은 비교적 가까운 편이어서 지난 수십 년 동안의 변화가 낱낱이 기록되어 있는데, 최근 10년 사이에 밝기가 15%나 감소할 정도로 매우 불안정한 상태이다. 천문학자들은 베텔게우스가 1000만 년쯤 된 젊은 별이며, 질량이 매우 크기 때문에 노화가 빨리 진행되어 언제라도 폭발할 수 있다고 믿는다. 몸져누운 노인이 "오늘내일한다"는 말은 오늘이나 내일, 아니면 몇 달 안에 세상을 뜰 가능성이 높다는 뜻이다. 그러나 사람의 수명을 별의 수명으로 늘려서 생각해보면 오차의 폭이 엄청나게 커진다. 즉, 베텔게우스는 100만 년 후에 폭발할 수도 있고 내일 당장 폭발할 수도 있다. 한 가지 확실한 사실은 베텔

베텔게우스가 초신성 폭발을 일으키면
밤하늘의 어떤 별보다도 밝은 빛을 방출할 것이다.
밤에는 보름달 못지않게 밝고,
낮에는 '제2의 태양'이 되어 온 세상을 비출 것이다.

게우스가 폭발할 때 엄청난 빛을 발산한다는 것이다. 그날이 오면 베텔게우스는 보름달보다 밝을 것이며, 대낮에도 '제2의 태양'처럼 찬란하게 빛날 것이다.

베텔게우스가 폭발하면 태양이 100억 년 동안 방출한 빛을 한순간에 방출하면서 평생 만들어온 모든 원소를 우주 공간에 흩뿌리고, 이 원소들은 성운이 되어 수백만 년 동안 우주 공간을 떠돌 것이다. 그 속에는 중성자로 이루어진 단단한 중심부가 자리 잡고 있다. 한동안 10억 km에 걸쳐 흩어져 있던 별의 잔해는 중력이 작용하여 몰라볼 정도로 응축된다. 이것이 바로 베텔게우스의 최종 종착지인 중성자별이다. 중성자별의 지름은 30km에 불과하지만, 질량은 태양과 거의 비슷하다.

중성자별을 가까운 거리에서 관측할 수는 없지만 먼 거리에서 본 적은 있다. 약 2000년 전에 1만 광년 떨어진 곳에서 초신성이 폭발했는데, 최근에 X-선 망원경으로 촬영한 RCW 103이 그 잔해일 것으로 추정되고 있다(230쪽 사진 참조).

별이 이 단계에 이르면 더 이상 아무 일도 일어나지 않을 것 같지만, 사실 죽은 별은 새로운 별이 탄생하는 곳이기도 하다. 지구에서 하나의 죽음이 새로운 탄생의 밑거름이 되는 것처럼, 우주에서도 별의 죽음은 새로운 별의 탄생을 의미한다. 지금도 오리온자리 중 '오리온의 검

지구로부터 1500광년 거리에서 방대한 영역에 퍼져 있는 오리온 분자구름(Orion Molecular Cloud)은 다양한 별이 형성되는 곳으로, 오리온성운의 중심부에 자리 잡고 있다. 이 사진은 NASA의 스피처 우주망원경(Spitzer Space Telescope)으로 촬영한 것으로, 오리온성운 안에서 새로 태어나는 별의 모습이 생생하게 담겨 있다. 이 성운은 오리온자리에서 '오리온의 검'에 속하는 희미한 천체 중 하나이며 맨눈으로도 볼 수 있다.

베텔게우스가 폭발했을 때 눈에 보이는 광경을 컴퓨터 그래픽으로 구현한 그림. 밤에는 보름달만큼 밝고, 낮에는 '제2의 태양'이 되어 만물을 비출 것이다.

(Orion's Sword)'에 해당하는 곳에 위치한 오리온성운에서 아름다운 순환이 한창 진행되고 있다. 이 성운을 맨눈으로 보면 그저 희미한 별처럼 보이지만, 성능 좋은 망원경으로 보면 우주의 경이가 눈앞에 펼쳐진다. 구름 사이로 밝게 빛나는 부분은 죽은 별로부터 새로운 별이 탄생하는 곳이다.

바로 이런 순환 과정을 통해 우리가 태어났다. 50억 년 전에 죽은 별로부터 태양이 태어났고, 남은 잔해들이 뭉쳐서 지구를 비롯한 행성이 만들어졌다. 까마득한 옛날에 별이 장렬한 최후를 맞으면서 온갖 원소로 이루어진 성운이 형성되었고, 지구에 존재하는 모든 사물은 여기서 비롯된 것이다.

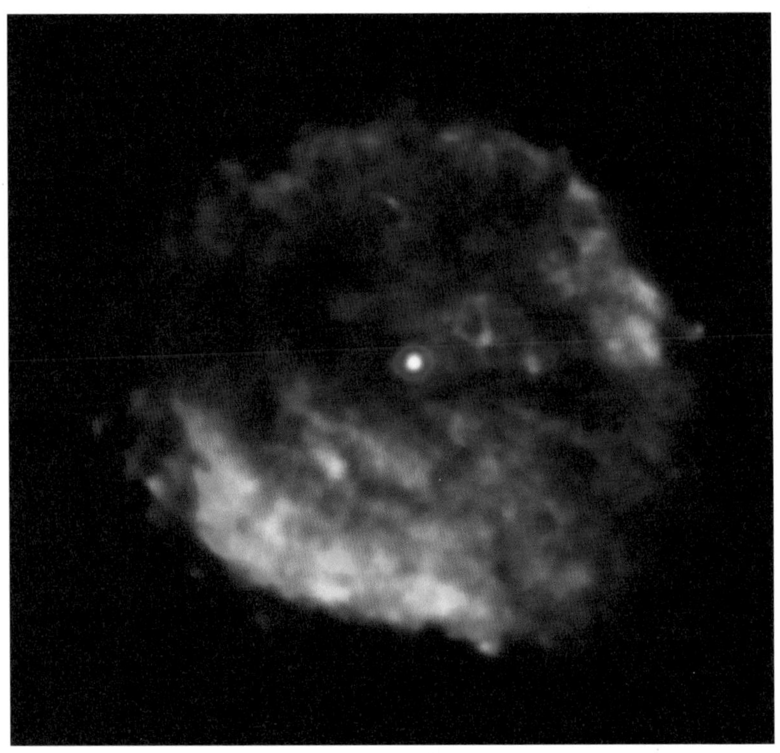

태양보다 여덟 배 이상 무거운 별들은 극적인 폭발과 함께 생을 마감한다. 일단 폭발이 일어나면 별의 바깥층은 시속 수천 km의 속도로 우주 공간에 뿌려지고 기체와 먼지로 이루어진 잔해만 남는다. 별이 있던 자리에서는 종종 중성자별이 발견되는데, 지름은 16km에 불과하지만 질량은 태양보다 크다. 사진은 X-선 망원경으로 촬영한 RCW 103의 모습으로, 2000년 전에 초신성 폭발이 일어난 후 형성된 중성자별일 것으로 추정된다.

이것으로 끝인가? 아니다. 생명체의 몸은 화학 원소보다 훨씬 복잡한 화합물로 이루어져 있는데, 이들도 깊은 우주 공간에서 생성되었다는 것이 과학계의 중론이다.

생명체의 기원

233쪽에 있는 그래프를 미리 봐주기 바란다. 이것은 오리온성운에서 날아온 빛을 허셜 우주망원경(Herschel Space Observatory Telescope)으로 받아서 스펙트럼으로 펼친 그림이다. 언뜻 보기에는 그저 그런 그래프 같지만, 사실 여기에는 환상적인 정보가 담겨 있다. 이 스펙트럼에 따르면 오리온성운은 단순히 원소로 이루어진 구름이 아니라, 복잡한 화학 과정이 진행되는 '우주의 화학 실험실'이다. 태양 스펙트럼에 나 있는 검은 선처럼, 오리온성운의 스펙트럼에도 특정 화학 원소에 해당하는 검은 선이 나 있다. 그러나 이들 중 일부는 하나의 원소가 아니라 복잡한 분자 때문에 생긴 것이다. 오리온성운에는 물이 있고 이산화황(SO_2)도 있으며, 복잡한 탄소 화합물인 메탄올(CH_3OH), 시안화수소(HCN), 포름알데히드(CH_2O), 디메틸에테르(C_2H_6O)도 있다. 이것은 복잡한 탄소 화학 반응이 우주에서도 일어난다는 명백한 증거이다. 거대한 성간 기체 속에 생명체의 기원이 존재했던 것이다.

연결 고리는 여기서 끝나지 않는다. 화학적인 면에서 우리는 우주와 더욱 직접적으로 연결되어 있다. 232쪽의 사진은 태양계 깊은 곳에서 지구로 떨어진 운석인데, 50억 년 전에 태양과 행성의 모태가 되었던 원시 먼지구름으로부터 형성된 것으로 추정된다. 사실 대부분의 운석은 지구에 있는 어떤 암석보다도 나이가 많다. 그런데 놀랍게도 이 오래된 돌멩이에 단백질의 기본 단위인 아미노산이 함유되어 있다. 이것은 45억 년 이상 전에 우주 저편에서 복잡한 탄소 화학 반응이 일어나 생명의 기본 단위가 만들어졌음을 의미한다. 그렇다면 지구 최초의 아미노산은 지구에서 만들어진 것이 아니라, 우주 저편에서 오래전부터 존재하다가 운석을 타고 배달된 것은 아닐까? 얼마든지 가능한 이야기다.

▲ 태양계를 떠도는 수천 개의 소행성은 45억 6800만 년 전에 형성된 것으로 대부분 화성과 목성 사이의 소행성 벨트에 집중되어 있다. 지구에서 발견된 소행성(일단 지구 대기권에 진입하면 '소행성'에서 '운석'으로 이름이 바뀐다 — 옮긴이)은 크기에 관계없이 매우 중요하게 취급된다. 생명체의 기본 단위가 그 안에 담겨 있기 때문이다.

◀ 이것은 평범한 돌멩이처럼 보이지만 사실은 우주에서 떨어진 운석 조각으로, 지구에 존재하는 그 어떤 암석보다 나이가 많다. 지금도 지구에는 매년 수천 개의 운석이 떨어지고 있다.

생명체를 이루는 기본 단위는 오래전에 우주 저편에서 생성되었다가 운석을 타고 지구로 배달되었을지도 모른다.

이런 사실을 알고 밤하늘을 바라본다면 반짝이는 별과 성간 구름이 완전히 다르게 보일 것이다. 우리가 열심히 바라보았던 우주 공간은 사실 우리의 고향이었다. 우리는 진정한 별의 후손이며, 우리 몸을 구성하는 모든 원자와 분자에는 빅뱅에서 현재에 이르는 우주의 역사가 낱낱이 기록되어 있다.

오리온성운의 분자 구성도: 유럽우주기구(ESA)의 허셜 우주망원경으로 분석한 오리온성운의 빛 스펙트럼. 생명 활동에 필수적인 화학 물질의 지문이 곳곳에 남아 있다.

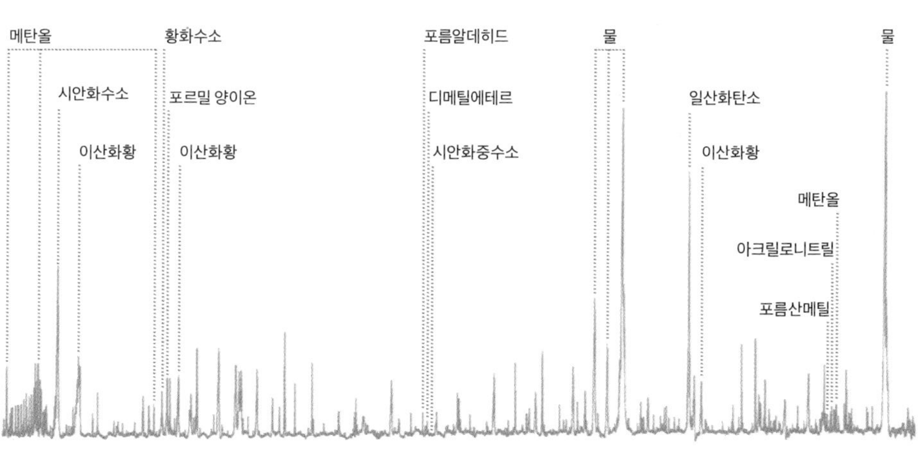

우리의 이야기는 곧 우주의 이야기다. 우리의 몸, 우리가 사랑하는 것, 싫어하는 것, 귀하게 여기는 것 등등…… 이 모든 것이 우주 탄생 후 단 몇 분 만에 이미 다 만들어졌고, 별의 중심부에서 변형되거나 별이 장렬한 최후를 맞을 때 사방으로 흩어졌다. 우리가 죽으면 모든 것은 우주로 되돌아가 끝없는 생사순환(生死循環)을 반복할 것이다. 보잘것없는 내가 이 장엄한 이야기의 일익을 담당하고 있다니, 이 얼마나 놀라운 일인가!

초신성 폭발은 천문학자들이 오랜 세월 기다려온 우주 최대의 이벤트이자, 늙은 별이 죽고 새로운 별이 탄생하는 순환의 현장이기도 하다. 별의 죽음은 우주의 순환에서 핵심적 역할을 한다.

NASA

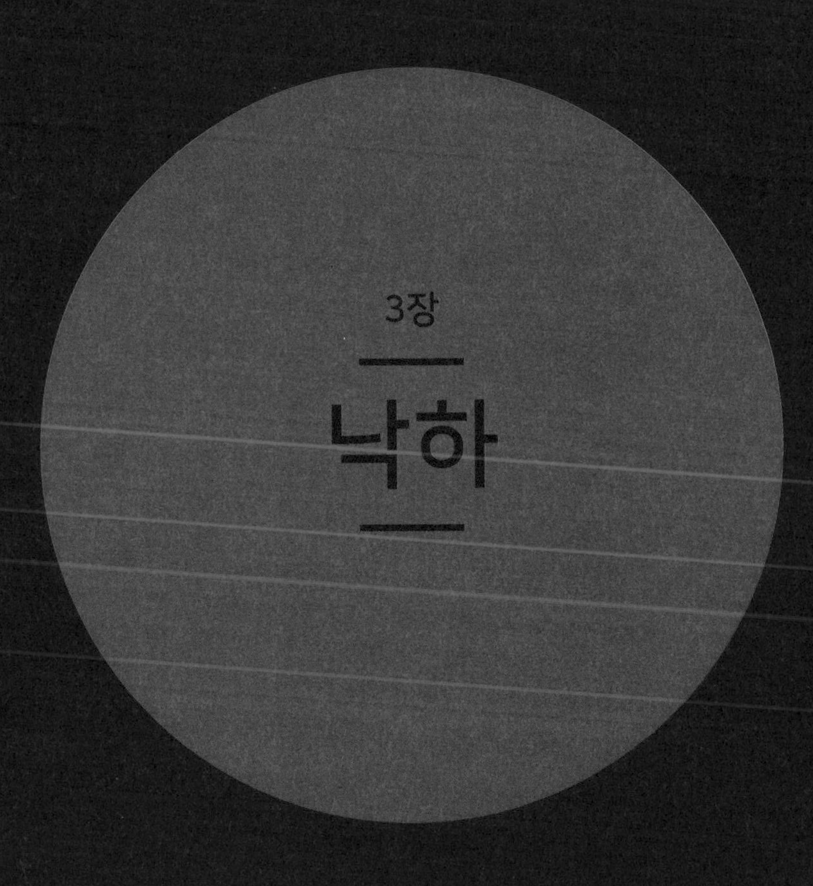

3장

낙하

인력

우주의 삼라만상은 네 가지 힘에 의해 운명이 좌우된다. 이들 중 강한 핵력과 약한 핵력은 원자핵 안에서 작용하기 때문에 우리의 일상생활에서 벗어나 있고, 전자기력은 우리에게 가장 친숙한 힘으로 모든 전자 기기를 작동시키는 원동력이며, 중력은 질량을 가진 물체들 사이에 작용하는 인력(引力)이다. 특히 중력은 가장 큰 규모에서 우주의 운명을 좌우해왔다. 아무 형태 없이 우주 공간에 퍼져 있던 수소와 헬륨 기체는 중력에 의해 한 덩어리로 뭉치면서 별이 되었고, 이런 일이 여러 차례 반복되면서 거대한 은하가 탄생했다. 이런 식으로 수천억 개의 별이 집단을 이룬 후, 중력은 별의 생사를 관장하면서 우주가 갈 길을 인도해왔다.

중력은 행성과 위성의 공전을 제어하는 '보이지 않는 줄'이며, 우리의 발을 땅에 붙여주는 '접착제'이며, 우주의 섭리를 유지하는 '만유의 질서'이다.

중력은 유리잔을 놓치거나 비탈길에서 미끄러지지 않는 한, 눈에 잘 띄지 않는 힘이다. 그러나 중력은 모든 물체에 가차없이 작용하며, 우주에서 제일 큰 덩어리인 별의 창조와 파괴를 관장하는 힘이다. 별은 빛을 발하는 동안 중력에 저항하는 외향력을 발휘하여 평형 상태를 유지할 수 있지만, 핵융합 원료가 바닥나고 다른 세 개의 힘도 에너지를 생산하지 못하면 중력 때문에 안으로 으스러지면서 죽음을 맞는다. 이 과정에서 우주 최대의 미스터리인 블랙홀이 탄생할 수도 있다.

옛 소련의 우주비행사 게르만 티토프(Gherman Titov)는 중력에 얽힌 사연이 꽤 많은 사람이다. 그는 1960년에 소련 유인 우주 개발 프로그

우주비행사는 우주선을 타기 전에 무중력 상태에 적응하는 훈련을 받는다. 사진은 NASA의 우주비행사들이 라이트 비행개발센터(Wright Air Development Cenetr)에서 이륙한 C-131 수송기 안에서 무중력 상태를 체험하는 장면이다. 높은 고도에서 엔진을 끄고 자유 낙하하면 비행기 내부는 잠시 동안 무중력 상태가 된다. 우리의 몸은 중력에 최적화되어 무중력에 노출되면 다양한 부작용이 생기는데, 대표적인 것이 구토감이다. 그래서 우주비행사들은 무중력 훈련용 비행기를 '버밋커밋(구토혜성)'이라 부른다.

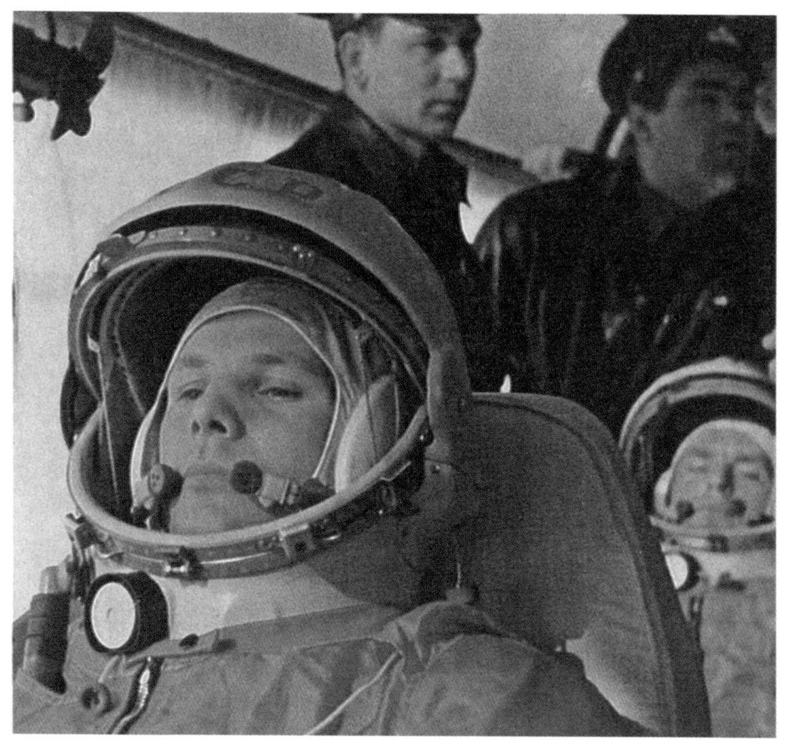

1961년 4월 12일, 유리 가가린이 보스토크 1호로 가는 버스 안에서 마음을 가다듬고 있다. 그는 이 비행을 계기로 소련의 영웅이자 세계적인 명사가 되었다.

램에 선발되어 다양한 테스트를 받았는데, 후보 20명 중 육체적, 심리적 능력이 가장 탁월하여 유리 가가린(Yuri Gagarin)과 함께 최종 우주비행사로 발탁되었다. 두 사람 모두 전투기 조종사 출신으로 모든 분야에서 거의 대등한 실력을 갖추었으나, 당시 우주선은 1인용이었기에 누군가 한 사람이 먼저 갈 수밖에 없었고, 결국 역사책에 이름을 올린 사람은 티토프가 아닌 가가린이었다. 1961년 4월 12일, 가가린은 보스토크 1호를 타고 궤도에 올라 108분 동안 지구를 선회함으로써 인류 역사상

NASA의 우주비행사들이 중립부력연구소(Neutral Buoyancy Laboratory)에서 허블 우주망원경과 똑같이 생긴 모형을 놓고 우주 유영 훈련을 하고 있다. 적절한 장비를 착용하고 물속에 들어가면 무중력 상태와 거의 비슷한 환경을 만들 수 있다.

최초의 우주인이 되었다. 여기서 재미있는 일화 하나. 가가린은 지구로 귀환할 때 캡슐에 탄 채 착지하지 않고 캡슐보다 '늦게' 귀환했다. 캡슐의 안정성을 믿지 못해 고도 7000m 상공에서 비상 탈출을 시도했기 때문이다. 귀환용 캡슐의 성능은 한 번도 검증된 적이 없는 반면, 개인용 낙하산은 2차 세계대전 때부터 수없이 검증되었으므로 전투기 조종사였던 그로서는 최선의 선택이었을 것이다. 그러나 보스토크 1호의 귀환용 캡슐은 지면에 안전하게 착지했고, 10분 후에 가가린이 낙하산을 타고 내려왔다.

인류 최초의 우주비행사가 된 가가린은 소련의 영웅이자 세계적인 명사로 떠올랐고, 티토프는 4개월 후 궤도 비행에 성공하여 두 번째 우주비행사라는 타이틀로 만족해야 했다. 요즘 티토프의 이름을 기억하는 사람은 거의 없지만, 사실 그는 가장 젊은 나이에 우주로 나간 사람이다. 1961년 8월 6일, 26세의 티토프는 보스토크 2호를 타고 25.3시간 동안 지구를 17바퀴 돈 후 무사히 귀환했다. 그는 우주에서 수면을 취한 최초의 인간이었을 뿐만 아니라(궤도 비행을 하면서 몇 시간 동안 선잠을 잤다), 최초로 우주여행 후유증을 앓은 우주인이기도 했다(나중에 우주로 진출한 미국과 소련의 우주인 중 거의 절반이 동일한 증세를 보였다). 흔히 '우주 적응 증후군(Space Adaption Syndrome, SAS)'으로 알려진 이 병은 멀미와 구토, 현기증, 두통 등을 수반하는데, 귀환 후 몇 주일이 지나면 정상으로 돌아온다. 무중력을 장시간 경험하는 것은 우주인만 누릴 수 있는 특권이지만, 여기에 적응하려면 혹독한 훈련을 거쳐야 한다. 티토프가 우주 적응 증후군을 앓은 후 전 세계 우주과학자들은 새로운 고민에 빠졌다. 사람이 우주에서 정상적으로 임무를 수행하려면 출발하기 전에 무중력 적응 훈련을 마쳐야 한다. 그런데 지구에서 무중력 상태를 만드는 방법은 오직 하나, 높이 올라갔다가 떨어지는 수밖에 없다.

소련의 보스토크 프로그램에 위기의식을 느낀 미국은 머큐리 프로젝트(Project Mercury)에 박차를 가해 1961년 5월 5일에 앨런 셰퍼드(Alan Shephard)가 미국 최초로 유인 우주 비행에 성공하고 존 글렌(John Glenn)이 미국 최초로 궤도 비행을 하는 등, 총 6회에 걸친 유인 우주 비행을 성공리에 마쳤다. 이 프로젝트에 참여한 우주비행사 일곱 명(흔히 '머큐리 7인방[Mercury Seven]'으로 불린다)은 미국 최고의 저명인사가 되었으며,

Feature Index

	Page		Page
Abby	14	Editorials	4
Amusements	6	Sports	27
Comics	25	Society	5
Crossword	29	Want Ads	26
Jumble	14	Radio-TV	26

28 PAGES TODAY

The Huntsville Times

Where Progress... Covers The Valley!

VOL. 51, NO. 21 CHICAGO DAILY NEWS SERVICE HUNTSVILLE, ALABAMA, WEDNESDAY, APR. 12, 1961 ASSOCIATED PRESS — WIREPHOTO 45c PER WEEK

Man Enters Space

'So Close, Yet So Far,' Sighs Cape

U.S. Had Hoped For Own Launch

CAPE CANAVERAL, Fla. (AP) — The Redstone rocket which the United States had hoped would boost the first man into space stands on a launching pad here. The Soviet Union beat its firing date by at least two weeks.

"So close, yet so far," commented a technician who is helping groom the Redstone to send one of America's astronauts on a short sub-orbital flight, hopefully late this month or early in May.

"If we hadn't had those troubles last fall and on the chimp and Little Joe shots this year, we might have made it," the technician said.

"But you have to give the Russian scientists credit. They've accomplished a remarkable breakthrough."

Dr. Hugh Dryden, deputy director of the National Aeronautics and Space Administration, told the House Space Committee in Washington Tuesday that the earliest possible date for the manned launching is about April 28.

Project Mercury officials had hoped to achieve a manned Redstone flight last December or January. A series of launch mishaps necessitated additional launchings to qualify the system.

On Nov. 8, a space capsule failed to separate from a Little Joe rocket fired from Wallops Island, Va., in a test of the escape system.

Two weeks later, a Redstone fizzled because of a faulty connection which caused the escape tower to fire, leaving the rocket and capsule on the pad. This test had to be repeated before Ham, the space chimpanzee, was sent up on a short trip Jan. 31.

Hobbs Admits 1944 Slaying

By BOB WARD
Of The Times Staff

Isham D. Hobbs confessed today to the brutal murder in 1944 of Mrs. Margaret Thornton Fleming, Circuit Solicitor Macon L. Weaver said.

Hobbs, now 43, is held by Air Force authorities at Eglin Air Force Base, Fla. He signed a statement there detailing his knife-slaying of the prominent 52-year-old widow, Weaver said he learned from Air Force officials.

* * *

The suspect, who has undergone psychiatric treatment by military authorities since Feb. 8, has recovered his memory in full, Weaver was told. Psychiatrists said Hobbs' apparent amnesia resulted from "hysteria" rather than from any medical cause.

This is Russian Maj. Yuri Gagarin, history's first man in space. The Russians today rocketed him around the earth in an orbit taking slightly less than 90 minutes and brought him back safely to a prearranged spot in the Soviet Union. (AP Wirephoto via radio from Moscow)

Praise Is Heaped On Major Gagarin

First Man To Enter Space Is 27, Married, Father Of Two

LONDON (AP)—Moscow television presented a picture of the Soviet Union's first space man today, describing him as a man with "a good honest smile."

The portrait of Maj. Yuri A. Gagarin was shown and then came this broadcast comment, repeated by Moscow radio:

"For those who did not see this picture we should like to give a description of this splendid man.

"On the screen appears the image of a man aged about 25-28 with a kind, Russian face, eyes set well apart, fine bushy brows and high forehead.

"He wears a flying helmet, a light overall suit. He smiles a good, honest smile. And is there any need to add that this man who has been the first to dare to fly to space, to reach for the stars, to look down on our earth, is a man of a very great and very real character. This is evident in his smile, in the intelligent,

'Worker' Stands By Story

LONDON (AP) — The Daily Worker, Communist party paper in Britain, said today it is standing by its story that the Soviet Union launched a man into space last Friday.

* * *

A spokesman for the editor said: "Our story came from good sources. All we know is what we published today. Now of course there is this one."

By "this one," he referred to the Moscow announcement that

Reds Deny Spacemen Have Died

By THE ASSOCIATED PRESS

Soviet Officer Orbits Globe In 5-Ton Ship

Maximum Height Reached Reported As 188 Miles

MOSCOW (AP)—A Soviet astronaut has orbited the globe for more than an hour and returned safely to receive the plaudits of scientists and political leaders alike. Soviet announcement of the feat brought praise from President Kennedy and U. S. space experts left behind in the contest to put the first man into successful space flight.

By the Soviet account, Maj. Yuri Alekseyvich Gargarin, rode a five-ton spaceship once around the earth in an orbit taking an hour and 20 minutes. He was in the air a total of an hour and 48 minutes.

The whole sequence of events and the announcements relating to it raised a number of questions. The Soviet announcement said the flight took place today between 9:07 and 10:55 a.m., but some persons in Moscow's Western colony were skeptical that the feat actually came off today.

There was a curious sequence of events leading up to the announcement.

Rumors had been circulating several days that the space coup had been pulled off. Two days ago, Soviet TV technicians moved into the Central Telegraph Office with the evident purpose of getting pictures of correspondents in action as they reported such a story. There were various reports, none verifiable from official sources, that the flight had been made.

* * *

Then Tuesday night the Daily Worker, London Communist newspaper with apparently sound connections in Moscow, reported that the flight took place last Friday. In splash headlines, the Daily Worker heralded "the first man in space," saying he had completed three orbits before returning to earth suffering from "after-effects of the flight."

* * *

That led up to today.

About 9:30 a.m., Western correspondents were tipped off to be listening to their radios at 10 a.m. The announcement came at 10 a.m., saying the astronaut still was in orbit. At two intervals the radio broadcast messages, reportedly from him over South America and Africa.

Then came the announcement that the spaceship had been called back to earth.

VON BRAUN'S REACTION:

'To Keep Up, U.S.A. Must Run Like Hell'

Timesfoto by William McCormick

WERNHER VON BRAUN
He Praises A Russian Achievement

By BILL AUSTIN
Of The Times Staff

A disappointed Dr. Wernher von Braun, arriving in Huntsville today, called Russia's space flight a tremendous thing and labeled it the "shot heard around the world."

"I'm disappointed because here again we came in to second place," he declared.

No Astronaut Signal Received At Ft. Monmouth

Reds Win Running Lead In Race To Control Space

Today's Chuckle

1960년대에 미국과 소련은 사람을 우주에 먼저 보내기 위해 치열한 경쟁을 벌였고,
유인 위성을 궤도에 올렸다가 귀환시키는 프로젝트는 소련의 승리로 마무리되었다.

훗날 모두 우주로 진출했다(머큐리 프로젝트의 목표는 수백 km 이내의 근거리 궤도 비행이었다 — 옮긴이). 머큐리 7인방 중 프로젝트의 마지막 비행에 참여한 사람은 존 글렌이다. 그는 1998년에 77세의 고령으로 우주왕복선에 탑승하여 임무를 완수했다. TV 드라마 〈선더버즈(Thunderbirds)〉에 등장하는 트레이시 형제들의 극중 이름 스콧(Scott Carpenter), 버질(Virgil 'Gus' Grissom), 앨런(Alan Shepherd), 고든(Gordon Cooper), 존(John Glenn)은 머큐리 7인방의 이름을 딴 것이다. 월리 쉬라(Wally Schirra)와 데케 슬레이튼(Deke Slayton)의 이름은 형제들 명단에서 누락되었지만, 〈선더버즈〉에 나왔다면 위대한 이름을 빛냈을 것이다. 우주비행사들이 대중 가수보다 유명했던 그 시절이 그립다.

NASA는 머큐리 프로젝트에 선발된 우주비행사들을 훈련시키던 중 티토프가 우주 적응 증후군을 앓았다는 정보를 입수하고 특별한 훈련을 생각해냈다. 미국 공군의 C-131 수송기에 우주비행사들을 태우고 말 그대로 "추락하기로" 한 것이다. 이륙 후 충분한 고도에 도달했을 때 엔진을 끄고 하강하면 비행기 내부는 무중력 상태가 된다. 물론 계속 떨어질 수는 없으므로 약 25초 후에 엔진을 켜고 상승한 후 동일한 과정을 되풀이한다. 25초는 결코 긴 시간이 아니지만 똑같은 과정을 잇달아 20~30회 반복하면 무중력 상태에 장시간 노출된 것과 거의 비슷한 효과를 볼 수 있다. 당시 우주인들은 C-131 수송기를 '버밋커밋(Vomit Comet, 구토혜성)'이라 불렀고, 그 후로 무중력 훈련에 동원된 다른 비행기들도 똑같은 별명을 달고 다녔다.

나는 어릴 때부터 우주 프로그램에 관심이 많았기에 버밋커밋에 대해서도 잘 알고 있었다. 그런데 얼마 전에 TV 프로그램 제작진으로부터 "버밋커밋을 직접 타보자"는 말을 듣고 정말 날아갈 듯이 기뻤다. 결코 만만한 시도는 아니겠지만, 머큐리 7인방이 해냈으니 나라고 못할 이유도 없지 않은가?

버밋커밋을 타면 중력의 두 가지 특성을 확실하게 느낄 수 있다. 첫째, 땅을 향해 자유 낙하하면 지구의 중력이 완벽하게 상쇄된다. 이것은 중력만이 가진 특성이다. 예를 들어 전하를 띤 물체를 자유 낙하시켜도 전기력은 사라지지 않는다. 전기력을 상쇄시키려면 부호가 반대인 전하를 적절한 위치에 추가해야 한다. 그러나 중력은 단순히 추락하는 것만으로 사라지게 만들 수 있다. 그렇다고 케이블이 끊어진 엘리베이터처럼 수직으로 떨어지면 대형 사고가 날 것이므로 자유 낙하할 때와 똑같은 가속도(9.81m/s^2)를 유지하면서 완만한 곡선을 그려야 한다. 버밋커밋은 대포에서 발사된 포탄이 그리는 궤적을 따라가면서 중력을 상쇄시킨다. 그 와중에 비행기를 제어하려면 일상적인 비행 속도를 유지해야 하는데, 이 광경을 밖에서 바라보면 비행기는 포물선 궤적을 그리게 된다. 자유 낙하하는 물체가 무중력 상태에 놓인다는 것은 매우 흥미로운 사실이다. 그런데 더욱 흥미로운 것은 그 반대도 똑같이 성립한다는 점이다.

독자들은 우주비행사들이 우주선 안에서 둥둥 떠다니는 장면을 본 적이 있을 것이다. 우주선 내부는 완전히 무중력 상태여서, 우주비행사뿐만 아니라 노트, 펜, 무비카메라, 심지어 우주비행사가 무심결에 흘린 침까지 제멋대로 떠다닌다. 하지만 그 이유를 아는 사람은 많지 않다. 우주선 내부가 무중력인 이유는 지구에서 멀기 때문이 아니다. 우주선이 떠 있는 고도는 기껏해야 수백 km에 불과하다. 사실상 우주선은 지구의 코앞에 떠 있는 것이나 다름없다. 그래서 우주선에 작용하는 중력의 세기는 지표면에 붙어 있는 물체의 중력과 거의 비슷하다. 이렇게 가까운 거리에 있는데도 중력을 느끼지 못하는 이유는 우주선이 지구를 향해 계속 "추락"하고 있기 때문이다.

제작진에게 제공된 기종은 보잉 727-200이었다. 무중력 체험용으로 개조된 훈련기로서, 현재 우주왕복선 승무원들도 이 비행기로 적응 훈련을 받는다. 비행기가 날아가는 동안 나는 중력의 또 다른 특성을 눈으로 확인했다. 이것은 1687년에 만유인력 이론을 발표한 아이작 뉴턴과, 그보다 수십 년 전에 중력을 연구했던 갈릴레오도 익히 알고 있던 사실인데, 핵심은 다음과 같다. "자유 낙하하는 물체는 질량에 상관없이 동일한 가속도로 떨어진다." 언뜻 생각하면 조금 이상하다. 다들 알다시피 물체의 질량이 클수록 중력이 강하게 작용한다. 그런데 떨어지는 물체의 가속도가 질량에 상관없이 어떻게 똑같다는 말인가? 갈릴레오는 실험으로 이 사실을 확인했지만, 정확한 이유는 알아내지 못했다. 뉴턴은 두 물체(지구와 당신) 사이에 작용하는 중력이 두 물체의 질량의 곱에 비례한다는 사실을 알아냈다. 지구의 질량과 당신의 질량을 곱한 값이 클수록 당신의 몸무게도 커진다는 뜻이다. 정크푸드를 잔뜩 먹어서 질량이 두 배로 늘어났다면, 당신과 지구 사이에 작용하는 중력도 두 배로 커진다. 그러나 중력에 끌려 움직이는 물체의 가속도도 뉴턴의 운동 법칙($F = ma$, 힘 = 질량×가속도)에 따라 질량에 비례한다. 이 두 가지 법칙(중력 법칙과 운동 법칙)을 비교하면 질량이 정확하게 상쇄되면서 "모든 물체는 똑같은 가속도로 떨어진다"는 결과가 자연스럽게 유도된다. 1971년에 아폴로 15호를 타고 달에 착륙한 데이브 스콧(Dave Scott)이 같은 높이에서 깃털과 망치를 자유 낙하시키는 실험을 했는데, 예상대로 두 물체는 동시에 지면(엄밀히 말하면 월면)에 도달했다. 지구에서는 공기가 깃털의 운동을 방해하여 동시에 떨어지지 않지만, 달에는 공기가 없기 때문에 정확한 실험이 가능하다. 물리학을 잘 아는 사람에게도 이 실험은 항상 흥미롭다. 이론적으로는 당연한 결과지만 우리의 상식과 일치하지 않기 때문이다! 대포알은 원자 하나보다 빠르게 떨어질

나를 태운 비행기가 위로 가속될 때, 내가 느끼는 중력은
평소의 1.8배였다. 내 몸이 평소보다
거의 두 배 가까이 무거워졌다는 뜻이다.

까? 아니다. 대포알이 아니라 건물 하나가 통째로 떨어진다 해도, 추락하는 비율(가속도)은 원자 하나와 똑같다. 나중에 다시 언급하겠지만, 빛조차도 대포알과 같은 가속도로 떨어진다. 이것은 중력의 본질을 이해하는 데 가장 핵심적인 요소이다.

나는 버밋커밋을 타고 날아가면서 아인슈타인과 함께 이런 사실을 증명할 수 있었다. 비행기가 무중력 상태에 도달했을 때, 나는 미리 준비한 아인슈타인 인형을 내 얼굴 높이로 집어들었다가 허공에 가만히 놓았다. 우리 둘이 나란히 떠 있을 수 있었던 것은 둘 다 무중력 상태에 있었기 때문이다. 그러나 이 광경을 바깥에서 보면 나와 아인슈타인은 지면을 향해 자유 낙하하는 것처럼 보일 것이고, 떨어지는 가속도도 모두 똑같을 것이다. 만일 내가 아인슈타인보다 빠르게 떨어진다면, 아인슈타인은 내 얼굴 앞에 떠 있을 수 없다. 실제로 비행기의 추락 가속도가 중력 가속도보다 컸다면, 아인슈타인과 나는 비행기의 천장에 충돌했을 것이다! 우리를 포함해서 비행기 안의 모든 물체가 똑같이 허공에 떠 있다는 것은 중력장 안에서 자유 낙하하는 물체의 가속도가 질량에 관계없이 동일하다는 확실한 증거이다.

이 간단한 사실에서 영감을 떠올린 알베르트 아인슈타인은 중력의 특성을 기하학적으로 해석한 일반 상대성 이론을 완성했다. 자세한 내용은 뒤에서 다룰 예정인데, 그때가 되면 낙하하는 모든 물체의 가속도

가 왜 똑같은지, 그리고 자유 낙하하면 중력이 왜 사라지는지, 그 이유를 명확하게 알게 될 것이다.

중력은 모든 물이 바다로 모이게 하고, 대기가 우주 공간으로 날아가지 않도록 붙잡아둔다. 중력이 있기에 비가 내리고, 강물이 흐르고, 해류가 이동하고, 날씨가 바뀐다. 화산이 용암을 내뿜고 지진이 일어나 땅이 갈라지는 것도 모두 중력 때문이다.
그러나 중력은 지구에 한정된 힘이 아니라, 한 톨의 먼지에서 가장 큰 별에 이르기까지 우주의 모든 것을 관장하는 범우주적 힘이다. 그래서 중력의 또 다른 이름이 '만유인력(萬有引力)'인 것이다. 혼돈에서 탄생한 우주가 질서를 찾을 수 있었던 것은 오로지 중력 덕분이었다.

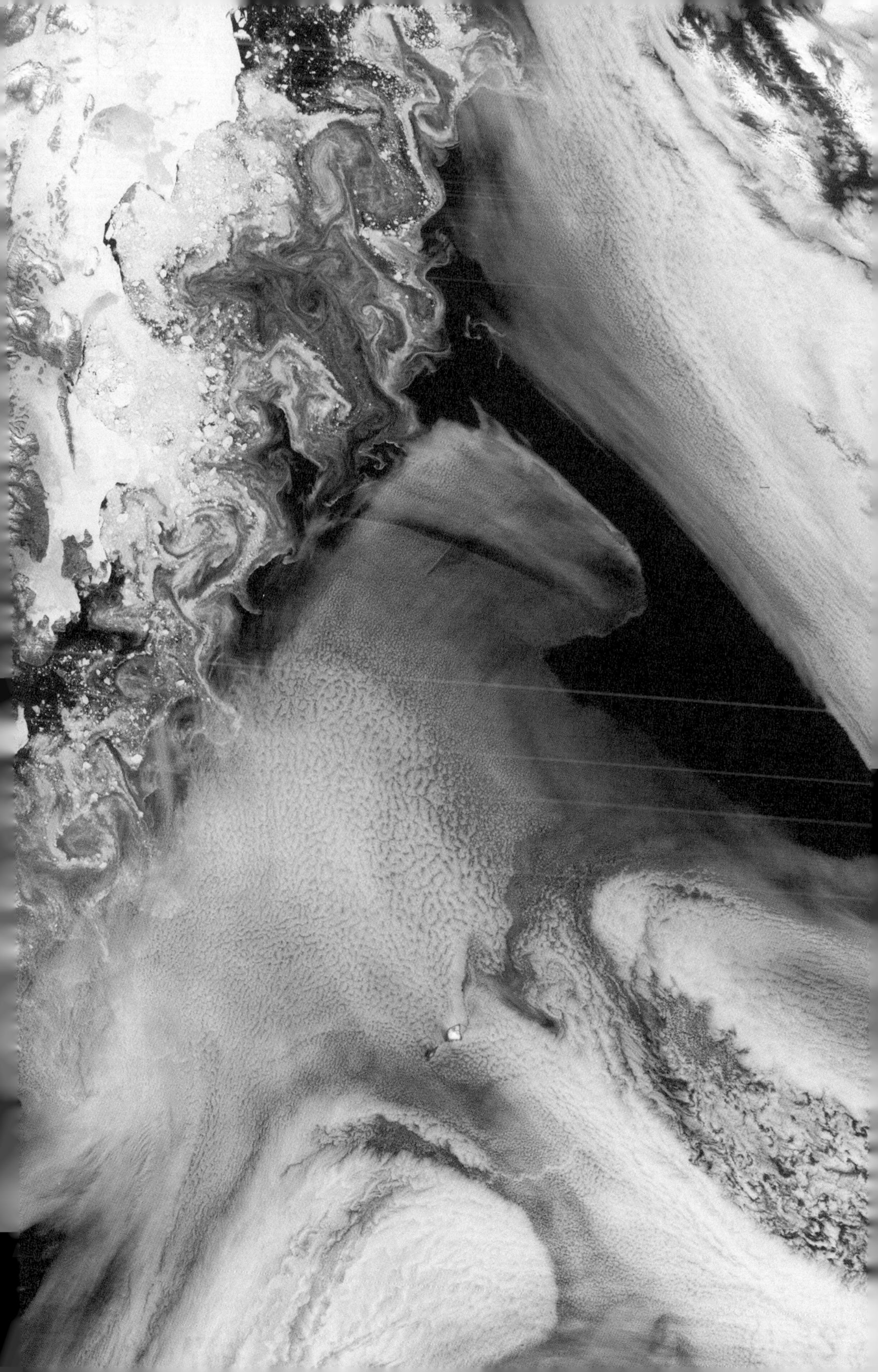

보이지 않는 끈

우주에 존재하는 모든 만물은 중력의 영향을 받는다. 여기에는 단 하나의 예외도 없다. 지구 주위를 선회하는 인공위성에서 27.3일에 한 바퀴씩 지구를 선회하는 천연 위성 달에 이르기까지, 중력은 보이지 않는 끈으로 이들을 단단히 묶어서 궤도를 벗어나지 않고 규칙적인 운동을 하도록 유도한다. 8개의 행성과 166개의 위성, 소행성, 먼지 등 태양계에 존재하는 모든 물체는 중력 법칙을 따라 자신의 길을 찾아가고 있다. 태양계를 벗어나도 사정은 마찬가지다. 물체가 크건 작건, 중력은 여전히 막강한 위력을 발휘하며 우주의 운명을 좌우하고 있다.

처녀자리초은하단은 "자신에게 중력을 행사하는 천체"의 대표적 사례이다. 이 초은하단은 은하수가 포함된 국부 은하군을 중력으로 잡아당기고 있다.

▶ 은하수의 중심에 자리 잡고 있는 궁수자리 A*(Sagittarius A*)는 초대형 블랙홀로 추정된다. 이 블랙홀의 중력 때문에 2000억 개의 별들이 소용돌이 모양으로 회전하고 있다.

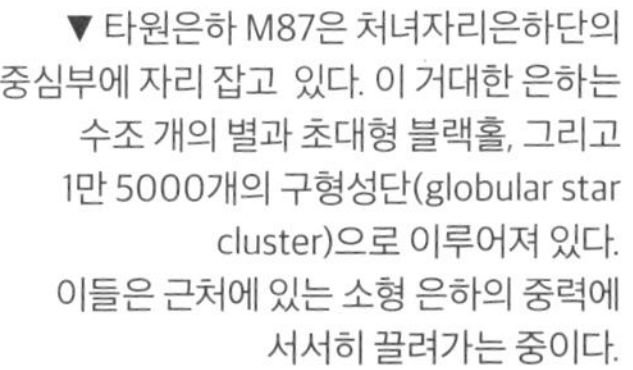

▼ 타원은하 M87은 처녀자리은하단의 중심부에 자리 잡고 있다. 이 거대한 은하는 수조 개의 별과 초대형 블랙홀, 그리고 1만 5000개의 구형성단(globular star cluster)으로 이루어져 있다. 이들은 근처에 있는 소형 은하의 중력에 서서히 끌려가는 중이다.

태양계는 은하수 한가운데 자리 잡은 블랙홀을 중심으로 2000억 개가 넘는 별과 함께 공전하고 있다. 이 모든 운동을 중력이 관장하는 것이다. 달은 지구 주위를 공전하고, 지구는 태양 주위를 공전하고, 태양도 은하수 안에서 공전한다. 이것으로 끝일까? 아니다. 은하들도 방대한 우주 공간에서 중력 법칙에 따라 움직이고 있다.

중력은 태양계뿐만 아니라 우주에 존재하는 만물의 운명을 좌우하는 힘이다. 먼지 한 톨에서 가장 큰 별에 이르기까지, 중력은 모든 물체에 예외 없이 작용하면서 우주의 질서를 유지하고 있다.

우리은하(은하수)는 국부 은하군이라는 거대한 은하단의 한 구성원에 불과하다(은하단은 여러 개의 은하로 이루어진 집단을 의미하는 보통 명사이고, 국부 은하군은 여러 은하단 중에서 우리은하가 포함된 은하단을 일컫는 고유 명사이다 — 옮긴이). 우주가 팽창한다는 놀라운 사실을 알아낸 미국 천문학자 에드윈 허블은 1936년에 30여 개의 은하로 이루어진 은하 집단을 발견하고 지금과 같이 명명했다. 국부 은하군은 폭이 1000만 광년에 이르는 아령 모양의 거대한 은하 집단으로, 수억 개의 은하로 이루어져 있으며, 우리의 이웃인 안드로메다은하도 여기에 속한다. 달이 지구를 돌고, 지구가 태양을 돌고, 태양이 은하를 도는 것처럼, 국부 은하군도 은하수와 안드로메다 사이에 있는 질량 중심을 회전 중심으로 삼아 거대한 원운동을 하고 있다(은하수와 안드로메다는 국부 은하군에서 가장 무거운 은하에 속한다). 그러나 이토록 무지막지하게 큰 국부 은하군도 우주에서 가장 큰 집단은 아니다. 지금 이 순간에도 우리는 지구라는 롤러코스터를 타고 하루에 한 바퀴씩 팽이처럼 돌면서(자전) 시속 10만 km가 넘는 아찔한 속도로 태양 주위를 돌 뿐만 아니라(공전), 초속 220km로 은하의 중심을 돌면서, 국부 은하군의 중심을 초속 600km라는 놀라운 속도로 선회하고 있다. 이 정도만 해도 눈이 돌아갈 지경인데, 국부 은하군 자체도 어떤 지점을 중심으로 회전하고 있다는 것이 천문학계의 중론이다.

국부 은하군은 100개 이상의 은하단으로 이루어진 처녀자리 초은하단(Virgo Supercluster)의 한 부분이다. 우리가 속한 국부 은하군이 초은하단을 한 바퀴 도는 데 얼마나 걸리는지, 지금으로서는 상상하기조차 어렵다. 처녀자리초은하단의 크기는 1억 1000만 광년이 넘을 것으로 추정된다. 그러나 이것도 수많은 초은하단 중 하나일 뿐이다. 천문학자들은 관측 가능한 우주에 수백만 개의 초은하단이 존재할 것이라고 추정하고 있다. 게다가 초은하단은 이보다 훨씬 큰 '은하 필라멘트(galaxy filament)', 또는 '우주장성(宇宙長城, great wall)'의 일부일 것으로 추정된다. 우리는 물고기자리-고래자리 복합 초은하단(Pisces-Cetus Supercluster Complex)에 속해 있다. 이 모든 천체를 하나의 집단으로 묶어놓는 힘이 바로 중력이다.

중력의 능력은 무한하다. 어느 곳에나 작용하고 무한히 먼 곳까지 작용하며, 우주가 탄생한 후 지금까지 한순간도 쉬지 않고 작용해왔다. 그런데 놀라운 것은 우주에 존재하는 네 가지 힘 중에서 인류가 제일 먼저 이해한 힘이 이토록 스케일이 크고 중요한 중력이라는 점이다.

떨어지지 않는 사과

과학의 역사를 돌아보면 우연과 행운이 위대한 발견으로 이어진 사례가 의외로 많다. 그러나 이런 행운이 따라오려면 최소한 의문을 풀겠다는 의지는 있어야 한다. 과학자가 후학들에게 '호기심'을 강조하는 이유가 바로 이것이다. 호기심은 과학의 출발점이자 문명의 기반이기도 하다. 행운이 크게 작용했던 대표적 사례로는 인류가 발견한 최초의 범우주적 물리 법칙인 아이작 뉴턴의 중력 이론을 들 수 있다.

1665년, 치명적인 흑사병이 유럽 대륙을 휩쓸다가 기어이 영국에 상륙했다. 이 병에 걸리면 끔찍한 두통과 구토, 고열에 시달리다가 대체로 며칠 안에 죽게 된다. 흑사병이 처음 발병한 지점은 런던이었으나, 교외로 이어지는 길을 타고 빠르게 퍼져나가 영국 전역에서 수십만 명의 사망자가 발생했다(흑사병은 주로 쥐를 통해 전염된다). 사람들은 전염을 막기 위해 불을 지피고 죄 없는 개와 고양이를 학살하는 등 다양한 방법을 강구했으나 사망자는 날이 갈수록 늘어났고, 학교와 관공서가 문을 닫는 등 국가의 기능이 거의 마비될 지경이었다. 케임브리지의 트리니티 칼리지(Trinity College)도 예외가 아니어서 대부분의 교수와 학생이 학교를 떠나 안전한 장소로 대피했다. 이곳에서 물리학을 공부하던 뉴턴도 그중 한 사람이었다.

당시 23세였던 뉴턴은 흑사병에 점령당한 케임브리지를 떠나 고향 링컨셔주 울즈소프(Woolsthorpe)로 피신했다. 그는 고향으로 가는 길에 수학 책 몇 권과 유클리드와 데카르트의 기하학 책을 가져갔는데, 훗날 그가 남긴 글에 따르면 시장에서 무심코 구입한 천문학 책을 읽다가 기하학에 관심을 갖게 되었다고 한다. 고향으로 돌아온 뉴턴은 지난 몇 년 동안 줄곧 생각해왔던 물리학 아이디어에 수학 테크닉을 결합하여 과학 역사상 최고의 성과를 거두었다. 그는 1665~1667년 사이에 물체의 운동 법칙과 만유인력, 광학 등의 기본 개념을 확립했고, 자신이 고안한 물리 법칙을 수학적으로 서술하기 위해 미적분학이라는 새로운 계산법을 창안했다. 그래서 과학사가들은 뉴턴이 울즈소프에서 연구에 집중했던 1666년을 '기적의 해'라 부른다. 한 사람의 머리에서 이토록 많은 아이디어가 단시간에 쏟아져 나온 사례는 그 전에도, 그 후에도 없기 때문이다(아인슈타인이 특수 상대성 이론을 포함하여 논문 네 편을 한꺼번에 발표한 1905년은 '제2의 기적의 해'로 불린다). 1667년에 케임브리지로 돌아온 뉴턴은 곧바로 교수가 되었고, 1670년 10월에 수학과의 루카스 석좌교수(Lucasian Professor)로 임용되었다(이 자리는 훗날 스티븐 호킹[Stephen Hawking]이 이어받았으며, 지금은 끈 이론(string theory) 전문가인 마이클 그린[Michael Green]에게 돌아갔다). 그 후 20년 동안 뉴턴은 강의와 연구를 병행하며 수많은 업적을 남겼는데, 한동안 연금술에 깊이 심취한 적도 있고 성경에 예견된 종말을 과학적으로 입증하기 위해 몇 년을 보내기도 했다. 영국 경제학자 존 메이너드 케인스(John Maynard Keynes)는 뉴턴을 두고 "최초로 이성적인 사람은 아니었지만 최후의 마술사였다"고 했다. 정확한 평가라고는 할 수 없지만, 경제학자에게 뭘 더 바라겠는가? 17세기 중반은 중세 과학에서 현대 과학으로 넘어가는 전환기였고, 뉴턴은 그 시대의 어떤 과학자보다 많은 업적을 남겼다. 그중에서도 가장 눈에 띄는 것은 1687년에 출간한 저서 《자연철학의 수학적 원리(Philosophiæ Naturalis Principia Mathematica)》이다(줄여서 '프린키피아'라고도 한다). 이 책에는 중력의 작용 원리가 수학적으로 표현되어 있는데, 20세기에 아폴로 우주선이 달에 갈 때 이 방정식을 사용했을 정도로 정확하고 명쾌하다.

행성에 작용하는 중력

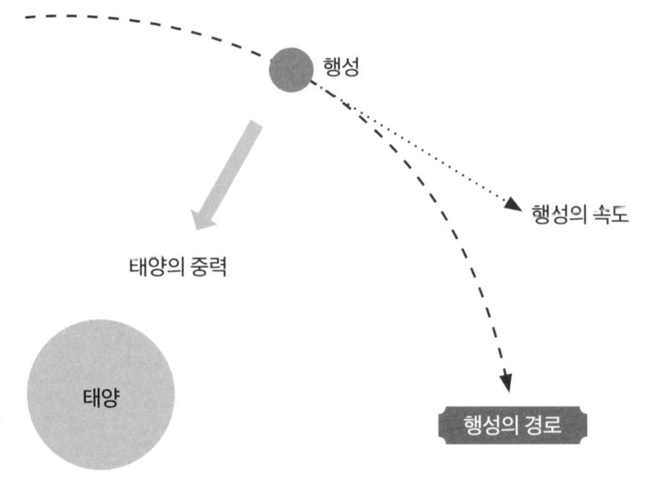

뉴턴의 만유인력(중력) 법칙

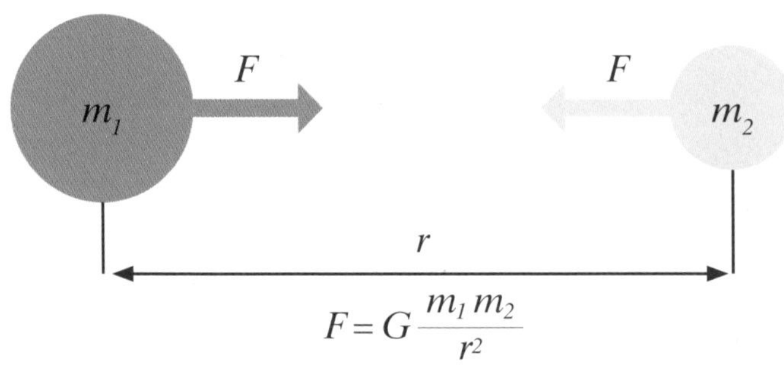

$$F = G\frac{m_1 m_2}{r^2}$$

이것이 바로 그 유명한 뉴턴의 만유인력 법칙이다. 두 물체 사이에 작용하는 중력(F)은 두 물체의 질량(m_1 m_2)의 곱에 비례하고, 둘 사이의 거리의 제곱에 반비례한다($1/r^2$). 우변에 있는 G는 중력상수(gravitational

중력의 기본 개념을 보여주는 낙하 실험. 진공 상태에서 깃털과 당구공을 같은 높이에서 떨어뜨리면 바닥에 동시에 도달한다. 즉, 중력장 안에서 자유 낙하하는 물체는 질량에 상관없이 동일한 가속도로 떨어진다. 그런데 실제 실험에서 무거운 물체가 바닥에 먼저 도달하는 이유는 공기가 운동을 방해하기 때문이다(가벼운 물체일수록 공기의 영향을 많이 받는다). 아폴로 15호의 승무원 데이브 스콧은 공기가 없는 달 표면에서 깃털과 망치를 동시에 떨어뜨리는 실험을 했는데, 예상대로 바닥에 동시에 도달했다.

constant)로서 구체적인 값은 6.67428×10^{-11}N(m.Kg)^{2}이며, 이 상수에 의해 중력의 세기가 결정된다. 예를 들어 질량이 1kg인 두 개의 공이 1m 거리를 두고 마주보고 있을 때, 둘 사이에 작용하는 중력은 6.67428×10^{-11}N이다(N은 힘의 단위이며 '뉴턴'으로 읽는다 — 옮긴이). 십진 표기법으로 쓰면 0.0000000000667428N인데, 사람의 감각으로는 느낄 수 없을 정도로 약하다. 그러나 질량 1kg짜리 공을 집어들 때 팔에 가해지는 힘은 약 10N으로, 앞의 경우보다 무려 1500억 배나 강하다. 왜 이렇게 큰 차이가 나는 것일까? 전자는 '공과 공 사이의 중력'이고, 후자는 '공과 지구 사이의 중력'이기 때문이다! 중력상수 G의 값이 작은 이유는 아직도 미스터리로 남아 있다. 참고로, 비슷한 규모에서 전자기력은 중력보다 10^{41}배나 강하다.

뉴턴의 중력 법칙은 여러 면에서 아름답기 그지없다. 무엇보다도 이 법칙은 우주의 모든 곳에서 똑같이 적용된다. 단 하나의 예외는 블랙홀 근처인데, 이런 특별한 영역에서 중력을 설명하려면 아인슈타인의 일반 상대성 이론을 도입해야 한다. 그러나 별의 주위를 도는 행성과 은하의 중심을 도는 별, 그리고 은하 자체의 운동을 설명할 때는 뉴턴의 법칙만으로도 충분하다. 또한 뉴턴의 중력 법칙은 빅뱅이 일어난 직후부터 지금까지, 모든 시간대에 똑같이 적용된다. 언뜻 생각하면 당연한 것 같지만. 사실 여기에는 심오한 의미가 담겨 있다. 행성의 운동 법칙은 뉴턴이 태어나기 전에 튀코 브라헤(Tycho Brahe)와 요하네스 케플러(Johannes Kepler)에 의해 이미 알려져 있었으나, 두 사람은 어떤 원리를 따라간 것이 아니라 산더미 같은 관측 자료를 분석하다가 일관된 규칙을 알아낸 것뿐이다. 즉, 케플러는 행성의 운동 법칙을 알아낸 후에도 "행성들이 왜 그런 식으로 움직이는지" 알 수 없었다. 그러나 뉴턴의 중력 법칙은 행성의 운동뿐만 아니라 은하와 은하단, 더 나아가 우주 전체의 작동 원리까지 단 하나의 방정식으로 일관되게, 그리고 우아하게 설명해준다. 조그만 태양계와 거대한 은하단에 공통으로 적용되는 법칙을 찾았다는 것은 그만큼 우주에 대한 이해가 깊어졌다는 의미이다. 뉴턴의 중력 법칙은 우주 전역에 적용되는 '범우주적 법칙'의 첫 번째 사례였다.

뉴턴의 중력 법칙이 아름답게 보이는 또 하나의 이유는 방정식의 모습이 매우 단순하기 때문이다. 이 간단한 방정식 하나만 있으면 오만 가지 천체의 복잡다단한 운동을 모두 설명할 수 있다. 정말 아름답고 우아하지 않은가! 현대 기초 과학의 저변에는 바로 이런 아름다움이 자리 잡고 있다. 이제 우리는 행성과 위성의 위치를 파악하려고 매일 망원경 앞에 앉아 있을 필요가 없다. 뉴턴의 간단한 방정식만 알고 있으면 과거나 미래의 임의의 순간에 행성과 위성의 위치를 정확히 계산할 수 있다. 게다가 이 방정식은 태양계뿐만 아니라 우주 반대편에 있는 태양계에도 똑같이 적용된다. 이것이 바로 수학과 물리학의 위용이다.

눈에 보이지 않는 먼지에서 조그만 돌멩이, 그리고 우리를 떠받치고 있는 지구에 이르기까지, 질량을 가진 물체들은 무조건 서로 끌어당긴다. 요즘 사람들이 각별히 신경 쓰는 '체중'은 '지구와 우리 몸 사이에 작용하는 중력'을 두 글자로 줄인 말이다. 두 돌멩이 사이에 작용하는 중력은 관측할 수 없을 정도로 약하지만, 질량이 600만×100만×100만×100만 kg이나 되는 지구와 당신 사이의 중력은 당신의 몸을 땅 위에 붙들어놓을 수 있을 만큼 강하다. 그러나 두 물체의 질량이 행성이나 별처럼 큰 경우, 중력은 단순히 물체를 붙들어놓는 정도가 아니라 표면의 형태를 결정하고 앞날을 좌우할 정도로 막대한 위력을 발휘한다.

거대한 조각품

아프리카의 나미비아 남부에 있는 피시리버 캐니언(Fish River Canyon)은 총 길이 160km, 폭 26km, 깊이 500m의 초대형 협곡으로, 미국 애리조나주의 그랜드 캐니언 다음으로 크다. 그랜드 캐니언과 마찬가지로 피시리버 캐니언은 지각 이동이나 화산 활동의 부산물이 아니라 흐르는 물이 만들어낸 지형이다. 협곡 바닥에는 나미비아에서 가장 긴 피시리버가 650km의 장정을 굽이치며 흐르고 있다. 이 강은 여름철에 가끔 범람하지만, 지난 수천 년 동안 줄기차게 흐르면서 협곡의 바위를 서서히 깎아내어 지금과 같은 모습으로 만들었다. 바위를 깎아낸 엄청난 에너지의 원천을 추적하다 보면 결국 태양에 도달하게 된다. 바닷물이 태양열을 받아 증발하면 구름이 되고, 여기서 내린 비가 강의 상류로 흘러들었기 때문이다. 그러나 일단 빗방울이 지면에 떨어지면 그다음부터는 중력이 모든 작업을 알아서 수행한다. 피시리버의 발원지는 해발 1000m가 넘는 고지대로, 이곳에 떨어진 빗방울은 중력 위치 에너지(gravitational potential energy)라는 형태의 에너지를 갖게 되는데, 그 값은 다음과 같은 수식으로 표현된다.

$$U = mgh$$

여기서 U는 빗방울이 갖는 중력 위치 에너지이고 m은 빗방울의 질량, g는 앞에서 말한 중력 가속도($9.81 m/s^2$)이며, h는 빗방울이 떨어진 곳의 해발 고도이다.

해발 고도가 0m인 해수면에서 바닷물로 존재하다가 태양 에너지를 받아 고지대로 올라간 물방울은 그 고도에 해당하는 위치 에너지를 갖게 된다. 이 에너지는 물이 아래로 흐르면서 다른 형태의 에너지로 변하는데, 그중 일부가 지구의 표면을 깎는 데 사용되어 피시리버 캐니언이 만들어진 것이다.

지구 중력장의 위력은 이 정도로 막강하다. 흐르는 강물뿐만 아니라, 산의 크기를 봐도 중력의 세기를 가늠할 수 있다. 알다시피 지구에서 가장 높은 산은 히말라야에 있는 에베레스트산으로, 높이가 약 9km이다. 그러나 태양계에서 제일 높은 산과 비교하면 에베레스트는 뒷동산 정도밖에 안 된다. 지구로부터 7800만 km 거리에 있는 화성은 여러 면에서 지구와 비슷한 행성이다. 지금 화성에는 물이 없지만, 과거에는 고지대의 물이 바다로 흘러내리면서 지면에 다양한 흔적을 남겼다. 화성의 질량은 지구의 10분의 1밖에 안 되기 때문에 중력도 지구보다 훨씬 작다. 그래서 화성은 태양에서 멀리 떨어져 있는데도 대기가 매우 희박하다(행성이 대기를 붙잡아두려면 중력이 커야 한다. 현재 화성의 대기압은 지구의 130분의 1에 불과하다 — 옮긴이). 대기가 없으니 비를 내릴 구름이 없고, 지면을 침식할 강도 흐르지 않아 지금처럼 붉은 불모지가 된 것이다. 그러나 화성의 저고도 지역에서는 중력이 특별한 역할을 하여 높은 산이 형성될 수 있었다.

화성에 있는 올림푸스몬스는 높이가 24km에 이르는 사화산으로, 태양계를 통틀어 가장 높은 산이다. 에베레스트산 세 개를 층층이 쌓아야 이 높이에 도달할 수 있다.

덩치가 작은 행성에 이토록 크고 높은 산이 존재하는 것은 결코 우연이 아니다. 용암의 분출 속도와 지질학적 특성 등 환경적 요인도 한몫했겠지만 어떤 행성에서든 산의 높이는 한계가 있으며 그 값은 행성의 중력에 의해 좌우된다. 앞서 말한 대로 화성의 질량은 지구의 10%에 불과하고 반지름은 지구의 절반에 가깝다. 뉴턴의 중력 법칙에 이

아프리카의 나미비아 남부에 있는 피시리버 캐니언은 지구에서 규모가 거대한 협곡 중 하나로서, 기후와 중력이 지표면에 미치는 영향을 극명하게 보여준다.

값을 대입한 후 지구의 중력과 비교해보면 화성의 표면 중력은 지구의 40%쯤 된다. 지구에서 무게가 10N인 물체를 화성으로 가져가서 무게를 달면 4N밖에 안 된다는 뜻이다.

많은 사람이 질량과 무게를 같은 양이라고 생각한다. 굳이 그 차이를 따지지 않아도 일상생활에 큰 불편이 없기 때문이다. 그러나 질량과 무게는 완전히 다른 개념이다. 물체의 질량은 구성 성분의 양(量)을 나타내는 척도로서, 이 값은 우주 어디를 가도 변하지 않는다. 지구에서 질량이 1kg인 물체는 화성에서도, 베텔게우스에서도 똑같이 1kg이다. 아인슈타인의 특수 상대성 이론에 따르면 물체의 정지 질량(rest mass, 정지 상태의 질량 — 옮긴이)은 절대로 변하지 않는 불변량이다. 물체가 어디에 있건, 어떤 속도로 움직이건 간에, 정지 질량은 항상 일정한 값을 갖는다.

하지만 무게는 얼마든지 변할 수 있다. 무엇보다도 무게는 질량과 단위부터 다르다. 질량의 단위는 kg이지만, 무게는 힘과 같은 단위인 뉴턴(N)을 사용한다. 둘 사이의 차이를 이해하기 위해 몸무게를 측정하는 저울을 떠올려보자. 당신이 저울 위에 올라서면, 저울은 당신의 몸이 저울에 가하는 '힘'을 눈금으로 보여준다. 즉, 저울은 질량이 아니라 힘을 측정하는 장치이다. 그래서 저울 위에 올라서지 않고 손으로 눌러도 눈금이 돌아가는 것이다. 물론 세게 누를수록 눈금은 더 많이 돌아간다. 그런데 당신의 손이 저울을 누르는 힘은 지구의 질량과 무관하다. 버밋커밋 안에서 무중력 상태가 되었을 때, 저울을 허공에 놓고 그 위에 올라서면 눈금은 정확하게 0을 가리킨다. 무중력 상태에서는 내가 저울 위에 올라서도 그냥 그 위에 떠 있을 뿐, 저울에 아무 힘도 가하지 못하기 때문이다. 물체의 무게를 수식으로 나타내면 다음과 같다.

$$W = mg$$

여기서 W는 물체의 무게이고 m은 질량, g는 지구의 중력 가속도(9.81m/s^2)이다(더 엄밀하게 정의하면 무게는 "당신의 몸이 중력에 끌려 계속 떨어지지 않도록 저울이 당신을 위로 떠받치는 힘"이다. 저울이 당신에게 힘을 가하고 있기 때문에 당신은 아래로 떨어지지 않는다. 저울을 치우면 어떻게 될까? 저울이 하던 일을 바닥이 대신 하게 된다). 예를 들어 지구에서 질량이 80kg인 사람의 무게는 785N이며, 이 사람이 화성에 가면 질량은 여전히 80kg이지만 무게는 295N으로 줄어든다.

질량이 증가하면 몸무게도 증가한다. 다만, 몸무게는 질량뿐만 아니라 당신이 살고 있는 행성의 중력에도 영향을 받기 때문에, 하나의 물체에 하나의 값으로 결정되지 않는 것뿐이다. 또 당신의 몸이 허공에서 가속되고 있을 때도 몸무게가 달라지는데, 이것이 바로 일반 상대성 이론의 등가 원리(equivalence principle, 가속 운동에 의한 효과와 중력에 의한 효과가 완전히 동등하다는 원리 — 옮긴이)이다. 자, 여기서 재미있는 상상

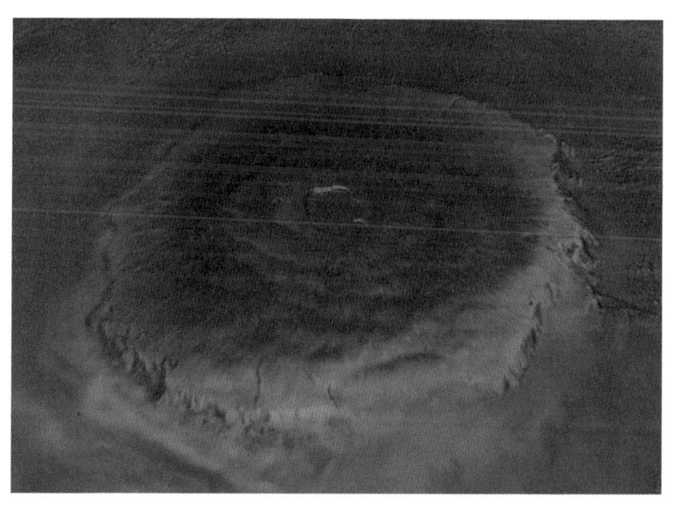

화성에 있는 올림푸스몬스 화산을 통째로 들어
지구로 옮겨 오면 화성에 있을 때보다 2.5배 무거워진다.
그러나 지구는 이 엄청난 무게를 지탱할 수 없으므로
지구로 이사 온 올림푸스몬스 화산은 아래로 가라앉을 것이다.

을 펼쳐보자. 화성에 있는 올림푸스몬스 화산을 통째로 지구로 옮겨 온다면 어떻게 될까? 물론 기술적으로 불가능하고 히말라야의 거봉들도 필사적으로 반대하겠지만, 어떻게든 지구로 가져왔다고 가정하자. 어렵게 부지를 마련해서 올림푸스몬스 화산을 내려놓는다면, 그 무게는 화성에 있을 때보다 2.5배가량 무거워질 것이다. 그런데 지구의 지반은 이 정도 무게(또는 압력)를 감당할 수 없기 때문에, 올림푸스몬스 화산은 땅속으로 가라앉을 것이다. 즉, 지구와 비슷한 크기의 행성은 올림푸스몬스 화산만 한 산을 감당할 능력이 없다. 산의 밑바닥부터 쟀을 때 지구에서 제일 높은 산은 에베레스트가 아니라 하와이에 있는 마우나케아(Mauna Kea, 산의 밑바닥이 해저에 잠겨 있다 — 옮긴이)인데, 에베레스트보다 고작 1km쯤 높을 뿐인데도 서서히 가라앉고 있다. 그러므로 지구가 버틸 수 있는 산의 한계는 마우나케아와 에베레스트의 중간쯤 된다. 이 한계치를 결정하는 것이 바로 행성의 중력이다.

무게의 개념에 아직 적응하지 못한 독자들을 위해 다시 한 번 정리해보자. 질량(m)은 물체 고유의 값으로 우주 어디를 가나 변하지 않고, 무게(mg)는 물체의 질량에 '현재 있는 곳의 중력 가속도'를 곱한 값이다. 지구의 중력 가속도는 $9.81m/s^2$이므로, 수치만 놓고 보면 당신의 몸무게는 질량의 9.81배이다(사람들에게 체중을 물어보면 '65kg'이라는 식으로 무게가 아닌 질량을 언급한다. 그러나 정확한 체중을 밝히려면 저울 눈금에 9.81을 곱해야 한다 — 옮긴이). 그런데 문제는 지구의 각 위치마다 중력 가속도가 조금씩 다르다는 점이다. 그 원인 중 하나는 고도인데, 피시리버 캐니언의 절벽 위에서 잰 몸무게는 협곡 바닥에서 잰 몸무게보다 조금 가볍다. 왜 그럴까? 앞서 말한 대로 중력은 두 물체의 거리의 제곱에 반비례하는데, 협곡의 절벽 위가 바닥보다 지구의 중심에서 조금 더 멀기 때문이다. 또 다른 이유로 불규칙한 밀도를 들 수 있다. 지구의 일부 지역은 다른 지역보다 무거운 물체로 되어 있어서, 중력이 다소 강하게 작용한다. 또 지구는 팽이처럼 자전하고 있으므로 모든 물체는 지면 위에 가만히 서 있어도 가속 운동을 하는 셈이다(지구의 회전각 속도는 거의 일정하다. 그러나 모든 원운동은 진행 방향이 수시로 바뀌기 때문에 가속 운동에 속한다 — 옮긴이). 이 가속도는 적도에서 제일 크고 극지방에서 제일 작다. 그런데 등가 원리에 따라 모든 가속 운동은 중력과 동일한 효과를 낳고 적도에서는 가속 운동이 중력을 상쇄시키는 쪽으로 나타나기 때문에, 적도에 가까운 곳일수록 중력이 약해진다. 마지막으로, 지구는 완벽한 구형이 아니라 적도가 조금 불룩한 타원형이기 때문에 지구 중심에서 적도까지의 거리가 지구 중심에서 극지방까지의 거리보다 길다. 이 효과를 고려하면 적도에서 작용하는 중력은 극 지방의 중력보다 0.5% 정도 약하다. 지질학자들은 지반의 밀도에 따른 중력의 변화를 정밀하게 측정하여 지도를 만들어놓았는데, 이것을 '지오이드(geoid)'라 한다.

화성에 있는
올림푸스몬스 화산은
태양계 전체를 통틀어
제일 높은 산으로,
지구 최고봉인
에베레스트산의 세 배나
된다. 조그만 행성에
이토록 크고 높은 산이
존재하는 것은 결코
우연이 아니다. 용암의
분출 속도와 지질학적
특성 등 환경 요인도
한몫했겠지만 어떤
행성에서든 산의 높이는
한계가 있으며, 그 값은
행성의 중력에 의해
좌우된다.
화성의 표면 중력은
지구의 40%쯤 된다.

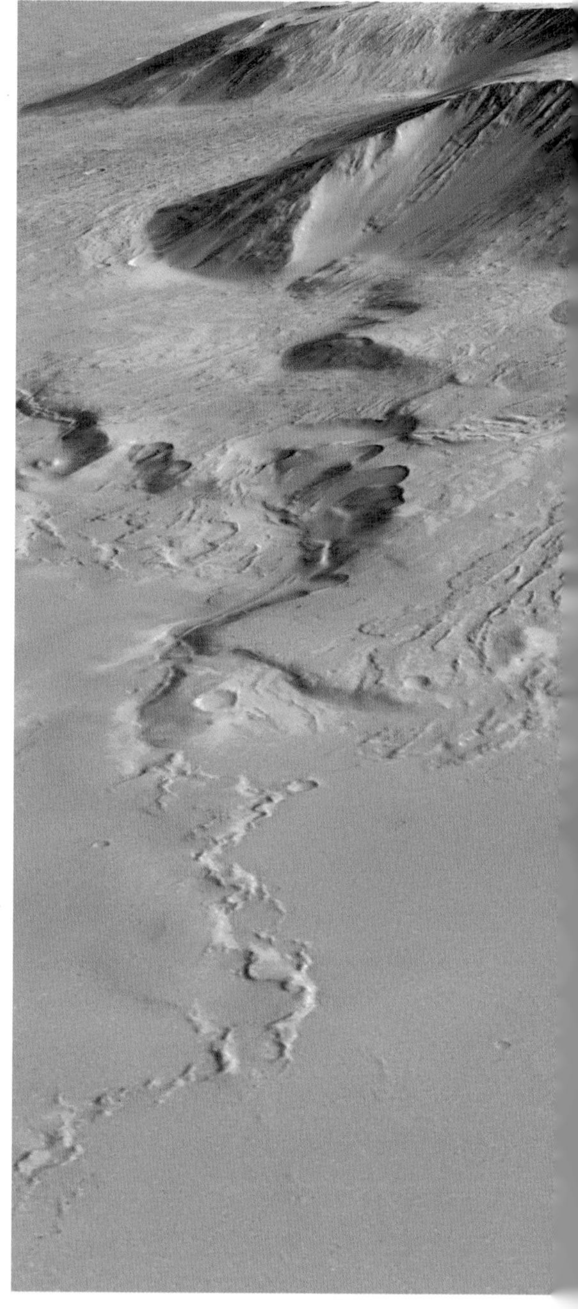

지오이드

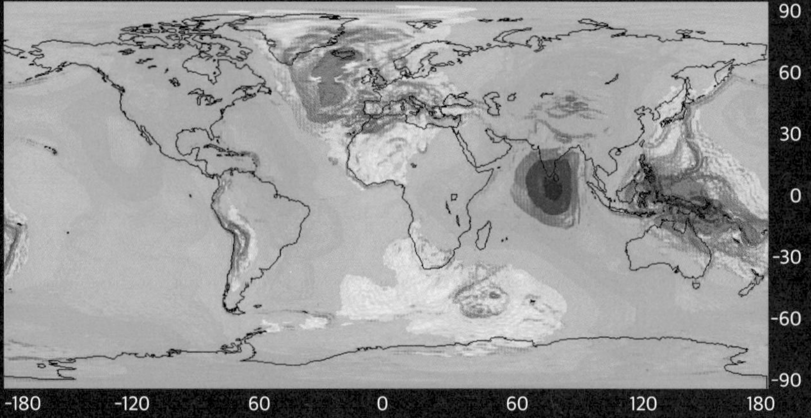

2009년 11~12월에 GOCE 위성이 수집한 데이터를 근거로 작성한 지구 중력장 지도. 해양학자와 수리학자, 지질학자 들이 기후 변화를 예측하는 데 중요한 정보를 담고 있다.

위 그림은 2009년 3월에 발사된 유럽우주기구의 중력장 탐사 위성 GOCE(Gravity Field and Steady-State Ocean Circulation Explorer)가 작성한 지구 중력장 지도이다. GOCE 위성에는 초감도 가속도계가 세 개 탑재되어 있어서, 지구를 선회하는 동안 중력장의 미세한 변화를 감지할 수 있다. GOCE는 대기권을 벗어난 250km 고도에서 두 달 동안 수집한 데이터를 근거로 위의 지도를 완성했다(지금까지 작성된 중력장 지도 중 가장 정밀하다). 그림에서 푸른색 영역은 중력장이 약한 곳이고 초록색은 평균, 붉은색은 강한 곳을 나타낸다. 이렇게 중력장이 다른 이유는 지표면 아래 바위의 밀도가 균일하지 않고, 산맥이나 해구 등 지질학적 특성도 지역마다 다르기 때문이다. 전문 용어를 써서 말하자면, 위의 그림은 중력의 등퍼텐셜면(equipotential surface, 위치 에너지가 동일한 점들로 이루어진 면)을 보여주고 있다. 다시 말해서 지구 전체가 바다라고 가정했을 때, 위의 그림은 각 점에서 해수면의 높이에 해당한다.

지도를 자세히 보면 아이슬란드의 중력장이 영국보다 크다는 것을 알 수 있다. 레이캬비크(Reykjavik, 아이슬란드의 수도 — 옮긴이)에서 잰 체중이 같은 고도의 맨체스터에서 잰 체중보다 무겁다는 뜻이다(물론 그 차이는 감지할 수 없을 정도로 작다. 만일 무게가 지역마다 크게 다르다면 다이아몬드나 금 같은 귀금속류를 거래할 때 큰 혼란이 야기될 것이다). 초정밀 중력장 지도는 여행자들의 체중 관리용이 아니라, 지구의 지질학적 특성을 더욱 깊이 이해하기 위해 제작된 것이다. 특히 해양학자들에게는 이보다 귀한 정보가 없다. 중력장 지도를 참고하면 조수(潮水)와 해류, 바람 등 외부 영향을 제거했을 때 해수면의 기준 높이를 알 수 있

지오이드는 지구의 '숨은 구조'를 파악하는 데 반드시 필요한 자료이다. 맨틀층에서 마그마가 분출되면 그 일대의 중력장에 심각한 영향을 미친다. 이 사진은 2010년 5월에 폭발한 아이슬란드의 화산 에이야프야틀라이외쿠틀(Eyjafjallajökull)을 NASA의 관측위성이 촬영한 것이다.

기 때문에, 바닷물의 이동 현황을 파악하는 데 없어서는 안 될 자료이다. 또 이 지도가 있으면 지구 전역에서 에너지가 변하는 경로를 추적하여 정확한 일기예보를 할 수 있다.

이와 같이 지구의 중력장 변화를 정밀하게 관측하면 지구의 구조에 관하여 방대한 정보를 담은 평균 해수면 지도(지오이드)를 작성할 수 있다. 그러나 실제 해수면 높이를 좌우하는 가장 중요한 요인인 '달의 인력'은 지오이드에 나와 있지 않다.

달의 인력

태양계에 속한 행성은 대부분 자신만의 위성을 갖고 있다. 목성은 63개라는 위성 부대에 에워싸여 있고 해왕성은 13개, 지구보다 작은 화성도 포보스(Phobos)와 데이모스(Deimos)라는 두 개의 위성을 거느리고 있다. 지구의 위성은 달(moon) 하나뿐이지만, 달은 지난 45억 년 동안 줄기차게 우리 곁을 지키면서 수많은 이야깃거리를 제공해왔다.

1959년에 소련의 달 탐사선 루나 3호가 찍은 달의 뒷면 사진.

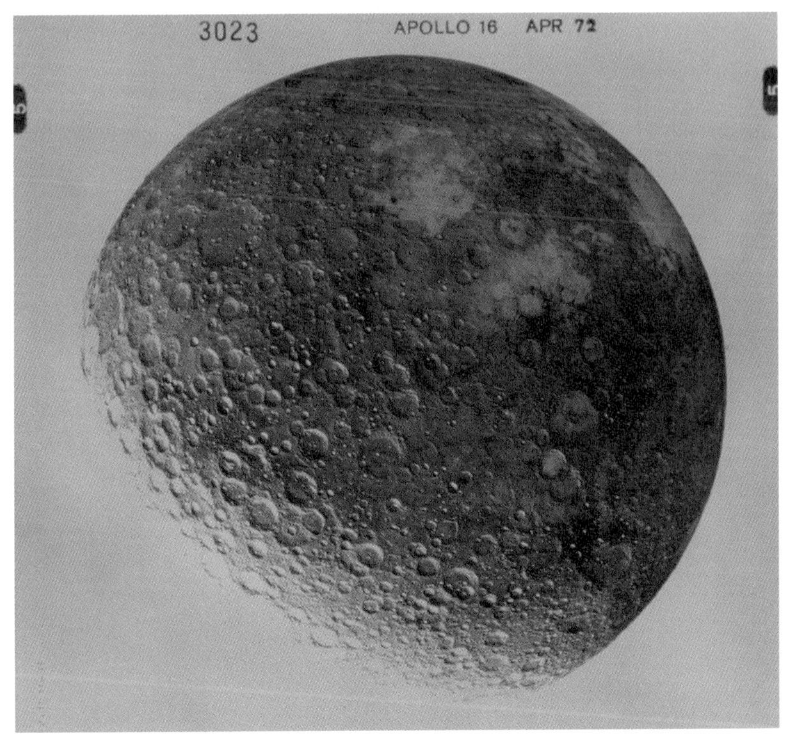

태양계의 행성들은 대부분 위성을 갖고 있지만, 모행성과 비교하여 달처럼 큰 위성을 거느린 행성은 지구밖에 없다. 38만 km의 거리를 두고 지구 주위를 공전하고 있는 달은 태양계를 통틀어 다섯 번째로 큰 위성이다(달보다 큰 위성은 타이탄[Titan]과 가니메데[Ganymede], 칼리스토[Callisto], 그리고 이오[Io]인데, 이들의 모행성인 목성과 토성은 지구보다 훨씬 크다). 그래서 지구와 달은 이중 행성계(double planet system, 공통의 중력 중심을 중심으로 함께 공전하는 두 개의 행성으로 이루어진 계 — 옮긴이)와 비슷한 점이 많다. 달의 탄생 과정을 설명하는 이론은 여러 개가 있는데, 가장 그럴듯한 가설은 "45억 년 전에 화성만 한 크기의 테이아(Theia)라는 행성이 갓 탄생한 지구와 충돌하여 다량의 바위가 우주 공간으로 흩어졌

달은 지구의 바다에 직접 영향을 미친다. 바닷물이 들어왔다 나가는 조수 현상은 달과 지구의 중력이 복합적으로 작용한 결과이다.

중력은 쌍방 간에 작용하는 힘이다.
달이 지구의 해수면을 들었다 놨다 하는 것처럼,
지구도 달에 큰 영향을 주고 있다.

고, 이들이 중력으로 서서히 뭉쳐서 지금과 같은 달이 형성되었다"는 것이다. 행성학자들은 이 가설의 증거로 달의 구성 성분이 지구의 바깥쪽 지각과 비슷하다는 점을 들고 있다. 그러나 달의 가장 깊은 곳에 숨어 있는 철핵(鐵核, iron core)이 덩치에 비해 매우 작기 때문에 달의 밀도는 지구보다 훨씬 낮다. 만일 지구와 테이아가 정면충돌을 하지 않고 비스듬하게 부딪혔다면 지구의 철핵은 큰 손상을 입지 않았을 것이다. 이런 경우라면 달의 철 함유량이 적은 이유와 함께 중력이 약한 이유까지 설명할 수 있다. 닐 암스트롱이 달에 첫발을 내디딜 때 몸에 지닌 장비가 81kg이었는데도, 그의 몸무게는 26kg에 불과했다(엄밀히 말하면 그의 몸무게는 255N이었다 — 옮긴이). 달 표면의 중력은 지구의 6분의 1밖에 안 되기 때문이다. 그러나 달은 약한 중력에도 불구하고 지구에 엄청난 영향력을 행사하고 있다.

달은 지구와 비교적 가까운 거리에 있기 때문에, 지구에서 달을 바라보는 쪽의 지면에 미치는 달의 인력과 그 반대쪽 지면에 미치는 달의 인력은 큰 차이가 있다. 278쪽의 그림은 지구의 중심에서 바라봤을 때 각 지점에 작용하는 달의 알짜 중력(net gravitational force, 각 부분에 작용하는 힘을 모두 더해 최종적으로 얻어진 중력 — 옮긴이)을 화살표로 나타낸 것이다. 지구의 중력에 의한 효과를 제거하면 달을 바라보는 면에 작용하는 인력은 당연히 달이 있는 쪽으로 작용할 것이다. 그러나 달의 알짜 중

달의 중력장

달의 중력은 지구의 바다에 조수 현상을 일으킨다. 달에 의한 지구의 미세한 이동과 각 지점에 작용하는 중력을 고려하면 해수면은 두 곳에서 불룩하게 올라오고, 그 결과 하루에 두 번씩 조수 현상이 일어난다.

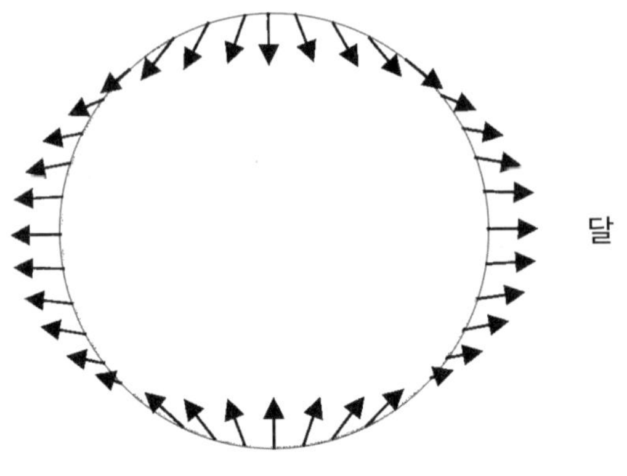

력은 지구의 반대편(달이 보이지 않는 곳)에도 작용한다. 달의 위치와 직각을 이루는 지점에서 달의 중력이 지구의 중력과 더해져 모든 것을 지면 아래로 짓누르는데, 바로 이것이 조수(潮水, tide)의 원인이다. 바닷물은 해저면 밑의 바위보다 쉽게 변하기 때문에, 달을 바라보는 쪽의 해수면과 그 반대쪽에 있는 해수면은 달의 인력에 영향을 받아 위로 불룩하게 솟아오른다. 그 차이는 몇 m에 불과하지만, 해변의 지형에 따라 훨씬 커질 수도 있다. 여기서 한 가지 짚고 넘어갈 것은 바다뿐만 아니라 지표면에 있는 바위들도 조수 현상을 겪는다는 점이다! 바위는 매우 견고하여 바닷물처럼 변화가 크지 않지만, 지구의 표면은 달의 조력(潮力) 때문에 매일 몇 cm씩 오르내린다. 또 해수면 밑에서 지구는 하루에 한 바퀴씩 자전하므로, 불거진 해수면은 해변을 하루에 두 번 지나가게 된다.

달의 동주기 자전

지구-달 행성계가 동주기 자전 상태에 가까워질수록 달은 지구로부터 서서히 멀어져간다.

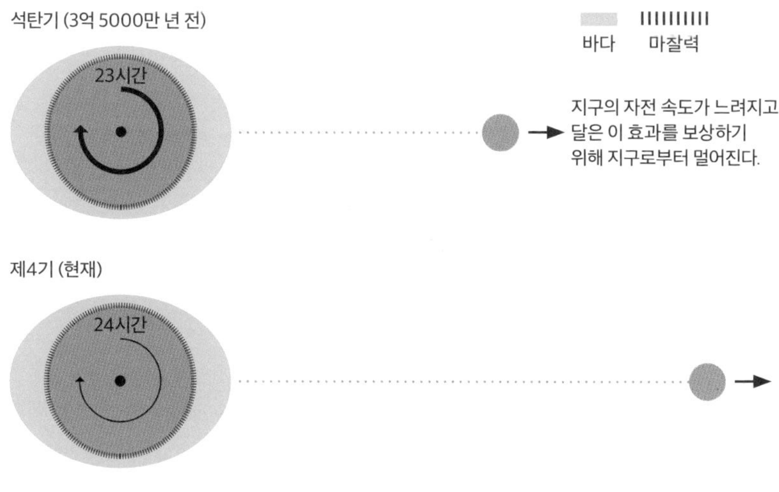

그래서 조수 현상이 하루에 두 번씩 일어나는 것이다.

이제 독자들은 조수 간만의 원인을 알았으니, 어느 누가 "사람 몸은 대부분 물로 이루어져 있으므로 사람도 달의 영향을 받는다"고 주장해도 쉽게 현혹되지 않을 것이다. 조수는 지구 위에서 '달에 가장 가까운 곳'과 '달에서 가장 먼 곳'에 작용하는 달 중력의 차이 때문에 나타나는 현상이다(참고로, 지구의 지름은 약 1만 2700km이다). 그런데 사람의 몸 길이는 기껏해야 2m이므로, 당신의 머리끝에 작용하는 달의 중력과 발끝에 작용하는 달의 중력은 거의 차이가 없다. 그리고 또 한 가지, 달의 중력은 물에만 작용하는 것이 아니라 지구의 모든 물체에 작용한다. 다만, 물은 다른 물체보다 이동하기 쉽기 때문에 그 효과가 눈에 띄게 나타나는 것뿐이다!

지구와 달은 일방적인 관계가 아니다. 달의 중력이 지구의 해수면을 바꾸는 것처럼, 지구도 달에 큰 영향을 주고 있다.

달은 자전 주기와 공전 주기가 거의 같다. 그래서 태고부터 20세기 중반까지, 달의 뒷면을 본 사람은 단 한 명도 없었다. 그러다가 1959년에 소련의 무인 달 탐사선 루나 3호가 사상 최초로 달의 뒷면 촬영에 성공하면서 인류는 비로소 달의 비밀스런 얼굴을 볼 수 있었다(덕분에 "달의 뒷면에 사람 얼굴이 새겨져 있다"는 둥, "외계인 기지가 있다"는 둥, 온갖 해괴한 소문도 일거에 사라졌다 — 옮긴이). 그로부터 9년 후, 아폴로 8호의 승무원들은 최초로 달 궤도에 진입하여 달의 뒷면을 직접 눈으로 확인했다. 지구에서 보이는 달의 모습이 한쪽 면으로 고정되어 있는 것은 지구와 달 사이에 작용하는 조력 때문이다.

수십억 년 전, 지구에서 바라본 달의 모습은 지금과 많이 달랐다. 갓 태어난 달은 자전 속도가 지금보다 훨씬 빨랐기 때문에 지구에서 달의 양쪽 면을 모두 볼 수 있었으며(그러나 당시에는 지구에 달의 모습을 인지할 만한 생명체가 존재하지 않았다), 달과 지구 사이가 지금보다 가까워 지구의 중력이 강하게 작용했다.

중력은 한 물체가 다른 물체에 일방적으로 가하는 힘이 아니다. 두 물체 A, B가 서로 중력을 행사하고 있을 때 A가 B에 가하는 힘과 B가 A에 가하는 힘은 크기가 완전히 같고 방향만 반대이다. 그래서 달이 지구에 조수 현상을 일으키는 동안 지구도 달의 표면에 그와 비슷한 현상을 일으킨다. 물론 달에는 물이 없으므로 해수면이 오락가락하는 일은 없지만, 달의 지각이 조력의 영향을 받아 거의 7m 가까이 들썩인다!

이 엄청난 조력이 달의 표면을 휩쓸면서 흥미로운 결과가 초래된다. 달의 지각이 들썩이는 현상은 근본적으로 지구의 해수면이 오르내리는 현상과 동일하지만, 바위는 물보다 훨씬 무겁고 마찰력도 크기 때문에 힘이 가해지는 즉시 곧바로 융기되지 않고 어느 정도 시간이 소요된다. 그런데 이 지체된 시간 동안 달은 자전을 계속하기 때문에 돌출부도 달과 함께 이동한다. 즉, 돌출부가 지구와 달을 연결한 직선보다 조금 앞서 나타나는 것이다. 이제 달은 지구의 조력 때문에 살짝 찌그러졌다. 그런데 달이 조금 돌아간 후 새롭게 지구와 마주보는 지점이 또 다시 융기하기 시작하고, 이 힘은 방금 전에 융기했던 지점을 원래대로 되돌린다. 다시 말해, 지구의 조력이 거대한 브레이크처럼 작동하는 것이다. 흔히 '동주기 자전(tidal locking)'으로 알려진 이 효과가 오랜 세월 반복되면 조력에 의해 융기한 지점이 점차 한곳으로 고정되면서 달의 공전 주기와 자전 주기가 비슷해진다.

현재 달은 아직 완벽한 동주기 자전에 도달하지 못했지만, 공전 주기와 자전 주기가 거의 같아진 상태여서 우리는 달의 한쪽 면밖에 볼 수 없다. 그렇다고 달의 뒷면이 캄캄하다는 뜻은 아니다. 달의 뒷면도 태양빛을 충분히 받고 있기 때문에, 자연환경은 앞면과 크게 다르지 않다. 지구와 달은 지금도 완벽한 동주기 자전 상태를 향해 나아가는 중이다. 그런데 흥미로운 것은 이 와중에 달이 지구로부터 1년에 4cm씩 서서히 멀어져간다는 사실이다.

이처럼 중력은 행성과 위성의 운동과 형태를 좌우한다. 그러나 중력은 완전히 새로운 세상을 창조하는 능력도 갖고 있으며, 우리는 매일 밤낮으로 그 창조 과정을 목격하면서 살고 있다.

가짜 여명

밤하늘에 마치 여명이 깃든 것처럼 밝은 빛이 쏟아진다. 지난 수백 년 동안 사람들은 이 빛에 현혹되어, 아직 새벽인데도 날이 곧 밝는다는 착각을 일으키곤 했다. 예언자 무함마드(Muhammad)는 이것을 '가짜 여명(false dawn)'이라 부르면서, 이슬람 추종자들에게 "가짜 여명에 속아 기도 시간을 어기지 말라"는 경고까지 할 정도였다.

일출 직전이나 일몰 직후 지평선 언저리에 나타나는 이 마술 같은 빛을 '황도광(黃道光, zodiacal light)'이라 한다. 이 빛은 태양의 움직임과 아무 상관도 없으며, 그저 우리가 사는 세상의 기원과 중력의 위대함을 보여주는 빛일 뿐이다. 지평선 근처에서 삼각형 모양으로 희미하게 빛나는 황도광은 1683년에 이탈리아의 천문학자 조반니 카시니가 처음 관측한 후로 수많은 과학자를 혼란스럽게 만들었다. 당시 대부분의 사람들은 태양이 지평선 위로 떠오르기 직전에 빛이 태양의 대기에 산란되어 황도광을 만든다고 생각했다. 그러나 카시니의 제자였던 니콜라스 파시오 드 듀일리에(Nicolas Fatio de Duillier)가 끈질긴 추적 끝에 황도광이 생기는 원인을 알아냈고, 그 덕분에 과학 역사상 처음으로 태양계의 기원을 제시할 수 있었다.

황도광의 기원은 태양계가 처음 형성될 무렵인 50억 년 전까지 거슬러 올라간다. 그때는 태양도 행성도 존재하지 않았으며, 태양계의 원재료인 먼지와 구름만 외롭게 떠다니고 있었다. 그러던 어느 날, 근처에 있던 어떤 별이 폭발하면서 생성된 충격파가 먼지구름에 요동을 일으켜 구름이 회전하기 시작했고, 밀도가 조금 높았던 지역은 다른 지역보다 중력이 좀 더 강하게 작용하여 주변의 구름을 끌어모았다. 이렇게 생성된 것이 바로 지금의 태양이다. 갓 태어난 태양 주변에는 원시 행성

일출 직전이나 일몰 직후 지평선 근처에 나타나는 밝은 빛은 지난 수백 년 동안 과학자들 사이에 뜨거운 논쟁을 불러일으켰다. '황도광'이라고 하는 이 빛은 화성과 목성 사이에 있는 소행성 벨트에 태양빛이 반사되어 나타나는 현상이다. 태양계가 생성되던 무렵에 태양과 목성은 치열한 중력 경쟁을 벌였고, 그 와중에 미처 행성으로 자라지 못한 바위 조각들이 모여 지금의 소행성 벨트가 되었다.

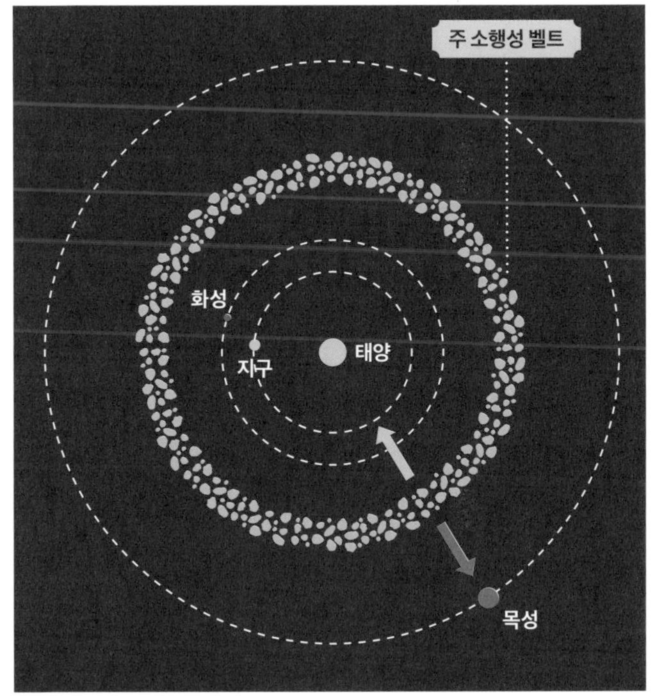

이론적으로는 화성과 목성 사이에 또 하나의 행성이 존재할 수 있다. 그러나 태양과 목성이 중력 경쟁을 벌이면서 이곳에 행성이 형성되지 못하고, 먼지와 파편으로 이루어진 소행성 벨트가 남았다.

지구에서는 맨눈으로 소행성 벨트를 볼 수 없다.
소행성들이 너무 작고 거리도 멀기 때문이다.
그러나 소행성끼리 수시로 충돌하면서 생성된 먼지들이
태양빛을 반사하여 '가짜 여명'이라는 장관을 연출한다.

계 원반(protoplanetary disc)이 에워싸고 있었는데, 그 속에서 먼지 입자들이 수시로 충돌을 일으키면서 국소적으로 뭉치기 시작했고, 곳곳에 작은 소행성 크기의 미행성체(微行星體, planetesimal)들이 형성되었다. 이들 중 크기가 조금 큰 미행성체는 주변 물질을 끌어당기면서 점차 빠르게 덩치를 키워나갔는데, 1억 년쯤 지난 후 가장 큰 미행성체는 지금의 행성이나 위성만큼 커졌다.

그러나 모든 원시 구름이 행성이나 위성으로 진화한 것은 아니다. 태양계가 태어나던 무렵, 화성보다 먼 곳에 또 하나의 행성이 형성되고 있었는데 태양과 목성의 중력 경쟁에 끼어 온전한 행성으로 자라지 못했다. 이것이 바로 화성과 목성 사이에 있는 소행성 벨트이다. 이들은 크기가 워낙 작고 거리도 멀어서 맨눈으로 볼 수 없지만, 소행성들끼리 충돌하면서 생긴 먼지가 빛을 산란시켜 자신의 존재를 간접적으로 드러내기도 한다. 듀일리에가 알아낸 가짜 여명의 정체가 바로 이것이었다. 태양계 형성 초기에 미처 행성으로 자라지 못한 먼지 조각들이 태양빛을 반사하면서 일출 직전이나 일몰 직후 지평선 근처에 희미한 빛을 드리웠던 것이다.

블루 마블

요즘도 종교적 신념이나 잘못된 논리에 빠져 지구가 평평하다고 우기는 사람들이 있다. 그러나 이들의 믿음이 제아무리 확고하다 해도 '블루 마블(Blue Marble, 푸른 구슬)'이라는 사진 앞에서는 꿀 먹은 벙어리가 된다. 1972년에 아폴로 17호의 승무원들이 찍은 이 사진은 아마 인류 역사상 가장 많이 배포된 사진일 것이다. 그런데 지구는 왜 구형(球形)일까? 지구뿐만 아니라 모든 별과 행성이 한결같이 동그랗게 생긴 이유는 무엇일까?

앞서 말한 대로, 별과 행성은 먼지구름이 자체 중력으로 응축하면서 만들어진 천체이다. 이런 경우에 "원시 구름을 구성하는 모든 입자는 서로 상대방을 잡아당긴다"고 말할 수 있지만, "원시 구름 입자들은 중력 위치 에너지를 갖고 있다"고 표현할 수도 있다. 이 입자들은 다른 입자들이 만든 미세한 중력장 안에서 우주 공간을 표류하고 있기 때문이다. 산꼭대기에 떨어진 빗방울이 피시리버 캐니언의 강으로 흘러들어 고도가 가장 낮은 바다를 향해 가듯이, 원시 구름 입자들도 중력 위치 에너지를 줄이기 위해 수시로 위치를 바꾼다. 이것은 물리학의 가장 기

아폴로 17호에서 찍은 "블루 마블"은 인류가
사진 촬영을 시작한 이래 가장 널리 배포된 사진일 것이다.
우주 공간에 홀로 떠 있는 지구는 금방이라도 깨질 것 같은
유리구슬을 연상케 하지만, 이렇게 아름답고
장엄한 구슬이라면 최선을 다해 지킬 가치가 있다.

본이 되는 원리 중 하나로서, 다음 문장으로 요약할 수 있다. "우주에서 일어나는 모든 사건은 위치 에너지를 줄이는 방향으로 진행된다." 경사진 길에 놓인 공은 왜 위로 올라가지 않고 아래로 굴러 떨어지는가? 답은 자명하다. 아래쪽으로 굴러가야 중력 위치 에너지를 줄일 수 있기 때문이다. 물론 "중력이 공을 아래로 잡아당기기 때문에 아래쪽으로 굴러간다"고 말할 수도 있다. 물리학자들은 힘보다 에너지를 선호하지만, 둘 중 어떤 개념을 사용해도 항상 동일한 결과가 얻어진다.

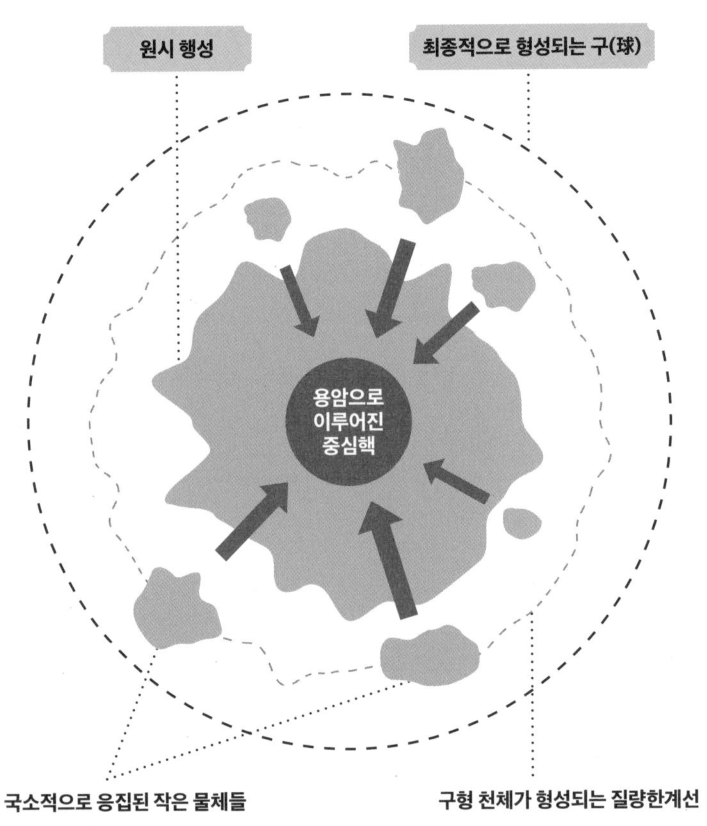

"블루 마블"은 아마 인류가 사진 촬영을 시작한 이래 가장 유명한 사진일 것이다. 1972년에 아폴로 17호의 승무원들은 달로 날아가던 중 지구의 전체 모습이 담긴 최초의 컬러 사진을 촬영하여 지구가 둥글다는 것을 확실하게 입증했다.

먼지구름이 응축될 때도 최종적으로 중력 위치 에너지가 가장 작아지는 형태를 찾아간다. 그러므로 새로 형성된 천체에서는 모든 구름 입자가 가능한 한 중심에서 가까운 곳으로 밀집될 것이다. 중심에서 멀어질수록 중력 위치 에너지가 커지기 때문이다(지면에서 높이 올라갈수록 위치 에너지가 커지는 것과 같은 이치다 — 옮긴이)! 그런데 모든 입자가 중심에서 최대한 가까운 지점을 찾아가다 보면 자연스럽게 둥근 모양이 만들어진다. 즉, 구성 입자의 중력 위치 에너지가 가장 작은 형태는 육면체도 아니고, 원기둥도 아닌 구형이다. 그래서 모든 별과 행성은 둥그런 형태를 띠고 있다.

초대형 전파망원경

미국 뉴멕시코주의 마그달레나(Magdalena)와 데이틸(Datil) 사이에 펼쳐진 샌어거스틴(San Augustin) 평원에는 '초대형 전파망원경(Very Large Array, VLA)'이라는 거대한 천문 관측 단지가 자리 잡고 있다. VLA는 27개의 접시형 전파망원경을 갖춘 전파천문학(radio astronomy, 가시광선보다 파장이 긴 전파를 이용하여 천체를 연구하는 학문 — 옮긴이)의 본산으로, 직경 25m짜리 접시안테나가 드넓은 평원에 Y자 모양으로 배열되어 있다. 개개의 접시안테나는 독립적으로 작동하지만, 필요한 경우에 이들을 하나로 연결하면 직경 36km짜리 초대형 전파망원경으로 변신하여 라디오파 영역에서 고해상도 사진을 촬영할 수 있다.

1930년대에 미국 천문학자 칼 잰스키(Karl Jansky)는 다른 천문학자들처럼 기존의 광학망원경으로 천체를 관측하다가 중요한 사실을 깨달았다. "광학망원경은 전자기파의 가시광선으로 우주를 관측하는 장비이다. 그러나 천체는 모든 파장의 빛을 방출하고 있으므로, 가시광선보다 파장이 긴 전파를 이용하여 천체를 관측하면 가시광선으로 알 수 없는 새로운 정보를 알아낼 수 있지 않을까?" 그 후 잰스키는 마치 메카노 세트(Meccano set, 몇 가지 기본 블록으로 자동차나 비행기 등 다양한 물체를 만드는 아이들용 장난감 — 옮긴이)로 조립한 듯한 안테나를 만들어 하늘에서 날아온 전파 신호를 몇 달 동안 기록했다. 처음에 관측된 전파는 가까운 곳에서 발생한 뇌우와 먼 곳에서 발생한 뇌우가 대부분이었으나, 간간이 정적인 신호도 포착되었다. 초기에는 이 신호가 24시간을 주기로 커졌다 작아지기를 반복했기 때문에 태양에서 날아온 전파라고 생각했는데, 몇 주 동안 관측을 계속해보니 신호의 변화 주기가 24시간에서 점차 벗어나고 있었다. 이를 이상하게 여긴 잰스키는 포드 자동차

뉴멕시코주 샌어거스틴의 VLA는 접시형 전파망원경 27개가 설치되어 있는 대규모 관측 단지이다. 이곳의 천문학자들은 전파천문학을 이용하여 매우 인상적인 사진을 만들어내고 있다.

T모델의 타이어에 안테나를 부착한 채 회전시키면서 신호의 진원지를 추적했고, 얼마 후 새로운 사실을 알게 되었다. 가장 강한 신호가 날아온 곳은 태양이 아니라 궁수자리 방향에 있는 은하수의 중심이었던 것이다.

당시 미국 전역에 불어닥친 대공황 때문에 잰스키의 발견은 그다지 큰 관심을 끌지 못했지만, 그가 창시한 전파천문학은 태양계 너머 우주를 관측하는 강력한 도구로 인정받아 지금도 활발히 연구되고 있다.

충돌 경로

지구에서 맨눈으로 보이는 6000여 개의 별들 중 우리은하의 중력권을 벗어난 곳에 존재하는 천체가 하나 있다. 아래 사진은 안드로메다은하인데, 우리은하에서 가장 가까운 외계 은하이자 맨눈으로 볼 수 있는 가장 먼 천체이기도 하다. 언뜻 보기에는 밤하늘에 찍힌 얼룩 같지만, NASA의 스피치 우주망원경이 찍은 사진을 보면 수조 개의 별로 이루어진 거대한 은하임을 한눈에 알 수 있다. 모든 은하는 우주가 팽창함에 따라 일제히 멀어지고 있는데, 유독 안드로메다은하만 시속 50만 km라는 무시무시한 속도로 우리은하를 향해 돌진하는 중이다. 두 은하가 서로 상대방의 중력에 끌려가고 있는 것이다.

NASA의 스피처 우주망원경이 촬영한 안드로메다은하의 모습. 늙은 별(왼쪽)과 구름(오른쪽)이 골고루 섞여 있다. 안드로메다와 같은 나선은하에서는 나선팔을 이루는 먼지구름에서 새로운 별들이 태어나고 있다.

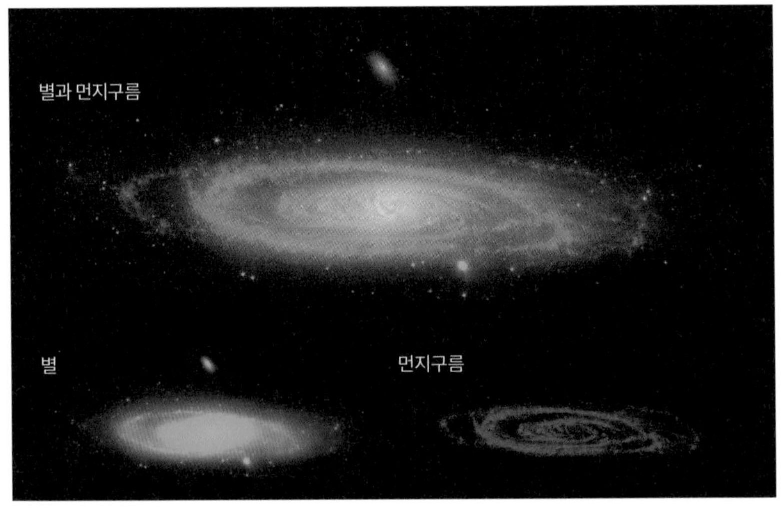

두 은하가 충돌하면 수조 개의 별이 집단으로 돌진하여 아비규환 아수라장이 될 것 같다. 다른 은하도 아닌 우리은하가 이런 운명에 처해 있다니, 상상만 해도 끔찍하다. 그러나 두 은하의 충돌은 우주 역사에서 심심치 않게 일어나는 사건이다. 안드로메다은하와 은하수는 지난 수십억 년 동안 다른 은하와 수시로 충돌하면서 크고 작은 통폐합을 이루어왔다.

294~295쪽의 그림은 은하수와 안드로메다은하가 충돌하면서 겪게 될 과정을 컴퓨터 시뮬레이션으로 구현한 것이다. 그림에서 은하수는 왼쪽 아래에서 다가와 격렬한 충돌을 일으킨 후 안드로메다의 오른쪽 위로 이동한다. 이 각도에서 보면 안드로메다는 약간 기울어져 있다.

두 은하의 충돌 범위는 100만 광년이며, 각 그림은 9000만 년의 시간 간격으로 작성되었다(그림은 왼쪽에서 오른쪽으로, 위에서 아래로 진행된다 — 옮긴이). 충돌 초기에 두 은하는 바람개비 같은 나선형 팔을 펼치고 접근하다가, 어느 순간부터 두 은하를 연결하는 '별들의 다리'가 형성되기 시작한다. 충돌이 처음 일어난 후에는 한동안 두 은하가 서로 멀어지는 듯하지만, 결국은 다시 접근하면서 두 번째 충돌이 일어난다.

은하 밖으로 내던져진 별들은 복잡한 잔물결 무늬를 이루다가 거대한 타원은하로 진화한다. 안드로메다나 은하수 같은 나선은하는 최고의 아름다움과 질서를 갖춘 반면, 타원은하는 새로운 별이 거의 태어나지 않는 척박한 은하이다. 지구와 인간이 30억 년 후까지 생존한다면 두 은하가 충돌하는 장관을 생생하게 목격할 수 있다. 충돌이 일어나기 직전에 밤하늘은 안드로메다은하로 가득 찰 것이며, 충돌이 본격적으로 시작되면 방대한 에너지가 방출되면서 새로운 별이 다량으로 생성되어 온 하늘을 밝게 비출 것이다.

두 은하의 충돌

은하수와 안드로메다은하의 충돌 과정을 슈퍼컴퓨터로 시뮬레이션한 그림. 일단 충돌이 시작되면 격렬한 변화를 겪은 후 하나로 합쳐진다. 각 그림은 9000만 년 간격으로 작성된 것이다.

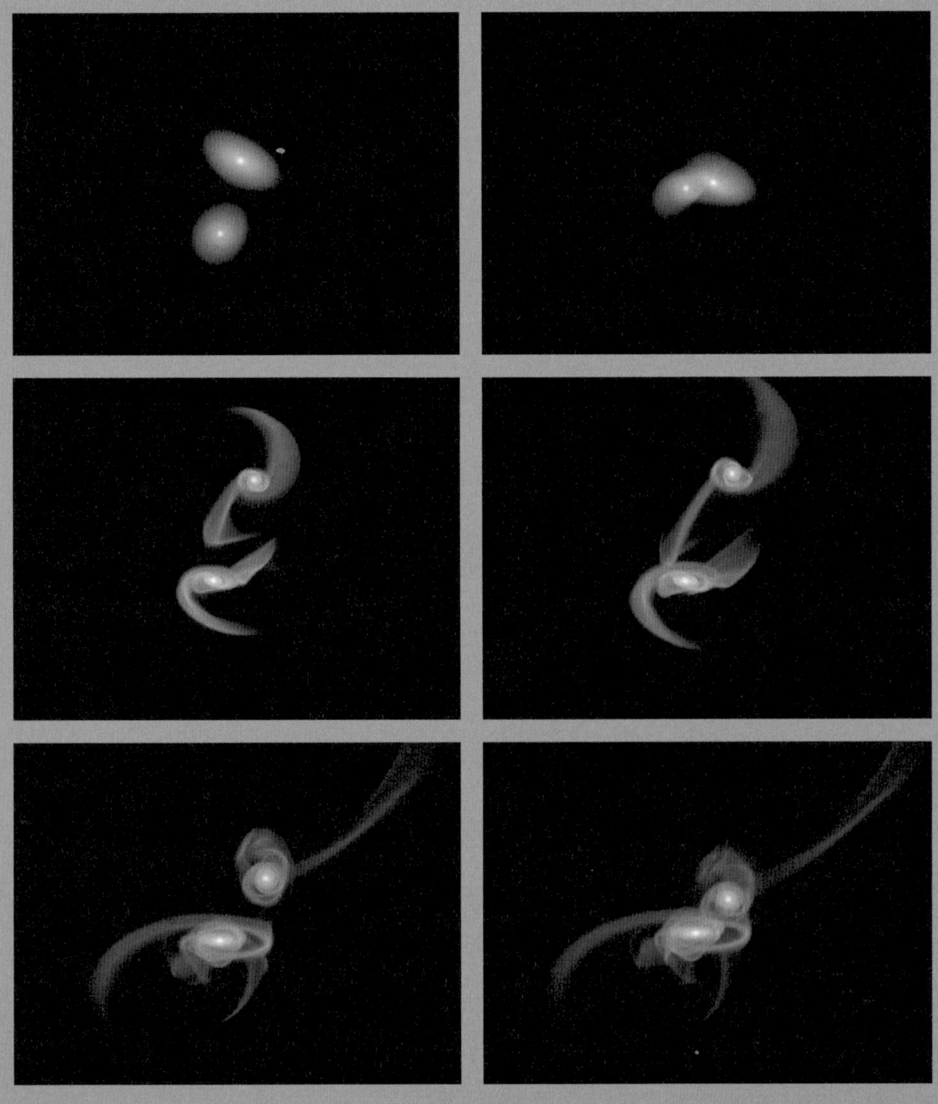

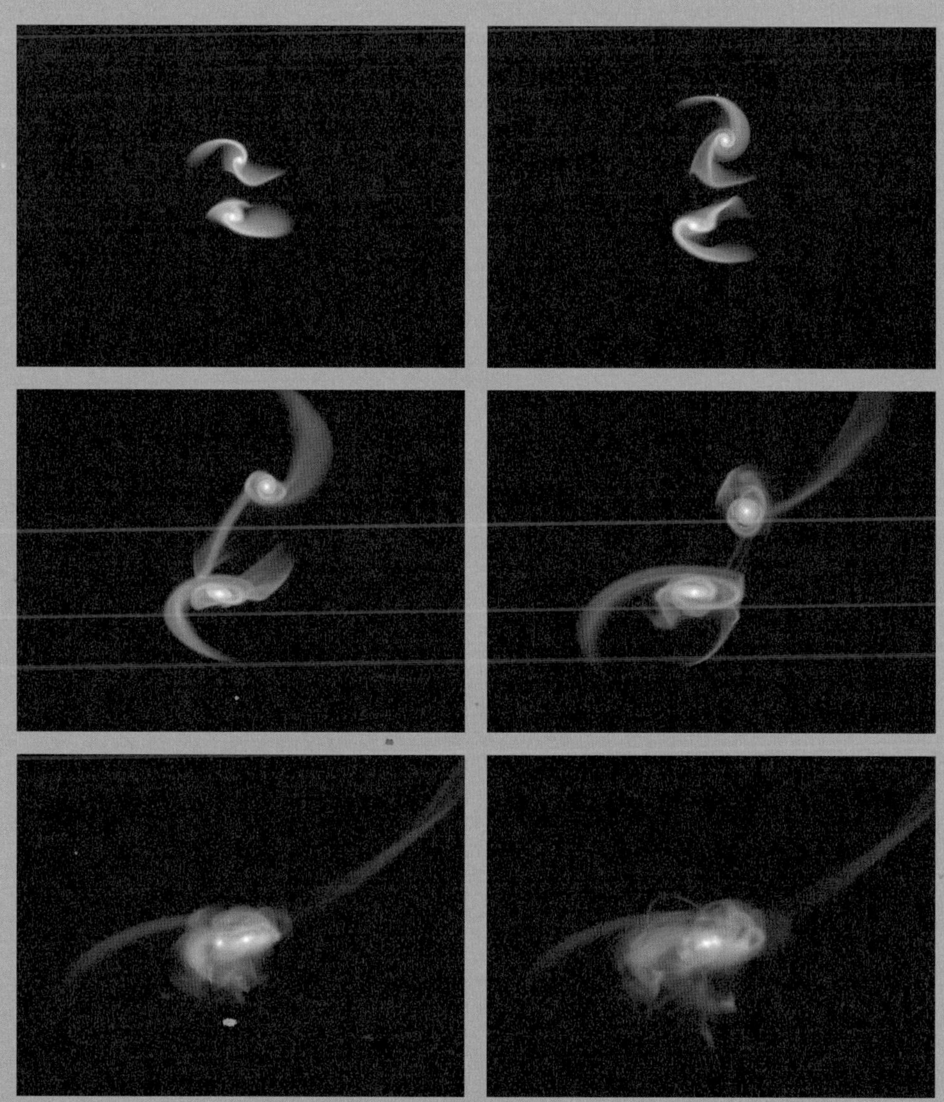

힘을 느끼다

어쨌거나 중력은 막강한 힘이다. 행성을 만들고,
태양계를 만들고, 우주에 떠다니는 기체와
먼지구름을 부지런히 긁어모아서 질서정연한 별을
수천억, 수조 개나 만들었으니, 이쯤 되면 중력의
막강함을 인정하지 않을 수 없다.
아인슈타인의 일반 상대성 이론에 따르면
물질은 시공간을 휘어지게 하고,
휘어진 시공간으로 구형 천체들이 모여들어
질서정연한 궤도 운동을 이어나간다.
지구의 공전과 자전도 이 과정에서 발생한
순환 운동이다. 중력은 멀리 떨어진 별들 사이에
작용하여 은하와 은하단, 초은하단을 형성하고,
이 모든 천체는 장구한 세월 동안 규칙적인
리듬에 맞춰 우주적 춤을 추어왔다.
중력은 역동적이고 혼란스러운 우주에
질서와 리듬을 창조한 일등 공신이다.

MS0735.6+7421과 같은 은하단의 과거와 현재, 미래는
오로지 중력에 의해 결정된다.

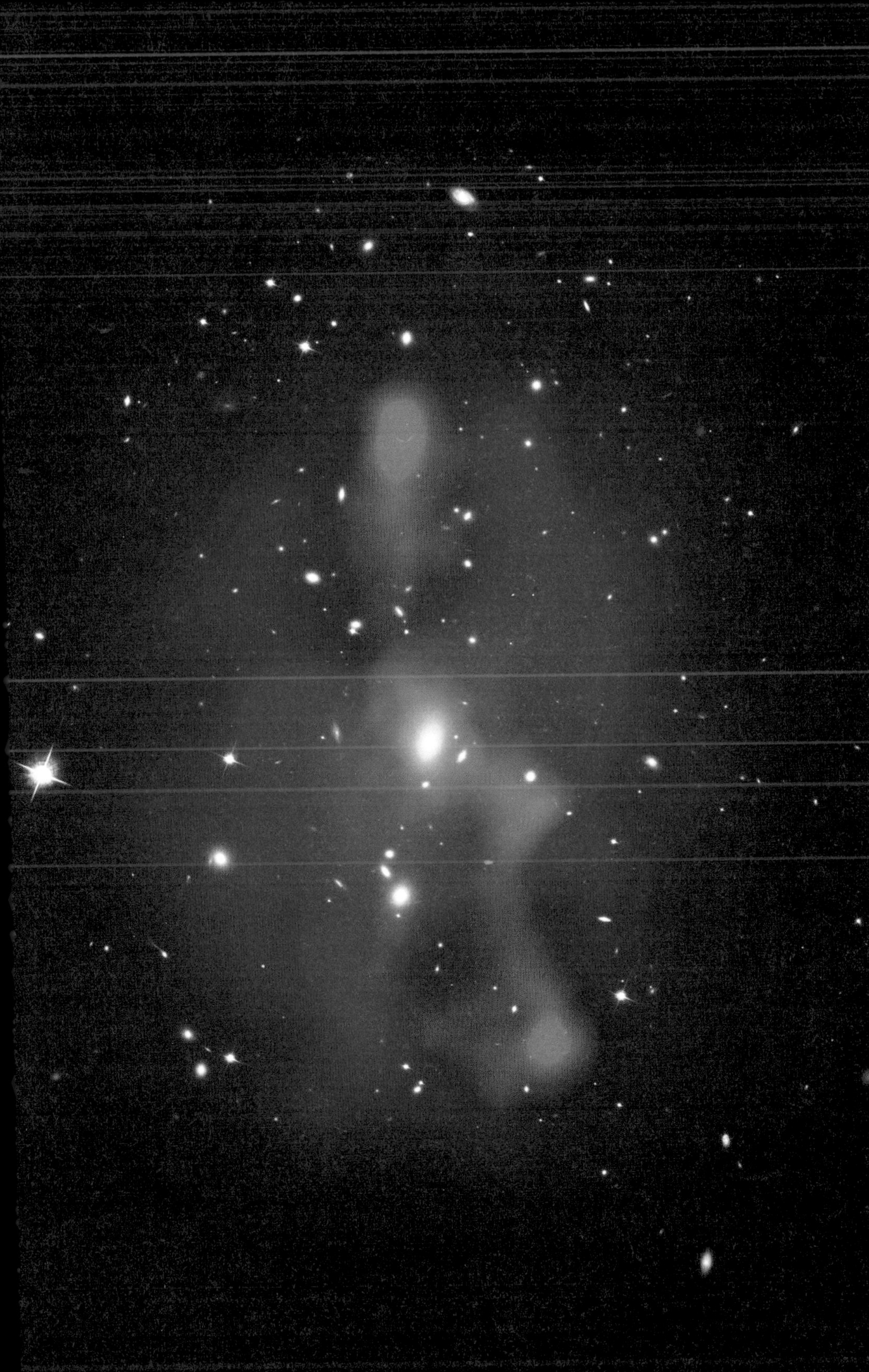

역설적인 중력

중력은 전 우주에 걸쳐 막강한 존재감을 과시하고 있지만, 역설적이게도 우주에 존재하는 네 가지 힘 중 가장 약한 힘이다. 너무나 약해서, 나약하기 이를 데 없는 우리 인간조차 중력을 가볍게 극복할 수 있다. 지구라는 거대한 행성이 테이블 위에 놓인 찻잔을 아래로 당기고 있지만, 당신은 가벼운 팔 동작으로 중력을 이기고 찻잔을 들어 올릴 수 있다. 지구의 중력이 아무리 필사적으로 방해해도 당신의 팔 힘을 이기기에는 역부족이다. 중력이 약한 이유는 아직 후련하게 밝혀지지 않았으나, 그 덕분에 우리는 중력장 안에서도 자유롭게 움직일 수 있다. 당신 몸의 원자들을 단단하게 결합시키고 근육을 움직이는 힘은 전자기력이다. 앞서 말한 대로 전자기력은 중력보다 10만×100만×100만×100만×100만×100만×100만 배나 강하기 때문에, 중력과 경쟁이 붙으면 백전백승이다(아무런 보호 장치 없이 높은 곳에서 추락하는 경우는 중력이 당신을 이기는 것처럼 보이지만 사실은 그렇지 않다. 당신의 몸을 가속시키는 힘은 중력이지만, 바닥에 충돌했을 때 상처를 입히는 힘은 중력이 아니라 전자기력이다 — 옮긴이). 그러나 인류는 오랜 세월 동안 지구의 중력에 적응해왔고, 우리의 골격과 근육은 필요 이상으로 강하지 않다. 자연은 주어진 자원을 낭비하는 일이 결코 없기 때문이다! 이 사실을 증명하기 위해 BBC의 한 방송인은 "지구보다 무거운 행성으로 이사 갔을 때 사람의 몸에 나타나는 변화를 살펴보자"고 제안했다. 실험 대상으로 내가 뽑혔다는 점만 빼면 꽤 괜찮은 제안이었다.

무거운 행성에서 변하는 얼굴

네덜란드 공군 기지의 심리전 부서에 있는 원심기(centrifuge)는 사람을 태우고 회전시키는 용도로 만들어진 최초의 장비이다. 전투기 조종사가 적기를 만나 공중전에 돌입하면 수시로 급격한 선회를 시도하는데, 이때 조종사에게 과다한 G-포스(G-force)가 작용하면 일시적으로 정신을 잃는 '블랙아웃(black out)'에 빠지기 쉽다. 그래서 조종사들은 정식으로 조종간을 잡기 전에 G-포스에 적응하는 훈련을 받아야 한다. 아인슈타인의 등가 원리에 따르면 중력과 가속 운동은 동일한 결과를 낳는다. 즉, 가속 운동을 계속하면 중력이 계속 작용하는 것과 동일한 효과를 얻을 수 있다. 그러나 일직선상에서 가속 운동을 긴 시간 유지하려면 엄청나게 넓은 공간이 필요하다. 그래서 도입된 장치가 바로 원심기였다. 원운동은 가속 운동이므로, 원심기를 계속 회전시키면 좁은 공간에서 중력이 계속 작용하는 것과 동일한 환경이 조성된다. 여기에 사람을 태우고 돌리면 회전 중심을 향하는 가속도가 발생하는데, 이 가속도는 원 안에 사람을 앉힌 의자를 통해 사람의 몸에 전달되는 힘으로부터 기인한 것이다.

내가 갈 첫 번째 목적지는 거대 가스 행성인 해왕성이었다. 해왕성의 질량은 지구의 17배이다. 그렇다면 해왕성의 중력도 지구의 17배일까? 해왕성의 반지름이 지구와 같다면 17배가 맞다. 그러나 해왕성의 반지름은 지구의 3.89배여서 중심과 표면 사이의 거리가 지구보다 멀다. 이 값들을 뉴턴의 중력 법칙에 대입하면 해왕성의 중력은 지구의 1.14배쯤 된다(흔히 1.14G로 표기한다). 그다지 큰 차이는 아니지만, 회전하는 원심기 안에서 이런 중력을 겪어보니 팔을 치켜드는 단순한 행동조차 불편하게 느껴졌다. 14%는 결코 작은 변화가 아니었다.

그다음 목적지는 목성. 지구보다 무려 318배나 무겁다. 다행히도 반지름이 지구의 11.2배나 되어 중력은 지구의 2.5배에 불과하지만, 신체의 모든 부위가 2.5배 무거워졌으니 몸이 편할 리 없다. 팔을 드는 것도

독일의 쾰른에 있는 원심기는 악당이 007 제임스 본드를 괴롭히면서 탈출 기술을 시험하는 고문 도구처럼 생겼다. 그러나 이 원심기는 우주비행사와 전투기 조종사를 높은 G-포스에 익숙해지도록 훈련시키는 장치이다.

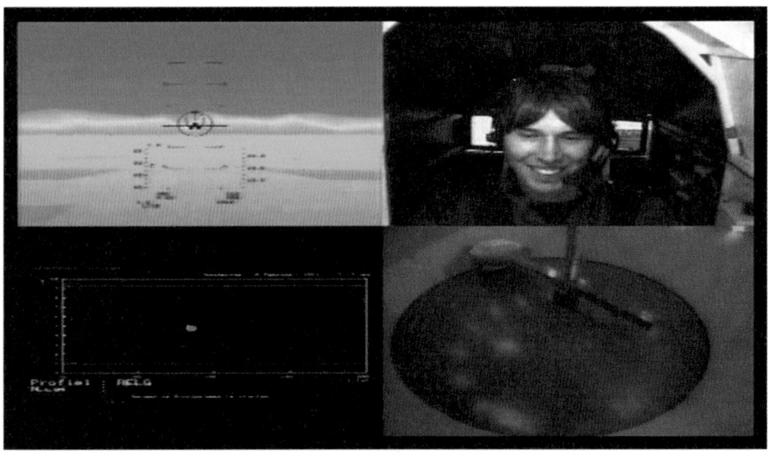

힘들고, 고개를 똑바로 쳐들고 있는 것조차 부담스러웠다. 그런데 더욱 강한 중력이 필요하다고 느낀 진행자가 나를 용골자리에 있는 외계 행성 OGLE2 TR L9b로 데려갔다. 이 행성의 질량은 목성의 네 배, 반지름은 목성의 1.5배, 따라서 중력은 지구의 네 배(4G)쯤 된다. 이런 환경에서 말은 할 수 있지만 팔을 들 수 없고, 숨을 쉬는 것조차 버거웠다. 숨을 쉬려면 흉곽을 움직여야 하는데, 내 몸의 근육은 네 배나 무거워진 신체 기관을 들어올릴 수 없기 때문이다.

실험은 여기서 끝나지 않았다. 원심기의 회전 속도를 높여 5G에 이르니 머리에서 피가 빠져나가기 시작했다. 심장의 펌프 성능이 중력을 이기지 못하여 피가 두뇌에 도달하지 못했기 때문이다. 이렇게 되면 머리가 어지러우면서 마치 눈앞에 검은 커튼이 드리운 것처럼 시야가 좁아지기 시작한다. 그 후 중력이 6G에 가까워지자 내 얼굴이 우스꽝스럽게 일그러지면서 보는 이들에게 한껏 웃음을 선사했고, 이것으로 실험은 종료되었다. 원심기의 회전 속도를 줄이는 과정은 속도를 높이는 과정보다 훨씬 더 불편했다. 모든 감각이 혼란스러워져서 마치 내 몸이 앞으로 튀어나가는 것 같았다. 1961년, 유인 우주 탐사 계획 머큐리 프로젝트의 일환으로 발사된 리버티 벨 7호가 16분간의 탄도비행을 마치고 귀환했을 때, 거기 탑승했던 버질 그리섬은 다음과 같이 비행 소감을 밝혔다. "발사 후 주 엔진을 껐을 때 G-포스가 빠르게 감소하면서 모든 것이 앞으로 튀어나가는 느낌이 들었죠. 당황한 나는 다른 장비들이 제자리에 가만히 있는 것을 확인한 후에야 비로소 안심했습니다."

원심기 훈련을 마친 후 9G까지 경험했다는 F-16 전투기 조종사와 잠시 대화를 나눴는데(NATO의 조종사가 되려면 9G에서도 의식을 잃지 않아야 한다), 그는 "비행 중인 조종사에게 최악의 악몽은 원심력"이라고 했다. 원심기 고문을 당해본 나로서는 이 말에 100% 동감하지 않을 수 없었다. 일상생활에서도 과도한 G-포스를 겪는 경우가 종종 있다. 발을 헛디뎌서 넘어지거나 침대에서 굴러 떨어지면 아주 짧은 시간 동안 강한 G-포스가 우리 몸에 가해진다('짧은 시간'이란 몸이 바닥과 접촉하는 시간을 말한다). 그러나 회전하는 원심기 안에 앉아 있으면 과도한 G-포스가 몇 분 동안 연속으로 가해져서 온몸의 감각 기관이 총체적인 혼란에 빠진다. 우리 몸은 지구의 중력보다 강한 힘에 적응하도록 진화하지 않았기 때문이다.

태양계에서 중력이 가장 큰 곳은 단연 태양이다. 태양의 질량은 지구의 33만 3000배이고, 표면 중력은 지구의 28배이다. 만일 원심기에 사람을 태우고 이런 G-포스에 도달한다면, 탑승자는 살아남지 못할 것이다.

태양보다 강한 중력을 경험하려면 태양계를 벗어나 낯설고 희한한 세계로 접어들어야 한다. 한때 사람들은 그곳에 외계인이 살고 있다고 생각했다.

외계인이 사는 별

1967년, 케임브리지 대학의 대학원생 조슬린 벨(Jocelyn Bell)과 그녀의 지도 교수 앤서니 휴이시(Anthony Hewish)는 전파망원경을 이용하여 우주에서 가장 밝고 강력한 에너지를 내뿜는 퀘이사(quasar, quasi-stellar radio source, 준항성체)를 찾고 있었다. 퀘이사는 갓 태어난 은하의 중심에서 블랙홀을 에워싸고 있는 작은 영역일 것으로 추정된다. 다시 말해 "블랙홀이 주변 물질을 집어삼키는 에너지로 형성된 거대 발광체" 쯤 될 것이다. 이곳에서는 가스와 먼지가 나선을 그리면서 블랙홀로 빨려들어가고, 은하 전체와 맞먹을 정도로 방대한 양의 에너지가 방출되고 있다.

벨과 휴이시는 이 역동적인 은하의 중심을 관측하다가 정확하게 1.3373초마다 한 번씩 주기적으로 방출되는 이상한 신호를 감지했다. 자연에서 이토록 빠르고 정확한 주기로 신호가 방출되는 것이 불가능하다고 생각한 케임브리지 관측팀은 외계인을 뜻하는 'Little Green Men'의 첫 글자를 따서 이 천체에 LGM-1이라는 이름을 부여했다.

벨과 휴이시가 정말로 외계 문명의 신호를 감지한 것이라면 당신도 그 이야기를 모를 리가 없다. 영국의 천문학자 프레드 호일(Fred Hoyle) 경은 이 소식을 듣자마자 "케임브리지 관측팀이 감지한 신호는 100% 자연산"이라고 단언했다. 그러나 이것은 천문학의 한 획을 긋는 역사적 발견이었으며, 휴이시는 이 공로를 인정받아 1974년에 동료 천문학자 마틴 라일(Martin Ryle)과 함께 노벨 물리학상을 수상했다. 벨이 수상자 명단에서 빠진 것은 두고두고 논쟁거리가 되었지만, 사실 퀘이사를 처음 발견한 사람은 벨과 휴이시가 아니라 1000년 전에 뉴멕시코주에 살았던 선조들이었다.

차코 캐니언

1000년 전(서기 900~1150년), 뉴멕시코주의 척박한 차코 캐니언(Chaco Canyon) 바닥에 '그레이트 하우스(Great Houses)'로 알려진 거대한 석조물이 건설되었다. 그 규모가 어찌나 큰지, 북아메리카에는 19세기 말까지 이보다 큰 인공 구조물이 존재하지 않았다. 그레이트 하우스 유적지에서 가장 큰 건물은 방이 무려 700개인데, 대부분이 아직 온전한 상태로 보존되어 있다. 그런데 이상하게도 방에는 조리 도구나 불을 사용한 흔적이 없고 동물의 뼈도 발견되지 않았다. 간단히 말해 거주 목적으로 지은 건물이 아니라는 뜻이다. 일부 고고학자들은 그레이트 하우스가 정교한 배열과 복잡한 도로를 갖춘 거대한 신전이었다고 주장한다. 당시 이곳에 거주했던 아나사지 인디언(Anasazi Indian)에게 차코 캐니언은 문화, 상업, 종교의 중심이자 우주의 중심이었다. 계곡에 건설된 도로와 건물은 특정한 방위를 향하고 있는데, 고고학자들은 각 방향이

차코 캐니언의 한 바위에는 게성운을 만든 초신성 폭발이 몇 개의 작은 그림으로 새겨져 있다.

NASA의 허블 우주망원경이 촬영한 게성운. 초신성 폭발의 잔해가 우주 공간으로 흩어지고 있다. 1054년 7월에 중국의 천문학자들은 이 격렬한 폭발을 목격하고 관측 일지에 기록해놓았으며, 뉴멕시코의 차코 캐니언 사람들은 바위에 새겨놓았다.

하지나 동지처럼 태양이 특별한 위치에 놓이는 날을 의미한다고 주장한다. 아나사지 인디언이 석조 건물의 방향을 의도적으로 설정했는지는 알 수 없지만, 천문 관측에 뛰어난 종족이었던 것만은 분명하다. 또한 아나사지인은 그들만의 우주 창조 설화를 갖고 있었다.

제작팀이 이곳을 방문한 이유는 주 유적지에서 몇 km 떨어진 곳에 있는 특별한 장소 때문이었다. 나는 어린 시절에 이곳 이야기를 듣고 꼭 한 번 와보고 싶었다. 그때는 차코 캐니언이 어디 있는지도 몰랐지만, 강변의 바위 밑에 새겨진 평범한 그림에 유난히 관심이 끌렸다. 어린 시절 나는 칼 세이건(Carl Sagan)의 저서 《코스모스(Cosmos)》를 읽으면서 우주의 경이에 깊이 빠져들었고, 같은 제목으로 제작된 TV 시리즈를 보면서 미래의 꿈을 키웠다. 이 책의 9장 "별들의 삶과 죽음"에는 손바닥과 초승달, 그리고 별이 그려진 바위 사진이 수록되어 있는데, 관련 유적을 추적한 결과 이 그림은 1054년에 그려진 것으로 확인되었다. 이 무렵에 인류 역사상 가장 역동적인 천체 사건이 일어났고, 그 장관을 누군가 바위에 그려 넣은 것이다. 여러 정황을 종합해볼 때, 결론은 하나뿐이다. "서기 1054년 7월 4일, 지구에서 비교적 가까운 거리에 있는 초신성이 폭발했다." 정확한 날짜까지 댈 수 있는 이유는 중국 천문학자들이 이 사건을 기록해놓았기 때문이다. 당시 관측 일지에 따르면 이 별은 2주 동안 대낮에도 환하게 빛났고, 밤에는 2년 동안 맨눈으로 볼 수 있었다고 한다. 아마도 그 별은 밤하늘을 압도했을 것이다. 아나사지 인디언들은 '밤의 태양'이 출현한 것을 축하했을까? 아니면 무슨 재앙이 내리지 않을까 두려워하며 신에게 자비를 구했을까? 아무도 알 수 없다. 그러나 지금 우리는 그 폭발이 어디서 일어났는지 확실하게 알고 있다. 밤하늘에서 가장 아름답게 빛나는 게성운(Crab Nebula)이 바로 그 잔해이다.

1054년 7월 4일, 무거운 별이 수명을 다해 거대한 폭발을 일으켰다. 우리은하에서는 평균 100년에 한 번꼴로 초신성이 폭발하는데, 1054년의 폭발은 위험하게도 6000광년이라는 가까운 거리에서 일어났다. 게성운은 과거 한때 태양보다 10배나 무거웠던 별이 초신성 폭발을 일으키고 남은 잔해로서, 폭발한 지 1000년밖에 지나지 않았는데도 폭이 11광년까지 커졌으며, 지금도 초속 1500km라는 어마어마한 속도로 팽창하는 중이다. 밝게 빛나는 구름의 한가운데에는 한때 태양보다 무거웠던 별의 중심부가 자리 잡고 있다. 광학망원경으로 보면 그다지 특별한 구석이 없지만, 전파망원경으로 관측하면 정확하게 30.2초마다 한 번씩 라디오파 신호가 감지된다. 1967년에 조슬린 벨의 전파망원경에 잡힌 신호와 비슷하다. 당시 케임브리지 관측팀이 감지한 것은 외계인이 보낸 신호가 아니라, 빠른 속도로 자전하는 중성자별, 즉 펄서(pulsar)였다.

중성자별은 우주에서 매우 신기한 천체 중 하나이다. 긴 시간 동안 중력이 물질에 사정없이 가해졌을 때 도달하는 종착역이 바로 중성자별이다. 별이 살아 있는 동안에는 안으로 향하는 중력이 핵융합 반응 에너지에서 생성된 외향압(外向壓, 바깥쪽으로 향하는 압력)과 균형을 이루다가, 연료가 고갈되면 중심부만 남기고 폭발하면서 장렬한 최후를 맞이한다. 그런데 이 단계에 이른 별은 왜 더 이상 압축되지 않는가? 그 답은 입자들이 살고 있는 미시 세계의 법칙에서 찾을 수 있다.

1967년에 미국의 물리학자 프리먼 다이슨(Freeman Dyson)과 앤드루 레너드(Andrew Lenard)는 물질의 안정성이 파울리의 배타 원리에 좌우된다는 사실을 알아냈다. 자연에 존재하는 입자는 스핀에 따라 페르미온(fermion)과 보손으로 나눌 수 있다.

페르미온은 전자와 쿼크, 그리고 양성자와 중성자처럼 물질을 구성하는 입자로서, 이들은 모두 반정수(1/2, 3/2, ……) 스핀을 갖는다.

이 그림에 대해서 알려진 내용이 거의 없다. 그러나 손바닥과 달, 별의 위치로 보아 이 그림은 중국 천문학자들이 기록해놓은 천문 현상과 분명히 관련되어 있다. 달과 지구는 18.5년마다 같은 자리로 돌아오는데, 1054년 7월 4일과 일치하는 날 차코 캐니언으로 가서 그림이 있는 바위 밑에 서면 달은 손바닥이 그려진 위치를 통과한다. 바로 그 순간, 달의 왼쪽(사진에서 별이 그려진 곳에 해당한다)을 바라보면 게성운이 시야에 들어올 것이다. 이 모든 것은 1054년 7월 4일에 바로 그 자리에서 초신성이 폭발했다는 증거이다.

18.5년마다 차코 캐니언의 그레이트 하우스 유적지와 바위에 남아 있는 벽화는 게성운을 관측하는 데 최적의 장소가 된다.

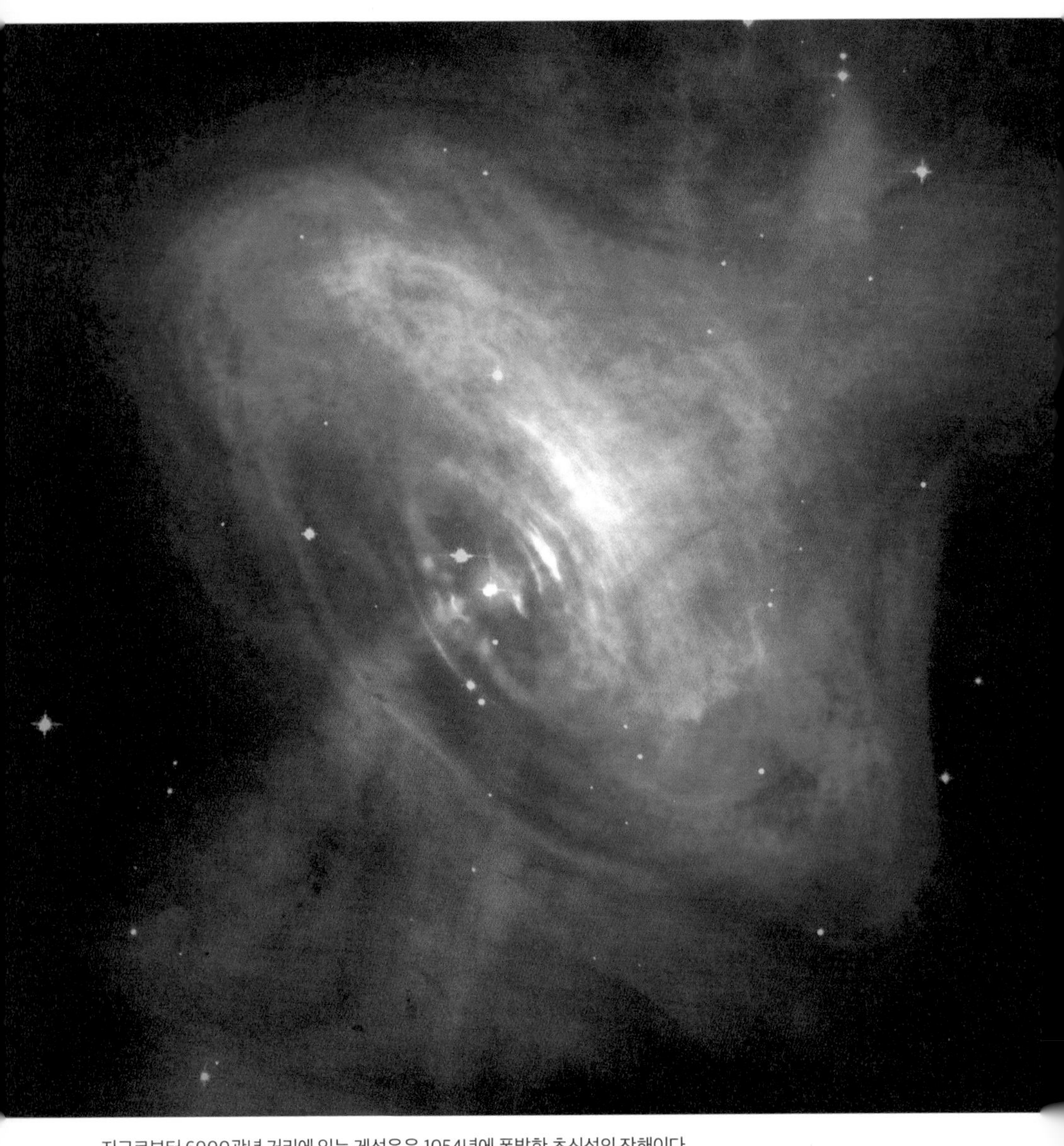

지구로부터 6000광년 거리에 있는 게성운은 1054년에 폭발한 초신성의 잔해이다.
이 사진은 NASA의 허블 우주망원경이 촬영한 것으로, 성운의 중심부를 자세히 보여주고 있다.

게성운은 과거 한때 태양보다 10배나 무거웠던 별이 초신성 폭발을 일으키고 남은 잔해로서, 폭발한 지 1000년밖에 지나지 않았는데도 폭이 11광년까지 커졌으며, 지금도 초속 1500km라는 어마어마한 속도로 팽창하고 있다.

보손은 광자와 글루온처럼 힘을 매개하는 입자이며 정수(1, 2, ……) 스핀을 갖고 있다. 그런데 배타 원리에 따르면 두 개 이상의 페르미온은 동일한 양자 상태를 점유할 수 없다. 간단히 말해서, 두 개 이상의 페르미온을 한 지점에 욱여넣을 수 없다는 뜻이다. 원자들이 안정한 상태를 유지하고 다양한 화학 반응을 일으키는 것은 바로 이 원리 덕분이다. 전자는 원자핵 주변에서 각기 다른 궤도를 점유하고 있는데, 여기에 전자를 더 추가할수록 마지막 전자가 점유하는 궤도는 원자핵에서 점점 더 멀어지고, 바로 이 '최외각 전자'에 따라 원자의 화학적 성질이 결정된다. 배타 원리가 없었다면 모든 전자들이 제일 안쪽 궤도(에너지가 가장 낮은 궤도)에 모여들어서 복잡한 화학 반응이 일어나지 않았을 것이고, 인간도 존재하지 않았을 것이다.

임의의 물체에 강한 압력이 작용하면 원자들 사이의 간격이 가까워지면서 전자구름이 서로 겹치다가 결국 모든 전자가 동일한 지점에 모이게 된다(더 정확하게 말하면 "동일한 양자 상태에 집결한다"). 그러나 파울리의 배타 원리에 따르면 이런 일은 절대로 일어날 수 없다. 전자는 중력이 아무리 강해도 굴복하지 않고 어떻게든 배타 원리를 위배하지 않을 방법을 찾는데, 그 결과로 나타나는 힘을 축퇴압(縮退壓, degeneracy

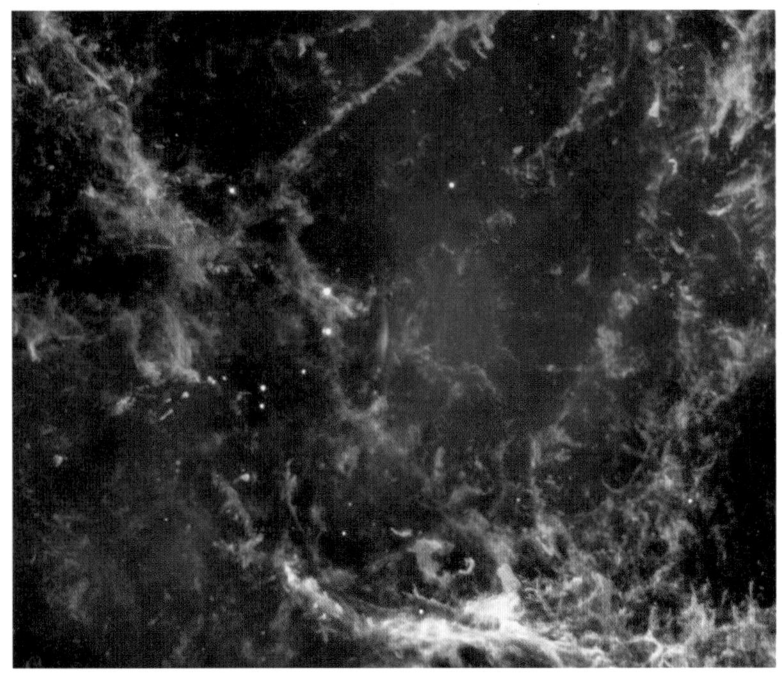

게성운의 X-선 사진(푸른색)과 광학 사진(붉은색)을 합성한 그림. 기체 구름이 빠르게 팽창하고 있다. 게성운은 가장 유명하면서 관측이 가장 용이한 성운이다.

pressure)이라 한다.

중력이 축퇴압을 이길 정도로 강하면 어떻게 되는가? 그 답을 제시한 사람이 인도의 물리학자 수브라마니안 찬드라세카르(Subrahmanyan Chandrasekhar)였다. 그는 1930년에 양자역학적 계산으로 "전자의 축퇴압이 버틸 수 있는 중력의 한계는 태양 질량의 1.38배"임을 알아냈다. 이 값을 찬드라세카르 한계(Chandrasekhar limit)라 한다. 즉, 백색왜성의 질량이 태양의 1.38배 이하이면 중력과 축퇴압이 균형을 이루어 안정한 상태를 유지한다. 그리고 질량이 이 한계를 초과해도 전자는 중력에 굴복하지 않는다. 굴복하면 전자들 사이가 가까워져서 배타 원리에 위배되기 때문이다. 이런 경우에 전자는 더 이상 존재하기를 포기하고 사라져버린다.

물론 전자가 마술처럼 사라지지는 않는다. 우주에 존재하는 전기 전하는 새로 생성되지도, 파괴되지도 않는다. 별의 내부에서 중력이 지나치게 강해지면 전자는 원자핵 안의 양성자와 결합하여 중성자로 변신한다. 이것은 약한 핵력으로 중성자가 전자와 양성자로 붕괴되는 베타 붕괴의 역과정으로, 지금도 태양 내부에서는 이런 과정을 거쳐 수소가 헬륨으로 바뀌고 있다. 찬드라세카르 한계를 넘는 별이 수명을 다해 무지막지한 중력이 가해지면 양성자가 중성자로 변하는 것 말고는 다른 선택이 없다. 그래서 질량이 큰 별의 일생은 대부분 중성자별로 마무리된다.

대부분의 물질은 내부가 거의 텅텅 비어 있다. 물질의 기본 단위인 원자 자체가 텅 빈 구조로 되어 있기 때문이다. 원자핵의 지름은 원자 지름의 10만분의 1밖에 되지 않는다. 원자의 지름을 100m로 확대했을 때, 원자핵은 기껏해야 완두콩 크기밖에 안 된다. 그러나 대부분의 질량이 이 조그만 원자핵에 집중되어 있다. 무겁기로 유명한 오스뮴이나 백금, 텅스텐 등도 이렇게 텅 빈 원자들로 이루어져 있다. 물질에서 전자를 제거하면 부피가 엄청나게 줄어들면서 원자핵 자체의 밀도와 같아진다. 텅 비어 있던 공간이 원자핵으로 가득 차기 때문이다. 그래서 별의 노년기에 과도한 중력이 작용하면 중성자들이 빈 공간을 가득 채우면서 밀도가 엄청나게 높은 '중성자 공'이 되는 것이다. 전형적인 중성자별의 질량은 찬드라세카르 한계와 비슷한데, 지름은 20km에 불과하다. 태양보다 1.4배나 무거운 별이 지름 20km로 압축되었으니, 그 밀도가 얼마나 높을지 상상이 갈 것이다. 간단히 비유하면 에베레스트산을 각설탕 크기로 압축한 것과 비슷하다.

중성자별은 지금도 활발한 연구 대상이지만, 대부분이 베일에 싸여 있다. 단순히 중성자만 뭉쳐놓은 공하고는 본질적으로 다르기 때문이다. 중성자별의 중력은 지구의 1000억 배에 이른다. 내가 원심기에서 경험한 중력은 명함도 못 내미는 수준이다. 아마 중성자별의 표면은 철보다 가벼운 물질로 이루어진 얇은 층으로 덮여 있을 것이다. 여기서 안으로 들어갈수록 중력이 강해지다가, 중심부에 도달하면 온도가 너무 높아 쿼크와 글루온으로 이루어진 플라스마 상태로 존재할 것이다. 빅뱅 후 수백만분의 1초쯤 지났을 때의 우주가 바로 이런 상태였다.

이처럼 중성자별은 밀도가 상상을 초월할 정도로 높고 내부 구조도 신비롭다. 그러나 천문학자들이 중성자별에 관심을 갖는 주된 이유는 엄청난 속도로 자전하면서 강한 자기장을 만들어내기 때문이다. 막대자석에서 흔히 볼 수 있는 자기장선(線)은 중성자별이 회전함에 따라 약간의 변화가 생기는데, 자기장의 축이 별의 자전축에서 벗어나 조금 기울어지면 마치 등대불이 두 방향으로 빛을 비추면서 회전하는 것처럼 고에너지 빔이 두 방향으로 방출된다. 1967년에 조슬린 벨과 앤서니 휴이시가 감지한 신호가 바로 이것이었다. 이렇게 주기적으로 에너지를 방출하는 천체를 펄서라고 하는데, 개중에는 1초당 1000번 자전하는 것도 있다. 도시만 한 크기의 원자핵이 1초에 1000번 회전한다고 상상해보라. 그 근처에서 얼쩡거렸다간 뼈도 못 추릴 것이다.

2004년 1월, 천문학자들은 맨체스터 근처에 있는 조드럴 뱅크 천체물리학센터(Jodrell Bank Center for Astrophysics)의 러벌 망원경(Lovell Telescope)과 오스트레일리아에 있는 파크스 전파망원경(Parkes Radio Telescope)을 이용하여 우주 최대의 경이라 할 만한 이중 펄서(double pulsar system)를 발견했다. 이 천체는 두 개의 펄서로 이루어져 있는데, 하나는 자전 속도가 1초당 2만 3000번이고 다른 하나는 2.8초마다 한

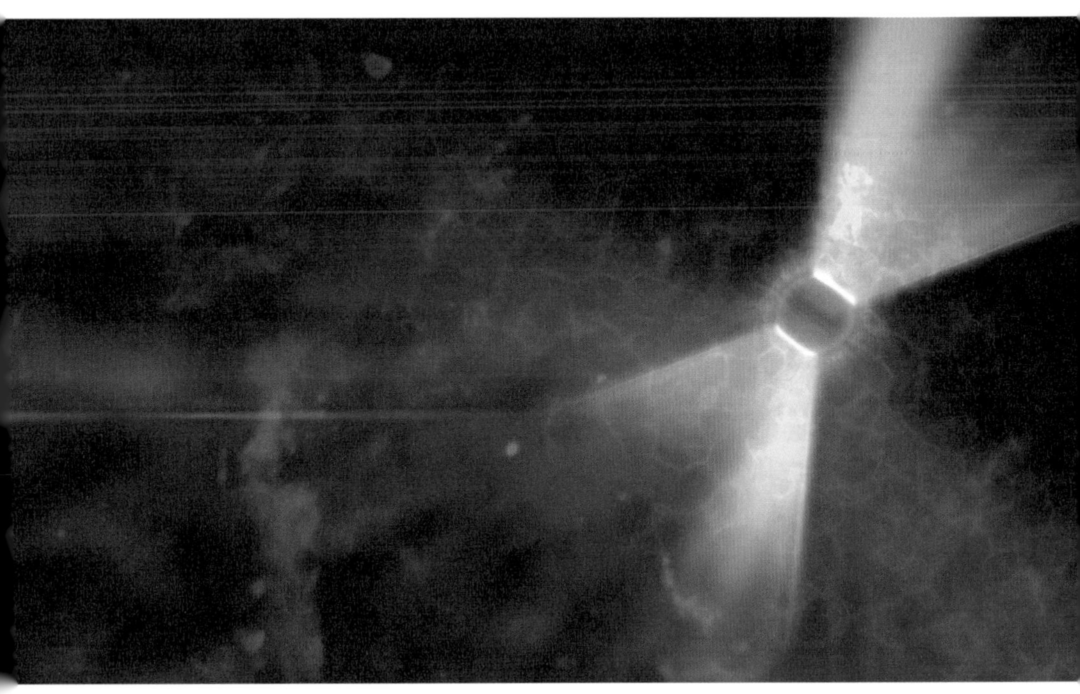

빠르게 회전하는 중성자별에서 복사 에너지가 방출되는 광경을 컴퓨터 시뮬레이션으로 재현했다. 중성자별은 1967년에 처음 발견되었으나, 50년이 지난 지금까지도 많은 부분이 베일에 싸여 있다.

바퀴씩 자전하면서 2.4시간을 주기로 서로 상대방 주위를 공전하고 있다. 게다가 이들은 태양 안에 들어갈 만큼 공전 궤도의 지름도 작다. 펄서의 자전 주기는 매우 정확하기 때문에 천문학자들은 극단적인 환경에서 아인슈타인의 중력 이론(일반 상대성 이론)을 검증할 때 펄서의 신호를 사용한다. 초헤비급 중성자별 두 개가 가까운 거리를 두고 맹렬하게 회전하면서 시공간을 구부러뜨린다고 상상해보라. 물리학 역사상 가장 아름답고 강력한 이론인 일반 상대성 이론은 우주에서 가장 아름답고 역동적인 이중 펄서를 통하여 0.05% 오차 이내로 그 타당성이 입증되었다. 100년 전에 활동했던 물리학자가 추락하는 바위와 엘리베이터에서 영감을 받아 완성한 이론이 우주에서 가장 이질적이고 극단적인 천체의 운동을 정확하게 설명한 것이다. 인간의 지성은 이 정도로 강력하고 위대하며, 물리학은 그 위대한 지성을 극한까지 밀어붙인다. 바로 이런 이유 때문에 나는 물리학을 사랑할 수밖에 없다.

조드럴 뱅크 천체물리학센터에 있는 러벌 망원경.
천문학자들은 이 망원경으로 2004년 1월에 이중 펄서를 발견했다.

중력이란 무엇인가?

뉴턴이 1687년에 발표한 중력 이론은 과학자들이 우주를 이해하는 방식을 완전히 바꿔놓았다. 뉴턴의 간단한 중력 방정식은 행성 주위를 도는 위성과 별 주위를 도는 행성, 은하 주위를 도는 태양계, 그리고 은하단의 주위를 도는 은하의 움직임을 완벽하게 설명해주었다. 그러나 뉴턴의 이론은 중력을 설명하는 하나의 모형일 뿐이다. 그가 제안한 공식

학자들은 뉴턴의 중력 법칙을 태양계에 적용하다가 수성의 비정상적인 공전 궤도를 발견하고 혼란에 빠졌다.

만으로는 중력이 작용하는 과정을 설명할 수 없으며, 중력장 안에서 낙하하는 물체의 가속도가 질량에 상관없이 똑같은 이유도 설명할 수 없다. 앞에서 언급했던 뉴턴의 중력 방정식을 다시 한 번 떠올려보자.

$$F = G\frac{m_1 m_2}{r^2}$$

이 식에 따르면 두 물체 사이에 작용하는 중력의 세기는 질량의 곱에 비례한다. 예를 들어 지구의 질량을 m_1, 지구를 향해 떨어지는 돌멩이의 질량을 m_2라 했을 때, $m_1 \times m_2$ 의 값이 클수록 돌멩이에 작용하는 중력이 강해진다는 뜻이다.

이제 그 유명한 뉴턴의 운동 방정식 $F = ma$를 떠올려보자. 약간의 이항 과정을 거치면 물체의 가속도 a는 $a = F/m$으로 쓸 수 있다. 이것이 물체의 운동에 관한 뉴턴의 제2법칙으로, 이 관계식을 이용하면 특정한 세기의 힘이 작용했을 때 물체의 가속도를 구할 수 있다. 이 식에 따르면 돌멩이의 가속도 a는 중력 F를 돌멩이의 질량 m으로 나눈 값과 같다. 이 F에 중력 방정식의 F를 대입하여 가속도를 계산해보면 $a = F/m = Gm_1/r^2$이 되는데(중력 방정식에서 돌멩이의 질량은 m_2, 운동 방정식에서 돌멩이의 질량은 m으로 표기했지만 둘은 같은 양이므로 서로 상쇄된다), G는 이미 정해진 상수이고 m_1은 지구의 질량, r은 지구의 반지름이므로 가속도 자체가 변하지 않는 상수이다. 각 상수에 구체적인 값을 대입하면 우리에게 친숙한 $9.81\mathrm{m/s^2}$이 얻어진다. 바로 이런 이유 때문에 중력장 안에서 낙하하는 물체의 가속도가 질량에 상관없이 항상 일정한 것이다. 이 내용은 앞에서도 언급된 적이 있다. 낙하하는 물체의 질량이 두 배로 커지면 물체에 작용하는 중력이 두 배로 강해지고, 그 물체를 가속시키는 데 필요한 힘도 두 배로 커진다. 그런데 여기서 한 가지

모든 물체는 왜 동일한 가속도로 떨어지는가?

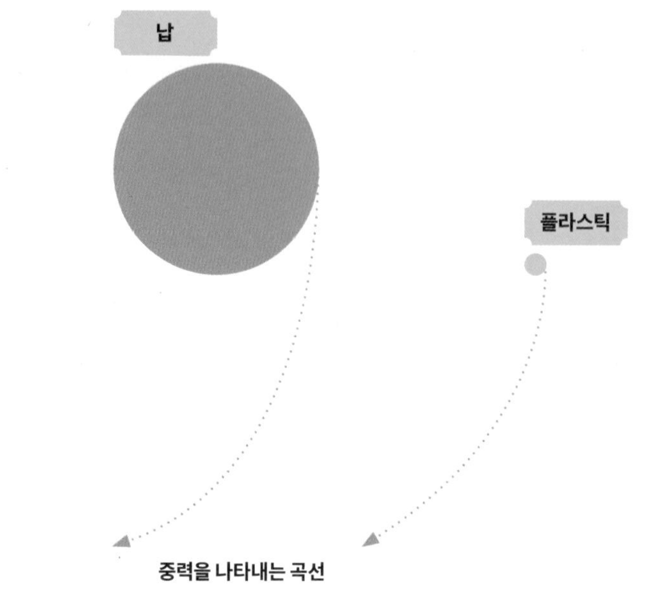

짚고 넘어갈 것이 있다. 질량은 중력의 크기를 좌우함과 동시에, 물체에 힘이 가해졌을 때 획득하는 가속도의 크기도 좌우한다. 그렇다면 두 질량은 같은 질량일까? $F = ma$에 등장하는 질량 m은 물체를 가속시키기가 얼마나 어려운지를 가늠하는 양이어서 '관성 질량(inertial mass)'이라 하고, 중력 방정식에 등장하는 m은 중력의 세기를 가늠하는 양이어서 '중력 질량(gravitational mass)'이라 한다. 이 두 가지는 전혀 무관한 양이므로 같아야 할 이유가 전혀 없다. 그런데 지금까지 나온 실험 결과를 보면 관성 질량과 중력 질량이 완전히 같다. 왜 그럴까? 이것은 매우 중요한 질문이다. 그러나 뉴턴은 명확한 답을 제시하지 않은 채 "중력은 신의 작품"이라며 두루뭉술하게 넘어갔다.

물리학에서 새 이론이 등장하는 경우는 대부분 기존 이론에서 문제점이 발견되었을 때이다. 특정 현상을 정확하게 설명하는 이론이 이미 있는데도 새로운 이론이 등장하는 경우는 거의 없다. 그러나 알베르트 아인슈타인에게 이런 통계는 통하지 않았다. 그는 중력 질량과 관성 질량이 동일하다는 사실을 깊이 파고든 끝에 가속 운동과 중력 자체가 동일하다는 등가 원리에 도달했다. 1905년에 특수 상대성 이론을 발표하여 큰 성공을 거둔 후(유명한 $E = mc^2$는 특수 상대성 이론에 등장한다), 불과 10년 만에 중력 질량과 관성 질량이 같은 이유를 설명해주는 일반 상대성 이론을 완성한 것이다.

아인슈타인은 뉴턴식 중력 이론의 문제점을 잘 알고 있었다. 그중에서도 가장 심각한 문제는 지구로부터 7700만 km 거리에 있는 수성에 관한 문제였다.

지난 수천 년 동안 지구인의 각별한 관심을 받아온 수성은 태양에 가장 가까운 행성이자 온도 차가 가장 큰 행성이기도 하다. 태양에 너무 가깝기 때문에 지구에서는 관측하기가 쉽지 않지만, 13~14년에 한 번씩 태양-수성-지구가 일직선상에 놓이면 수성이 태양 표면을 횡단하는 장관이 연출된다. 수성의 공전 궤도는 태양계의 행성들 중에서 가장 납작한 타원형이다. 전문 용어로 말하면 이심률(eccentricity)이 가장 크다. 근일점(近日點, perohelion, 행성과 별 사이의 거리가 가장 가까워지는 지점 — 옮긴이)에서는 태양과 수성 사이의 거리가 4600만 km에 불과하지만, 원일점(遠日點, aphelion, 행성과 별 사이의 거리가 가장 먼 지점 — 옮긴이)에 도달하면 6900만 km까지 멀어진다. 공전 궤도가 이 정도로 일그러져 있다는 것은 수성의 공전 속도가 위치에 따라 크게 다르다는 뜻이다. 그래서 수성의 궤적을 알아내고 태양 횡단 시기를 예측하려면 현재

18세기의 천문학자들이 생각한 수성의 공전 궤도

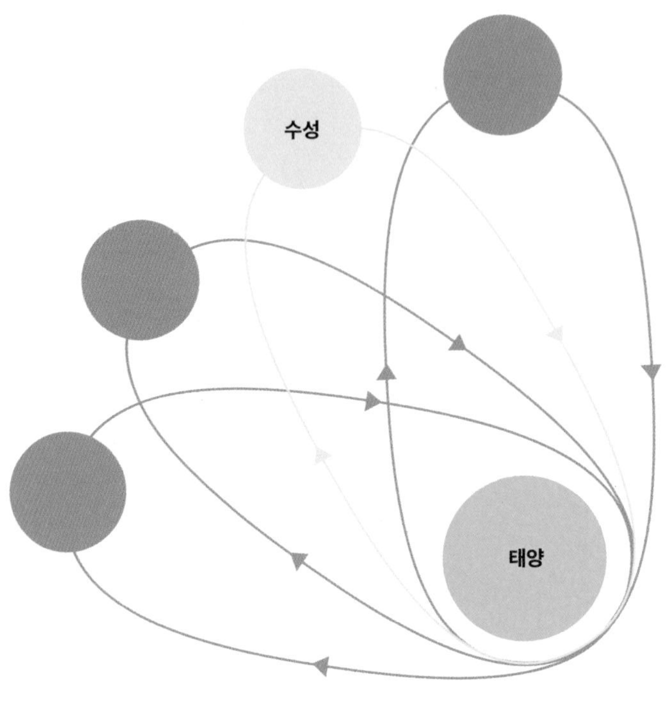

의 위치와 속도를 정확하게 알아야 한다. 17~18세기에는 수성이 태양을 횡단할 때마다 전 세계 과학자들이 특정 장소로 모여들곤 했다. 당시 사람들은 이 장관을 볼 수 있는 시기와 장소를 계산할 때 뉴턴의 중력 법칙을 사용했는데, 세월이 흐를수록 수성의 태양 횡단은 이론적 예측보다 늦게 일어났고, 18세기 말에는 오차가 몇 시간까지 커졌다.

수성의 공전 궤도가 계산과 다른 것은 심각한 문제였으나, 당시에는 관측 도구가 정밀하지 않은 탓에 문제의 원인을 밝히기가 쉽지 않았다.

그러던 중 1859년에 프랑스 천문학자 위르뱅 르베리에(Urbain Leverrier)가 최신 관측 도구를 이용하여 수성의 공전 궤도가 뉴턴의 중력 법칙으로 설명되지 않는다는 사실을 알아냈고, 천문학자들은 이 문제를 해결하기 위해 "태양과 수성 사이에 우리가 모르는 행성이 존재한다"는 가설을 내세웠다. 미지의 행성이 수성에 중력을 행사하여 정상 궤도에서 벗어나게 만든다는 것이다. 때마침 그 무렵에 해왕성이 발견되면서 '새로운 행성 가설'은 더욱 힘을 얻었고, 사람들은 그 미지의 행성에 벌컨(Vulcan)이라는 이름까지 붙여주었다.

천문학자들은
벌컨을 찾으려고
수십 년 동안 사투를
벌였지만 미지의 행성은 끝내
모습을 드러내지 않았다.
왜일까? 이유는 간단하다.
애초부터 그런 행성이
존재하지 않았기 때문이다.
수성의 공전 궤도에 오차가
발생한 것은 다른 행성
때문이 아니라, 철석같이
믿어왔던 뉴턴의 중력 법칙이
틀렸기 때문이다.

가상의 행성 벌컨의 상상도. 18세기 천문학자들은 태양과 수성 사이에 소행성 벨트가 존재하고, 그들 중 가장 큰 소행성 벌컨이 수성에 중력을 행사하여 수성의 공전 궤도에 변형을 일으킨다고 생각했다. 1859년 3월 26일에 아마추어 천문학자 에드몽 레카보(Edmond Lescarbault)가 벌컨 행성을 발견했다고 주장하여 한동안 천문학계가 들썩였으나 후속 관측에서 단 한 번도 발견되지 않았고, 결국 벌컨은 "존재하지 않는 유령 행성"으로 판명되었다.

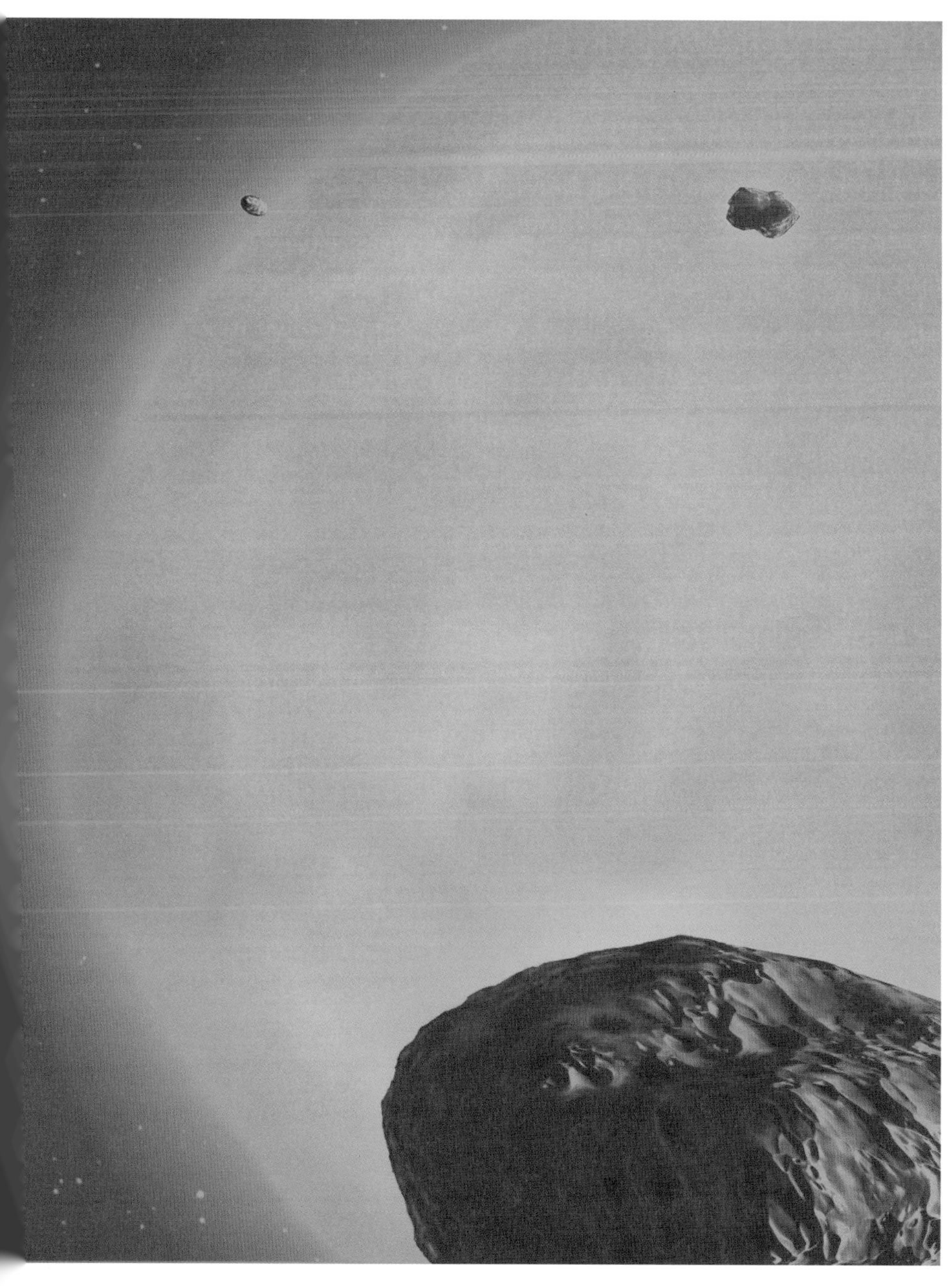

아인슈타인의 일반 상대성 이론

아인슈타인이 살아생전에 버밋커밋(구토 혜성)을 타봤다면 어느 누구보다 좋아했을 것이다. 중력에 의한 효과가 자유 낙하를 통해 완전히 상쇄된다는 것은 아인슈타인이 떠올렸던 '사고 실험(thought experiment, 실현이 불가능하여 상상으로 진행하는 실험 — 옮긴이)의 핵심 아이디어였기 때문이다. 그는 이 사고 실험에서 출발하여 과학사에 길이 남을 일반 상대성 이론을 완성했다. 그도 나처럼 무중력 상태를 몸소 체험했다면, 어린아이처럼 팔짝팔짝 뛰면서 기뻐했을 것이다. 나는 버밋커밋에서 아인슈타인 인형과 함께 허공에 떠올랐을 때, 그가 자유 낙하에 그토록 집착했던 이유를 온몸으로 느낄 수 있었다. 자유 낙하하는 비행기 안에서는 내 몸이 움직이는지 알 수 없고, (비행기에 창문이 없다면) 지구라는 행성의 중력에 끌려가고 있다는 것도 알 수 없고, 땅에 있는 사람이 볼 때 내 몸이 9.81m/s^{2}으로 가속되고 있다는 것도 알 수 없다. 내 몸은 비행기 안의 모든 물체와 함께 그저 허공에 떠 있을 뿐이다. 나는 비행기 안에서 두둥실 떠올랐을 때 물병의 물 몇 방울을 허공에 뿌려보았다. 물론 결과가 어떻게 될지 짐작은 했지만, 눈앞에서 나와 함께 떠 있는 물방울은 한마디로 경이 그 자체였다. 수십 초에 불과한 짧은 시간이었지만, 카메라맨과 촬영 감독, 물방울, 아인슈타인 인형, 그리고 나는 중력의 구속에서 벗어나 완벽한 자유를 맛보았다. 그 상태에서는 우리에게 어떤 힘도 작용하지 않았다. 만일 조금이라도 힘이 작용했다면 허공에 뜬 채 이리저리 움직였을 것이다.

그러나 땅에 서 있는 사람이 볼 때, 비행기와 우리는 분명히 포물선 궤적을 따라 움직이면서 지면을 향해 가속되고 있다(상공에서 그냥 추락하는 물체는 수직선을 따라 자유 낙하를 하지만, 비행기처럼 수평 운동을 하던 물

독일 태생의 물리학자 알베르트 아인슈타인(왼쪽)은 물리학사에 길이 남을 일반 상대성 이론을 완성했다. 영국의 물리학자 아서 에딩턴(Authur Eddington) 경은 훗날 일식 관측으로 이 이론의 정확성을 입증했다.

체가 양력을 잃고 추락하면 포물선 궤적을 따라간다. 그래도 비행기에는 중력 외에 작용하는 힘이 없으므로 자유 낙하에 속한다 — 옮긴이). 즉, 지면에 있는 사람에게는 중력이 "보인다." 아인슈타인의 일반 상대성 이론은 버밋커밋을 안에서 본 관점과 바깥에서 본 관점이 완전히 동등하다는 가정에서 출발한다. 둘 중 어느 한쪽의 관점이 옳고 다른 관점은 틀렸다고 말할 수 중력이란 과연 무엇인가?
아인슈타인의 일반 상대성 이론은
이 질문에 가장 단순하고 아름다운 답을 제시했다.
"중력은 시공간을 구부러뜨리는 원인이다."

없다는 것이다! 추락하는 비행기 안에서는 어떤 실험을 해도 "내가 탄 비행기가 텅 빈 우주 공간에 둥둥 떠 있는지, 아니면 지구의 중력에 끌려 가속 운동을 하고 있는지" 판별할 수 없다. 적절한 가속도는 중력을 완전히 상쇄시킨다. 창밖을 내다보면 상황 판단에 도움이 될 것 같지만 사실은 그렇지 않다. "우리 비행기는 허공에 가만히 떠 있는데 지구가 우리 쪽으로 $9.81m/s^2$로 가속 운동을 하면서 맹렬하게 다가오고 있다"고 주장해도 반론을 제기할 수 없기 때문이다. 이런 경우라면 지면에 있는 사람들이 지구의 가속 운동 때문에 바닥으로 눌리는 듯한 힘을 받게 될 텐데, 이 힘은 평소에 느끼는 자신의 몸무게와 완전히 똑같다. 그러므로 가속 운동은 중력과 완전히 동등하다. 이것이 바로 아인슈타인의 등가 원리이다. 제아무리 백방으로 찾아봐도, 중력과 가속 운동을 구별할 수 있는 실험은 이 우주에 존재하지 않는다.

물리학 용어를 써서 말하자면 자유 낙하하는 버밋커밋의 내부는 관성계(inertial frame of reference)에 속한다. 다시 말해서, "추락하는 비행기의 내부에서는 자신이 완전히 정지해 있다고 간주해도 물리적으로 아무 모순도 발생하지 않는다"는 뜻이다.

다시 한 번 정리해보자. "추락하는 비행기의 내부 상태는 아무것도 없는 우주 공간에 비행기가 둥둥 떠 있는 상태와 완전히 동일하다." 바로 이 등가 원리 때문에 중력장 안에서 모든 물체가 동일한 가속도로 떨어지는 것이다.

왜 그런가? 이유는 간단하다. 하나의 상황을 두 가지 논리로 설명할 수 있기 때문이다. 비행기 내부에서 보면 모든 것이 제자리에 가만히 떠 있으면서 아무 힘도 작용하지 않는다. 어떤 물체건 힘이 작용하지 않으면 현 위치에서 정지 상태를 유지한다. 반면에 이 비행기를 바깥에서 바라보면 모든 것이 지구의 중력에 끌려 일제히 아래로 가속되고 있다. 그러나 눈앞에 벌어진 현실이 보는 관점에 따라 달라진다는 것은 있을 수 없는 일이다. 물리적 현실은 그것을 바라보는 관점에 관계없이 모두 똑같아야 한다. 그러므로 추락하는 비행기 안에서 아인슈타인 인형과 물방울이 내 눈앞에 둥둥 떠 있다면, 비행기 바깥에서 봐도 아인슈타인 인형과 물방울은 여전히 내 눈앞에 떠 있어야 한다. 다시 말해서 모든 물체가 일제히 동일한 가속도로 떨어져야 한다는 뜻이다! 이 논리에서 우리는 중력 질량과 관성 질량이 같다는 가정을 전혀 내세우지 않았다. 다만 "지구의 중력장 안에서 자유 낙하하는 물체와 다른 행성, 별, 위성 등에서 자유 낙하하는 물체는 구별할 수 없다"고 가정했을 뿐이다.

그렇다면 중력의 정체는 과연 무엇일까? 아인슈타인의 일반 상대성 이론은 이 질문에 가장 단순하면서 아름다운 답을 제시하고 있다. "중력이란 시공간을 구부러뜨리는 원인이다." 시공간은 또 무엇인가? 우주를 구성하고 있는 직물(織物, fabric)이 바로 시공간이다.

시공간의 개념과 휘어진 시공간을 이해하기 위해, 우리가 살고 있는 지구를 예로 들어보자. 지구의 표면은 2차원 곡면이다. 따라서 경도와 위도라는 두 숫자가 주어지기만 하면 지면 위의 한 점이 유일하게 정의

된다. 지구의 표면은 구면이지만, 한 지점에서 다른 지점으로 이동할 때 굳이 이런 사실을 알 필요는 없다. 우리가 지구의 곡률(curvature, 곡면의 휘어진 정도 — 옮긴이)을 알 수 있는 이유는 세상이 3차원이기 때문이다. 그러나 이 세상이 2차원이라면 우리는 위-아래라는 개념 없이 위도와 경도밖에 모를 것이며, 우리가 살고 있는 세상이 휘어진 곡면이라는 사실도 모르고 살아갈 것이다.

이 비유를 확장하여, 곡률이 어떻게 힘의 개념을 낳는지 생각해보자. 여기 2차원 구면의 적도에 살고 있는 2차원 생명체 두 사람이 북쪽을 향해 여행을 떠나기로 결심했다. 그런데 둘은 독립심이 강해서 상대방의 도움을 받는 것을 싫어하기 때문에, 여행 중 서로 마주치지 않겠다는 생각에 적도에서 정북 방향으로 각기 다른 경도선을 따라가기로 했다. 자, 이들의 계획은 과연 성공할 수 있을까? 처음에는 두 사람 다 적도에서 10km 간격을 두고 정북 방향으로 출발했는데, 북극점에 가까이 다가갈수록 둘 사이의 거리가 점점 가까워진다. 이들이 정확하게 평행선을 따라간다 해도, 북극점에 도달하면 어쩔 수 없이 재회하게 된다! 3차원에 살고 있는 우리가 볼 때 이것은 너무도 당연한 결과이다. 지구의 표면은 구면을 따라 휘어져 있기 때문에, 모든 경도선은 북극점에서 하나로 만난다. 그러나 정작 여행을 하고 있는 2차원 생명체의 입장에서는 둘 다 평행선을 정확하게 따라갔는데 어떻게 다시 만나게 되었는지 의아할 것이다. 이런 경우 눈앞에 벌어진 상황을 이해하는 방법 중 하나는 "두 여행자 사이에 어떤 인력이 작용하여 한 지점에 모였다"고 생각하는 것이다. 이것이 바로 아인슈타인이 생각했던 중력의 실체이다.

일반 상대성 이론에서 우리가 생각해야 할 휘어진 곡면은 2차원이 아니라 4차원이다. 공간(3차원)과 시간(1차원)을 통합한 시공간이 4차원이

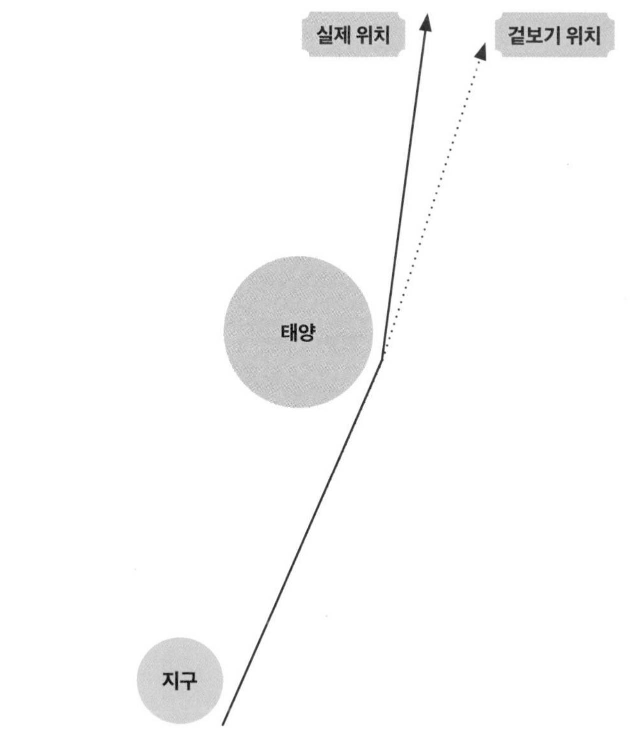

기 때문이다. 시공간은 상대성 이론에서 매우 중요한 개념이지만, 내용을 자세히 파고 들어가면 우리의 주제인 중력에서 너무 멀어지기 때문에 생략하기로 한다. 설명을 하나 추가하자면, 시공간은 1장에서 언급한 맥스웰 방정식의 형태와 빛의 거동 방식을 이해하는 데 반드시 필요한 개념이다. 지금 당장은 우리가 살고 있는 세상이 4차원 시공간이라는 것만 기억하면 된다. 아인슈타인은 물질과 에너지가 존재하는 곳(별, 달, 위성 등의 천체가 존재하는 곳)에서 시공간이 휘어진다는 사실을 입증했다. 트램펄린 위에 다양한 크기의 쇠공을 올려놓으면 여기저기에 골짜기와 봉우리가 생기는 것처럼, 시공간에 질량과 에너지가 분포해 있으면 그에 맞는 굴곡이 형성된다는 것이다. 태양과 같은 질량의 분포가 주어져 있을 때, 일반 상대성 이론의 장 방정식(field equation)을 풀면 시공간이 휘어지는 정도와 물체의 이동 경로를 알아낼 수 있다. 여기서 아주 중요한 사실 하나만 알고 넘어가자. 방금 전에 소개했던 2차원 세계의 여행자는 경도선을 따라 움직였다. 3차원 생명체의 시각으로 보면 경도선은 곡선임이 분명하지만, 2차원 세계에 사는 생명체의 눈에는 이것이 완벽한 직선으로 보인다는 것이다. 4차원의 경우도 마찬가지다. 휘어진 4차원 시공간을 5차원 생명체가 본다면 휘어져 있는 것을 금방 알겠지만, 우리는 4차원 우주에 사는 생명체이므로 시공간의 곡률을 인지할 수 없다. 푹 패인 4차원 계곡으로 물체가 빨려 들어가도, 우리에게는 물체가 어떤 힘에 끌려가는 것처럼 보인다. 앞에서도 말했지만 이 힘이 바로 아인슈타인이 재해석한 중력의 실체이다. 당신이 휘어진 표면 위를 이동하면서 경로가 변했다면, 그것은 당신의 몸에 중력이 작용했기 때문이다. 왜냐고? 시공간을 휘어지게 만든 원인이 바로 '질량'이기 때문이다! 아인슈타인은 이처럼 중력을 기하학적으로 해석한 후 수성의 공전 궤도에 자신의 이론을 적용해보았다. 태양의 질량 때문에 휘어진 시공간에서 수성이 따라가는 경로를 계산해보니, 지난 수백 년 동안 쌓인 관측 데이터와 거의 완벽하게 일치했다. 뉴턴의 실패를 아인슈타인이 바로잡은 것이다.

아인슈타인은 중력을 기하학적으로 서술하는 완벽한 이론 체계를 구축했고, 그의 이론은 관측 결과와 멋지게 일치했다. 일반 상대성 이론은 수성의 공전 궤도에 나타난 오차를 정확하게 설명했을 뿐만 아니라, 등가 원리의 타당성을 입증하는 멋진 논리를 제공했다. 중력장 안에 일반 상대성 이론에 따르면 질량을 가진 모든 천체는 그 근처에서 시간이 느려지도록 시공간을 왜곡시킨다.

서 낙하하는 물체는 왜 질량에 관계없이 동일한 가속도로 떨어지는가? 이유는 간단하다. 물체가 취하는 경로는 그 물체의 개별적 특성과 무관하기 때문이다. 모든 물체는 휘어진 시공간 안에서 직선 경로를 따라갈 뿐이다.

일반 상대성 이론의 타당성을 입증한 일등공신은 '휘어지는 빛'이었다. 빛은 질량이 없기 때문에, 뉴턴의 중력에는 아무 영향도 받지 않는다. 그러나 아인슈타인의 일반 상대성 이론에 따르면 모든 물리적 객체는 질량이 있건 없건 휘어진 시공간에서 직선 경로를 따라간다. 그러므로 아인슈타인이 옳다면 빛도 다른 물체와 동일한 경로를 따라가야 한다. 이 점을 이해하기 위해 간단한 사고 실험을 해보자. 엄청나게 큰 행성에서 당신이 왼손에는 돌멩이를, 오른손에는 레이저 빔을 든 채 땅을 딛고 서 있다(레이저는 빛의 일종이다. 굳이 행성이 크다고 가정한 이유는 나중에 설명할 것이다!). 당신은 레이저를 정확하게 수평 방향으로 조준한 후 쥐고 있던 돌멩이를 가만히 놓았고, 그와 동시에 레이저의 스위치를 켰다. 자, 둘 중 어느 쪽이 바닥에 먼저 도달할까? 정답부터 말하자면 돌멩이와 레이저 빔은 "동시에" 바닥에 도달한다. 이들은 똑같이 휘어진 공간 속에서 움직이고 있기 때문이다. 빛은 다른 물체와 마찬가지로 중력에 끌려 "떨어진다." 그런데 왜 앞에서 행성이 크다고 강조했을까? 알다시피 빛은 1초에 30만 km를 주파한다. 돌멩이가 땅에 떨어질 때까지

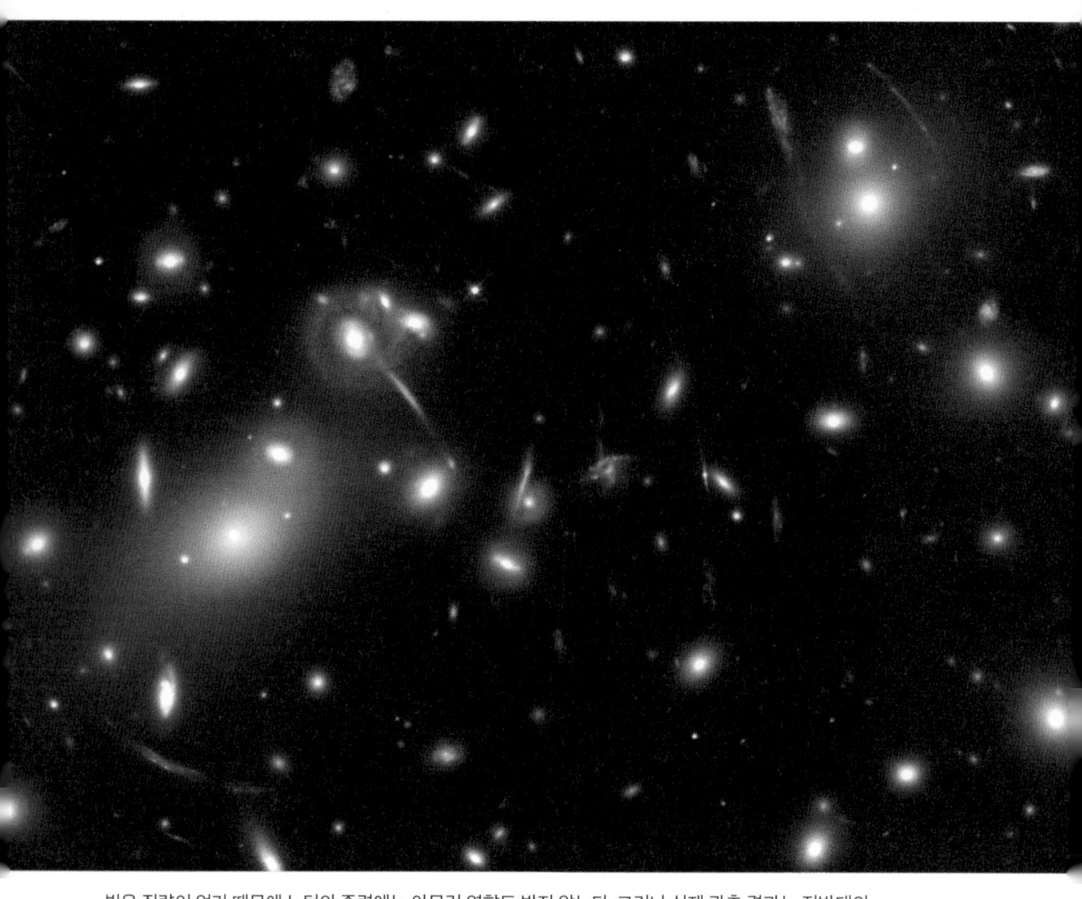

빛은 질량이 없기 때문에 뉴턴의 중력에는 아무런 영향도 받지 않는다. 그러나 실제 관측 결과는 정반대의 사실을 말해주고 있다.

1초 걸렸다면, 그 사이에 레이저는 수평 거리로 30만 km나 달아난 상태다. 따라서 이 실험을 지구에서 실시한다면 돌멩이와 레이저가 바닥에 동시에 닿는 것을 확인할 방법이 없다(지구의 지름은 1만 2700km밖에 안 된다!). 그러나 이런 경우에도 일반 상대성 이론은 여전히 성립한다.

여기서 잠시 재미있는 상황을 생각해보자. 레이저를 수평 방향으로 쏘지 않고 그냥 바닥을 향해 수직으로 발사하면 어떻게 될까? 아인슈타인이 1905년에 발표한 특수 상대성 이론에 따르면, 빛의 속도는 절대로 변하지 않는다(빛이 대기 속에서 진행하다가 물이나 유리 등 다른 매질로 진입하면 속도가 느려진다. 빛의 속도가 불변이라는 것은 동일한 매질 속을 통과할 때 그렇다는 뜻이다 — 옮긴이). 따라서 빛은 초속 30만 km(정확하게는 초속 299,792,458m)의 속도로 바닥을 향해 돌진할 것이다. 잠깐, 빛도 돌멩이처럼 9.81m/s^{2}로 가속되어야 하지 않을까? 아니다. 빛은 가속되지 않는다. 빛의 속도는 언제 어디서나 초속 299,792,458m로 일정하다. 그렇다면 이상하지 않은가? 방금 전에는 "빛과 돌멩이는 동시에 바닥으로 떨어진다"고 해놓고 이제 와서 가속되지 않는다니, 대체 어느 쪽 말을 믿어야 하는가? 결론은 둘 다 맞는 말이다. 어떻게 그럴 수 있을까? 비결은 다음과 같다. 빛이 바닥을 향해 진행하는 동안 속도는 변하지 않지만, 에너지가 변한다. 즉, 빛의 파장이 푸른색 쪽으로 이동하면서 에너지가 증가한다. 구체적으로 말하면 "파장은 짧아지고 진동수가 커진다." 이것은 매우 흥미로운 결과이다. 왜냐하면 1초라는 시간의 길이는 "특정한 단색광이 일정한 수의 파장만큼 진행하는 데 걸리는 시간"으로 정의되기 때문이다(정확한 정의는 바닥 상태에 있는 세슘-133 원자가 두 개의 초미세 준위 사이를 이동할 때 방출되는 단색광이 9,192,631,770개의 파장만큼 진행하는 데 걸리는 시간이다 — 옮긴이). 이제 당신이 레이저 빔의 진동수를 이용하여 시계를 맞추고 바닥을 향해 레이저를 발사한다면, 위에서 말한 대로 빛이 바닥에 닿을 때쯤에는 진동수가 커질 것이다. 다시 말해서, 레이저 파동의 마루와 골짜기 사이의 간격이 처음 발사했을 때보다 짧아진다는 뜻이다. 그러면 바닥에 서 있는 사람에게는 땅 위에 있는 시계가 아까보다 조금 더 빠르게 가는 것처럼 보인다. 정말 그럴까? 그렇다. 이런 효과를 '중력적 시간 지연(gravitational time dilation)'이라고 한

다. 중력은 시간을 늦추는 효과가 있기 때문에, 지면 근처에 있는 시계는 인공위성에 탑재된 시계보다 느리게 간다. 일반 상대성 이론의 용어로 말하자면 지구는 자신으로부터 먼 곳보다 가까운 곳에서 시간이 느리게 흐르도록 시공간을 휘어지게 만든다(다른 건 멀쩡하고 시계만 느리게 가는 것이 아니라, 시간 자체가 느려진다 — 옮긴이). 물론 그 차이가 아주 작아서 일상생활에는 별다른 불편이 없지만, 이 효과를 고려하지 않으면 GPS(Global Positioning System)는 무용지물이 된다. GPS의 정확도는 위성에 탑재된 시계의 정확도에 전적으로 의존하기 때문이다. 현재 GPS 위성은 약 2만 km 고도에서 궤도를 선회하고 있는데, 이곳은 지표면보다 중력이 약해서 하루에 45마이크로초(100만분의 45초)만큼 시간이 느리게 흐른다. 게다가 위성은 지면에 대하여 빠른 속도로 움직이고 있기 때문에, 특수 상대성 이론의 시간 지연 효과로 하루에 38마이크로초씩 느려진다. 이 두 가지 차이가 누적되어 GPS가 알려주는 위치 정보는 하루에 10km씩 벗어나고, 이런 식으로 며칠만 지나면 거의 무용지물이 된다. 이런 사태가 발생하지 않으려면 위성에 탑재된 시계를 수시로 보정해야 한다. 실제로 당신이 승용차를 타고 내비게이션을 켤 때마다 일반 상대성 이론을 통하여 보정된 위치 정보가 수신되고 있다. 평범한 일상생활 속에서 아인슈타인의 덕을 톡톡히 보고 있는 셈이다.

아인슈타인이 버밋커밋에 탑승했다면, 자유 낙하하는 동안 "우리는 시공간에서 직선 경로를 따라가고 있다"고 말했을 것이다. 이 경로를 고수하는 한, 비행기와 탑승자들은 중력을 전혀 느끼지 않는다. 추락하다가 다른 물체와 충돌해야 비로소 중력의 존재를 느낄 수 있다. 대개 땅바닥이 그 역할을 한다!

일반 상대성 이론의 이해를 돕기 위해 마지막으로 짚고 넘어갈 것이 있다. 아인슈타인의 일반 상대성 이론은 중력 질량과 관성 질량이 같다는 데서 출발했다. 이 점에 관하여 그가 제시한 설명은 다음과 같다. "중력은 모든 물체가 휘어진 시공간 안에서 직선 경로를 따라가기 때문에 나타난 결과일 뿐이다." 그러나 우리가 아직 모르는 심오한 단계에서 중력 질량과 관성 질량이 같은 이유가 따로 존재할 수도 있다. 중력을 서술하는 기하학 이론이 존재하는 것은 중력 질량과 관성 질량이 같기 때문이다. 그 이유가 더욱 심오한 영역에 숨어 있다면, 일반 상대성 이론은 뉴턴의 중력 이론처럼 하나의 모형으로 취급되어야 한다. 둘 중 어느 쪽이 진실일까? 지금으로선 알 수 없지만, 두 가지 관점이 모두 옳다는 것만은 확실하다.

아인슈타인의 일반 상대성 이론은 인류의 과학이 거둔 최고의 성과로서 손색이 없다. 그의 이론은 정확하기도 하지만, 수학적인 관점에서 봐도 정말 아름답고 우아하다. 과학자들 사이에 "수학적으로 아름다운 이론은 틀릴 가능성이 거의 없다"는 소문이 나돌게 된 것도 일반 상대성 이론 때문이었다. 그러나 과학 이론에서 아름다움은 부차적 요소일 뿐이다. 과학 이론이 갖춰야 할 최고의 미덕은 눈앞에 펼쳐진 자연현상을 정확하게 재현하는 것이다. 일반 상대성 이론은 수성의 비정상적 궤도와 시간 지연 효과가 사실로 확인됨으로써 옳은 이론으로 인정받았다. 그러나 일반 상대성 이론의 타당성을 궁극적으로 입증하려면 신비한 천체를 찾아 우주 공간으로 나가야 한다. 상상을 초월할 정도로 중력이 강한 곳, 바로 블랙홀이다.

어둠 속으로

아인슈타인의 일반 상대성 이론은 과학 역사상 최고의 업적이며, 인류 문명이 존재하는 한 우주의 원리를 설명하는 아름다운 이론으로 남을 것이다. 그러나 여기에는 마지막 반전이 기다리고 있다. 우주에는 일반 상대성 이론이 적용되지 않는 한계가 존재한다.

중성자별이 붕괴되지 않는 이유는 중성자의 축퇴압 때문이다. 중성자는 전자와 함께 페르미온에 속하지만 전자보다 훨씬 무겁기 때문에, 파울리의 배타 원리가 개입되기 전 단계에서 전자보다 훨씬 단단하게 뭉친다. 중성자별에서 중력에 대항하는 또 하나의 힘은 쿼크의 축퇴압이다. 그러나 중성자별의 질량이 태양의 세 배를 넘으면 중력이 축퇴압을 압도하여 대책 없이 수축하게 된다. 이 한계 질량을 톨먼-오펜하이머-볼코프 한계(Tolman-Oppenheimer-Volkoff limit)라 하는데, 중성자별이 이 단계에 이르면 중력에 대항할 힘이 없어 수축하게 되고, 우리가 알고 있는 물리 법칙은 더 이상 적용되지 않는다. 1915년, 아인슈타인이 일반 상대성 이론을 발표하고 한 달쯤 지났을 때 독일 물리학자 카를 슈바르츠실트(Karl Schwartzschild)가 아인슈타인 방정식의 해를 발견했다. 훗날 '슈바르츠실트 계량(Schwartzschild metric)'으로 알려진 이 해는 완벽한 구형 물체 주변의 시공간 구조를 설명하고 있는데, 흥미로운 점이 두 가지 있다. 첫째는 '슈바르츠실트 반지름(Schwartzschild radius)'이라는 임계 거리에서 나타나는 현상으로, 이보다 가까운 거리에서는 시간과 공간이 심하게 왜곡되어 구형 천체를 향해 추락하는 물체의 모든 미래가 중심부에 있는 하나의 점으로 수렴한다. 다소 이상하게 들리겠지만, 시간과 공간은 아인슈타인의 이론을 통해 하나로 통일되었음을 기억하기 바란다. 전문 용어를 써서 말하자면, 슈바르츠실트 반지름 이

은하수의 중심에 위치한 초대형 블랙홀 궁수자리 A*의 X-선 사진.

내의 거리에서 미래 라이트 콘(future light cone)은 일제히 구의 중심으로 향한다. 지구에 살고 있는 우리가 미래를 향해 가차없이 밀려가고 있는 것처럼, 한 천체의 슈바르츠실트 반지름 안으로 접근하면 시공간을 휘게 만든 천체의 내부를 향해 가차없이 끌려간다는 것이다. 일단 이런 상황에 처하면 탈출은 불가능하다. 빛조차도 여기서 빠져나올 수 없다. 이것은 당신이 아무리 발버둥쳐도 시간이 미래로 흐르는 것을 막을 수 없는 것과 같은 이치다. 슈바르츠실트 반지름으로 정의되는 구면을 해당 천체의 '사건 지평선(event horizon)'이라 한다. 그렇다면 천체 자체에는 어떤 일이 일어날까? 이것이 슈바르츠실트 계량의 두 번째 흥미로운 점이다. 우선 태양을 예로 들어보자. 질량이 태양과 비슷한 별의 슈바르츠실트 반지름은 약 3km이다. 다시 말해서, 태양의 사건 지평선은 태양의 깊숙한 내부에 존재한다. 이런 경우에는 별로 문제될 것이 없다. 태양의 내부로 들어가지 않는 한, 사건 지평선을 넘을 일이 절대로 없기 때문이다.

그러나 중성자별처럼 덩치는 아주 작으면서 밀도가 어마어마하게 큰 천체라면 이야기가 달라진다. 이런 경우에는 사건 지평선이 천체의 외부에 존재할 수도 있다. 이렇게 무지막지한 천체 근처를 배회하다가 부지불식간에 사건 지평선을 침범하면 그것으로 끝이다. 마치 시간을 타고 자연스럽게 미래로 흘러가는 것처럼, 침입자는 자연스럽게, 가차없이 천체의 중심으로 빨려 들어간다. 생각만 해도 끔찍한데, 아무래도 우주에는 이런 천체가 존재하는 것 같다. 중성자의 축퇴압조차 중력을 이기지 못하면 천체는 대책 없이 압축되어 사건 지평선보다 작아지는데, 이런 천체를 블랙홀이라 한다. 더욱 흥미로운 것은 블랙홀의 중심에서 시공간의 곡률이 무한대라는 점이다. 간단히 말해서 중력의 세기가 무한대라는 뜻이다. 흔히 '특이점(singularity)'으로 알려진 이 지점에서

과학자들은 블랙홀을 아직 완전히 이해하지 못했지만,
적어도 그런 천체가 존재한다는 것까지는 알아냈다.
블랙홀은 천문학뿐만 아니라 물리학의 발전을 위해서도
반드시 풀어야 할 숙제이다. 사건 지평선 내부에 적용되는
물리학 이론은 아마도 가장 근본적인 이론일 것이다.

는 우리가 알고 있는 물리 법칙이 더 이상 통하지 않는다. 그렇다면 특이점은 물리학을 초월한 곳일까? 아니다. 그냥 현재의 물리학이 아직 완전하지 않다는 증거일 뿐이다. 블랙홀의 존재가 알려진 후 물리학자들은 새로운 중력 이론을 찾고자 최선의 노력을 기울여왔고, 끈 이론과 같은 양자 중력 이론이 '시공간의 최소 단위'라는 개념을 도입하여 특이점을 피해 가는 시도를 하고 있다.

블랙홀의 등장과 함께 과학계에는 별의별 괴담이 돌기 시작했다. 지금 통용되는 물리학 이론은 과연 옳은 이론일까? 지금 우리가 올바른 길을 가고 있긴 한 걸까? 아직은 알 수 없다. 다만, 블랙홀이라는 괴물 같은 천체가 우주에 존재한다는 것만은 분명한 사실이다.

모든 은하의 중심부에는 질량이 어마어마하게 큰 블랙홀이 자리 잡고 있을 것으로 추정된다. 이런 가설이 제기된 이유는 S2로 알려진 별의 궤도 운동 때문이다. S2는 은하수 중심의 궁수자리 A*로 알려진 강력한 라디오파의 진원지 주변을 공전하는 별로서, 공전 주기가 15년이 조금 넘는다. 공전 반지름을 고려할 때 S2의 속도는 광속의 2%(초속 6000km)에 달하며, 지금까지 관측된 별 중에서 공전 속도가 가장 빠

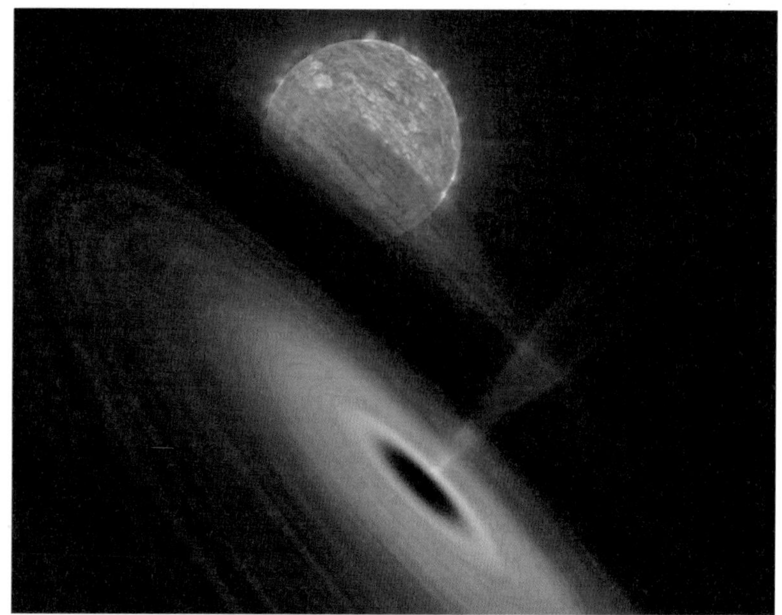

블랙홀의 상상도. 사건 지평선 안으로 들어가면 아무것도 빠져 나올 수 없다.

크다. 일반적으로 천체의 궤도를 알고 있으면 공전 중심에 놓인 모천체(母天體)의 질량을 가늠할 수 있는데, 이로부터 계산된 궁수자리 A* 블랙홀의 질량은 자그마치 태양의 410만 배이다. S2가 블랙홀에 가장 가까이 다가갔을 때 둘 사이의 거리는 17광시(약 184억 km)에 불과하므로, 궁수자리 A* 블랙홀의 크기는 이 값보다 작아야 한다. 그렇지 않으면 S2는 진작 잡아먹혔을 것이다. 그런데 태양보다 410만 배나 큰 질량을 17광시라는 지름 안에 모두 욱여넣으면 블랙홀이 되기 때문에, 은하수의 중심에 거대한 블랙홀이 있다고 추정하는 것이다. 이 가설은 최근 들어 궁수자리 A* 주변에서 27개의 별이 추가로 발견되면서 거의 정설로 굳어졌다. S-항성으로 명명된 이 별들은 궁수자리 A*와 아주 가까운 거리에서 공전 운동을 하고 있다.

블랙홀은 정말 매혹적인 천체이다. 과학자들은 블랙홀을 아직 완전히 이해하지 못했지만, 적어도 그런 천체가 존재한다는 것까지는 알아냈다. 블랙홀이 중요하게 취급되는 이유는 현재 통용되는 물리학의 한계를 벗어나 있기 때문이다. 앞으로 과학이 아무리 발달해도 블랙홀을 직접 볼 수는 없겠지만, 사건 지평선 내부에 적용되는 물리학 이론은 아마도 가장 근본적인 이론일 것이다. 블랙홀을 완전히 이해하려면 시공간의 구조를 설명하는 새로운 중력 이론이 필요하다. 관측천문학의 최고 성배(聖杯)는 블랙홀 주위를 공전하는 펄서를 발견하는 것이다. 우주 어딘가에는 이런 공전계가 분명히 존재하며, 블랙홀 주변의 크게 휘어진 시공간에서 진행되는 우주 시계의 거동은 아인슈타인의 일반 상대성 이론을 극한까지 밀어붙일 것이다. 운이 좋다면 일반 상대성 이론의 약점이 보완되어 새로운 이론으로 재탄생할 수도 있다.

블랙홀의 해부학

블랙홀의 물리적 특성은 아직도 베일에 가려져 있지만, 그런 천체가 존재한다는 것만은 분명하다. 중력이 너무 강해서 빛조차도 빠져나올 수 없는 천체는 이미 18세기에 제안되었으나, 요즘 천문학자들은 우리은하뿐만 아니라 모든 은하의 중심에 블랙홀이 존재할 것으로 예상하고 있다. 블랙홀을 직접 보는 것은 영원히 불가능할지도 모르지만 그 안에 숨어 있는 비밀이 풀리는 날, 우리는 우주에서 가장 근본적인 질문에 답할 수 있을 것이다.

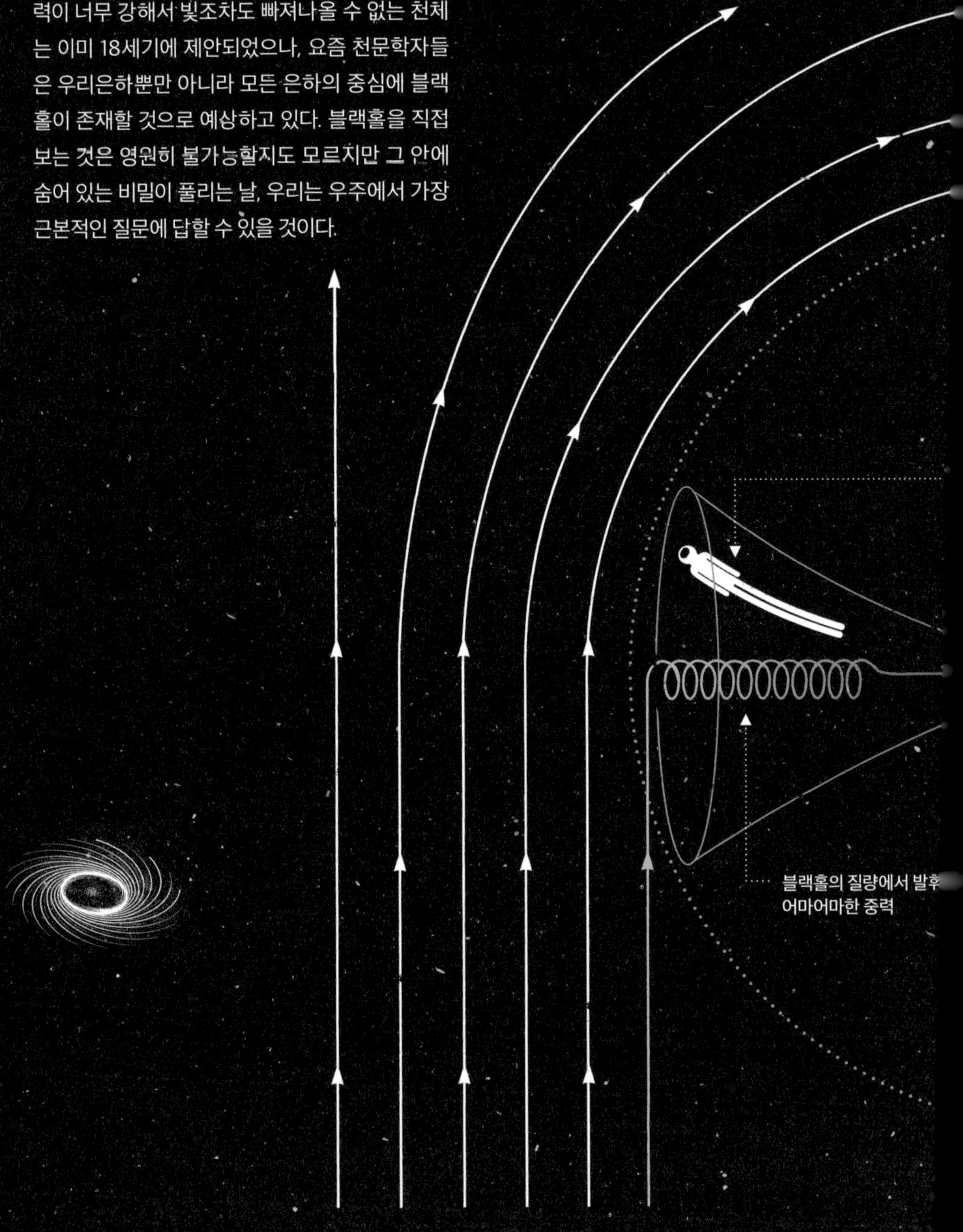
블랙홀의 질량에서 발휘
어마어마한 중력

빛(Light Ray)

빛이 블랙홀에 가까이 다가갈수록 궤적이 크게 휘어진다.

스파게티화(Spaghettification)

블랙홀의 중력에 빨려 들어간 물체는 조력 때문에 세로 방향으로 길어지고 가로 방향으로 가늘어지면서 스파게티 국수 같은 모양이 된다. 이 힘은 우주에 존재하는 어떤 물체도 버틸 수 없을 만큼 강력하다.

사건 지평선(Event Horizon)

이 영역보다 가까이 접근한 물체는 블랙홀의 중력 거미줄에 걸려 절대로 빠져나올 수 없다. 이 안에서는 빛조차 밖으로 빠져나올 수 없으며, 한 번 빨려 들어간 물체는 탈출이 불가능하다. 블랙홀의 질량이 클수록 사건 지평선의 반지름도 크다. 블랙홀은 주변의 기체를 잡아먹으면서 몸집을 서서히 부풀리고 있다.

특이점(Singularity)

블랙홀의 중심을 일컫는 물리학 용어로서, 크기는 무한히 작고 밀도는 무한히 크다. 별이 블랙홀로 진화하기 전에 갖고 있던 모든 질량은 특이점 안에 '정상을 벗어난 상태로' 똘똘 뭉쳐 있다.

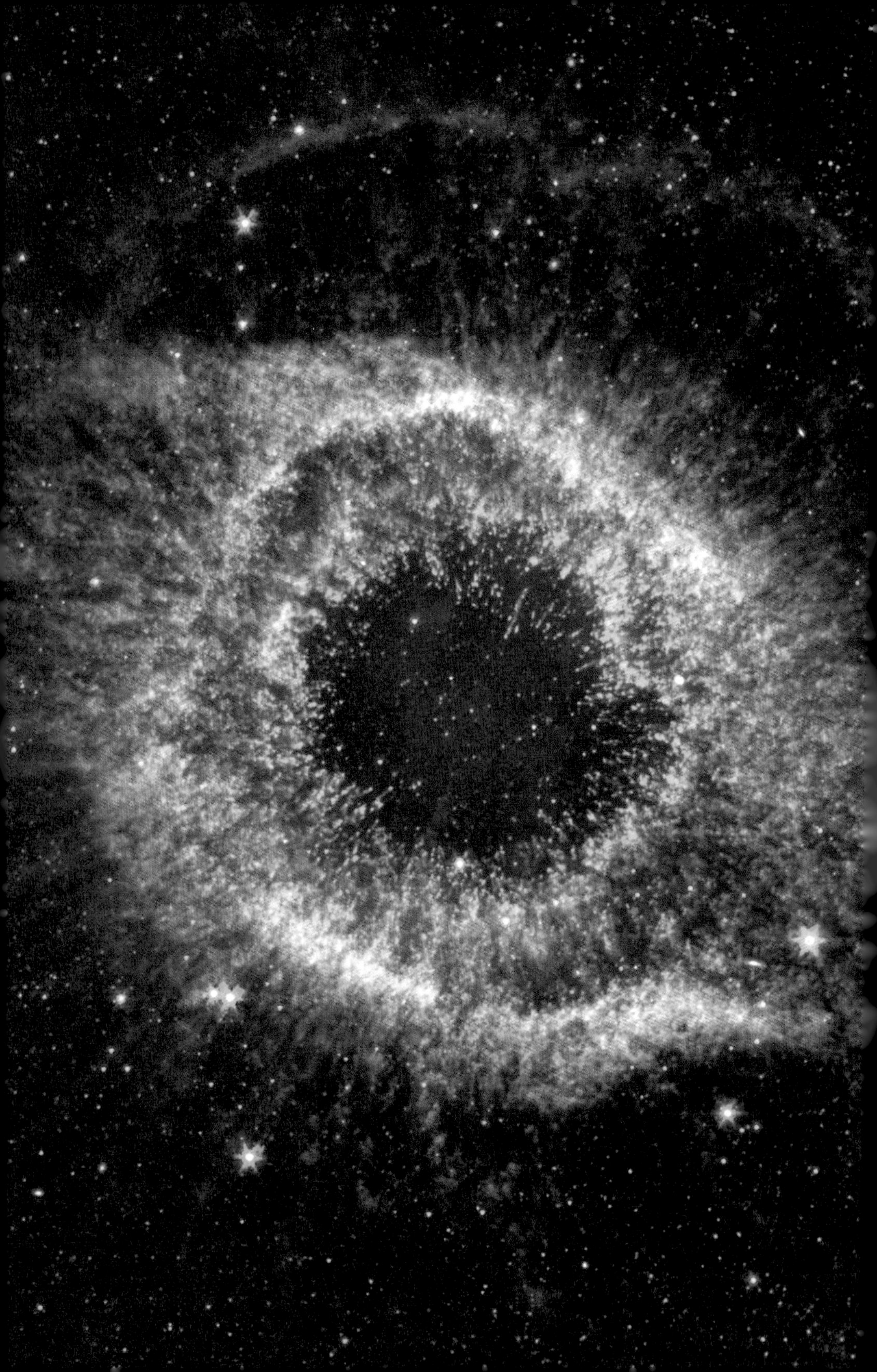

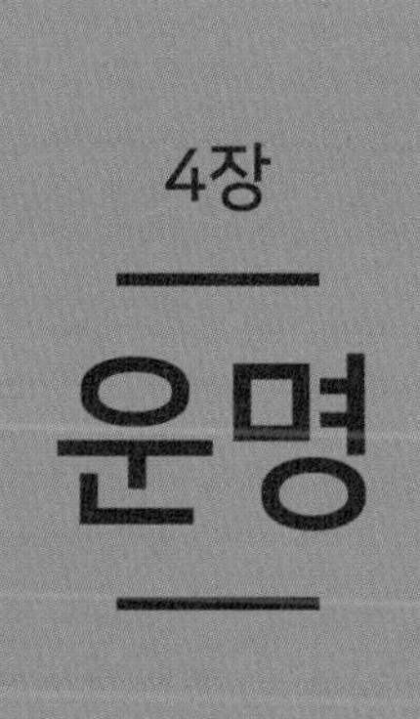

4장 운명

시간의 흐름

시간은 너무나 근본적이어서 시간 없는 우주는 상상조차 할 수 없다. 그러나 현대 과학은 시간의 본질을 아직 규명하지 못하고 있다. 시간은 우리의 일상생활을 통제하면서 모든 것을 가차없이 미래로 밀어붙인다. 시간이 있기에 시작과 끝이 있고, 추억과 희망이 있다. 그러나 시간은 인간의 발명품이 아니다. 인간을 비롯한 우주 만물은 흐르는 시간 속에서 진화해왔다. 시간은 우주의 기본 구조 속에 직물처럼 짜여 있어서, 시간을 이해하는 것은 우주의 근본을 이해하는 것과 다름없다. 우리는 아직 시간을 완전하게 이해하지 못했지만, 시간과 자연의 특성을 끊임없이 연구, 분석하여 우주의 시작과 끝을 어렴풋하게나마 짐작할 수 있게 되었다. 아는 것도 별로 없는 상황에서 이룬 업적치곤 참으로 대단하지 않은가!

페루의 북서부 해안을 따라 펼쳐진 척박한 평원에는 남아메리카 최대의 천문학적 비밀이 숨어 있다. 독자들은 혹시 찬킬로(Chankillo)에 있는 언덕 요새에 대해 들어본 적이 있는가? 내 친구들 중에는 이곳을 아는 사람이 별로 없다. 직접 방문해본 사람은 더욱 드물 것이다. 그러나 찬킬로 언덕 요새는 고고학자와 지질학자에게 가장 매력적이면서 상상력을 자극하는 유적지로 꼽힌다. 약 2500년 전, 미지의 문명인들이 이 황량한 지대에 도시를 건설했다. 이곳에서 가장 큰 건축물은 요새처럼 생긴 사원으로, 하얀 벽에 붉은색으로 그려진 인물화가 매우 인상적이다. 한때 이 사원은 평원 전체가 내려다보이는 자리에서 최고의 위엄을 자랑했으나, 지금은 일부 장식만 남은 채 거의 폐허가 되었다. 사원의 위치는 고고학자들 사이에서 오랫동안 수수께끼로 남아 있었다. 전망은 좋지만 적의 공격을 방어하기에는 결코 좋은 장소가 아니기 때문이다. 찬킬로의 원주민들이 장소를 선택할 때 실수를 범한 것일까? 그랬을 것 같지는 않다. 그런데 최근 들어 이 유적지의 핵심이 언덕 꼭대기가 아니라 평원 아래라는 주장이 제기되었다.

언덕 요새에서 동쪽을 바라보면 남북으로 뻗은 능선 위에 우뚝 선 탑 13개가 시야에 들어온다. 최근에 한 연구팀이 이곳에서 발굴 작업을 벌이다가 13개 탑의 동쪽과 서쪽에서 관측소로 추정되는 추가 유적을 발굴했는데, 연구팀은 두 유적의 위치와 방위를 분석한 끝에 공룡의 등에 솟은 비늘을 연상케 하는 탑 13개가 일종의 '달력'이라는 결론을 내렸다. 일출 시간에 서쪽 관측소에서 탑 사이로 떠오르는 태양을 바라보면 그 이유를 알 수 있다. 나는 그동안 세계 여러 곳을 돌아다니며 다양한 일출을 봐왔지만, 찬킬로의 일출만큼 역동적이고 웅장한 일출은 본 적이 없다. 두 탑 사이로 붉은 태양이 모습을 드러내는가 싶더니, 아주 짧은 순간 사막의 하늘에서 다이아몬드처럼 찬란한 빛을 발

찬킬로의 언덕 요새 유적지는 페루 사막의 드넓은 평원에 우뚝 서 있다.

찬킬로 13개 탑에는 우주의 시간을
계량하고 이해하려 했던 조상들의 열정과 본능이
고스란히 배어 있다.

했다. 아무것도 없는 하늘을 배경으로 태양을 바라보면 움직이는 것을 거의 느낄 수 없지만, 탑 사이로 떠오르는 태양을 바라보고 있으면 지구의 자전이 실감나게 느껴진다. 나는 서쪽 관측소에서 일출을 감상하다가 어느 순간 얼굴을 돌리고 말았다. 마치 신의 얼굴을 대면하는 듯한 느낌이 들었기 때문이다.

고고학자들은 찬킬로의 13개 탑이 단순한 사원이 아니라 정교하게 만들어진 달력이었을 것으로 추정하고 있다. 단진자나 기어 등 시계 부품을 연상케 하는 장치는 하나도 없지만, 태양이 떠오르는 탑의 위치로 날짜를 헤아렸다는 것이다. 고대 천문공학의 걸작인 13개 탑은 동쪽 지평선에서 일출 지점의 이동을 알려주는 거대한 관측 도구였다. 예를 들어 남반구의 하지인 12월 21일이 되면 태양은 가장 남쪽에 있는 탑의 왼쪽에서 떠오르고, 그다음부터 날이 갈수록 일출 지점이 북쪽으로 이동하다가 동지(6월 21일)가 되면 가장 북쪽에 있는 탑의 왼쪽에서 떠오른다. 능선 위에 이런 탑이 일렬로 13개가 서 있으므로, 찬킬로의 원주민들은 오늘 날짜를 2~3일 오차 이내로 파악할 수 있었을 것이다. 내가 이곳에서 일출을 본 날은 9월 15일이었는데, 여섯 번째와 일곱 번째 탑 사이로 태양이 떠올랐다. 13개 탑이 처음 건설된 이후 2500년 동안 매년 9월 15일이 되면 태양은 바로 그 위치에서 떠올랐을 것이다.

나는 물리학자로서 태양이 움직이는 원리를 잘 알고 있는 편이다. 그러나 찬킬로처럼 조용하고 드라마틱한 곳에서 장엄한 일출을 내 눈으로 직접 목격해보니, 고대인들이 태양을 숭배했던 이유를 충분히 알 것 같았다. 찬킬로 원주민들이 이토록 넓은 부지에 신전을 건설한 것은 신을 모시는 것 외에 다른 기능이 필요했기 때문이다. 이곳은 사원이자 달력이었고, 하늘의 움직임을 관찰하는 천문대였다. 성스러운 날에는 이곳에 사람들이 모여 온갖 제물을 쌓아놓고 떠오르는 태양과 신의 출현을 축하했을 것이다.

찬킬로의 원주민들은 사라졌지만 그들이 쌓은 13개 탑은 오늘날까지 살아남아 달력의 기능을 말없이 수행하고 있다. 이 유적지에는 우주의 시간을 계량하고 이해하려 했던 조상들의 열정과 본능이 고스란히 배어 있다.

찬킬로 사원의 서쪽에 있는 13개탑은 신을 모시는 사원이자 날짜를 헤아리는 달력이었을 것으로 추정된다. 일출 시간에 관측소에서 태양이 떠오르는 탑의 위치를 확인하면 지금이 1년 중 어떤 시기인지 알 수 있다.

우주의 시계

인간의 생체 리듬은 지구의 주기 운동에 전적으로 의존하고 있다. 지구의 적도는 시속 1670km로 자전하기 때문에, 우리는 좋건 싫건 매일 밤과 낮을 번갈아 맞이하는 수밖에 없다. 지구는 정확한 주기로 자전과 공전을 반복하면서 모든 생명체의 삶을 지배해왔다. 지구가 한 번 자전하는 데 걸리는 시간은 24시간, 또는 1440분, 또는 8만 6400초이다. 적도에 사는 사람은 이 시간 동안 지구의 둘레에 해당하는 4만 74km를 이동하여 원위치로 돌아온다. 지구는 생명체가 존재하지 않았던 오랜 옛날(약 45억 년 전)부터 이와 같은 주기 운동을 계속해왔다.

우리가 사용하는 달력은 지구의 주기 운동에 기초하고 있다.
지구의 자전 주기는 24시간이고, 공전 주기는 365일 5시간 48분 46초이다.

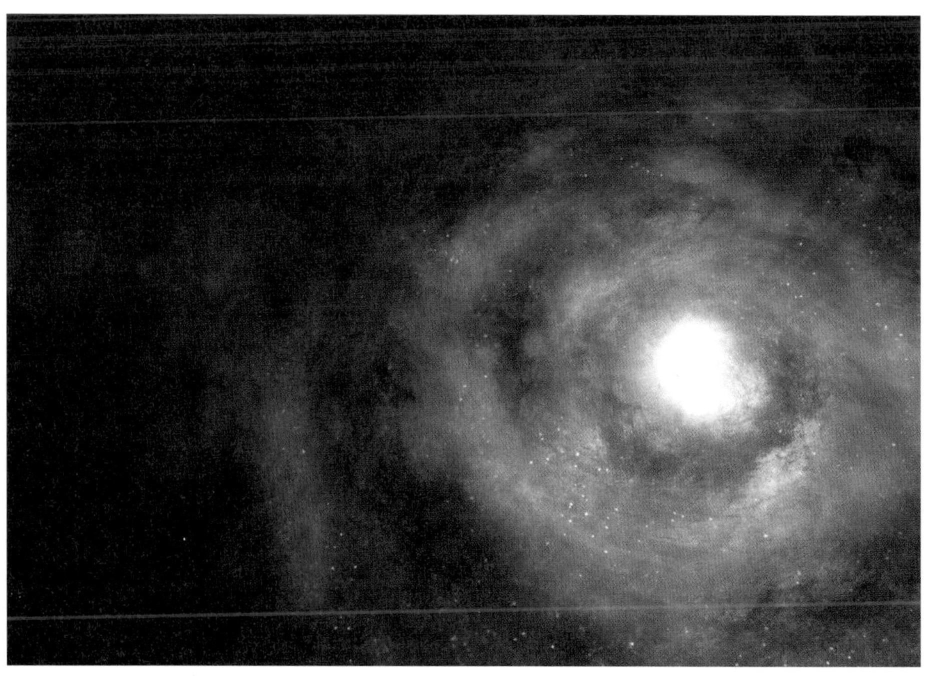

또한 지구는 시속 10만 8000km라는 어마어마한 속도로 태양 주위를 공전하고 있다. 태양과 평균 거리 1억 5000만 km를 유지하면서 공전궤도를 따라 365일 5시간 48분 46초 동안 9억 7000만 km를 이동하면 원위치로 돌아온다(물론 태양계 자체가 움직이고 있으므로 정확한 원위치는 아니다 — 옮긴이). 이 시간 동안 지구는 사계절을 겪게 되고, 거기 사는 생명체들은 계절에 맞는 적응 기술을 구사하며 필사의 생존 경쟁을 벌인다. 이것이 바로 '1년'이라는 시간이다.

하늘의 어느 곳을 바라봐도, 거기에는 시간의 흐름을 가늠할 수 있는 천연 시계가 존재한다. 예를 들어 달은 지구 둘레를 27일 7시간 43분마다 한 바퀴씩 공전하고 있으며, 조력에 의한 동주기 자전이 거의 완성된 단계여서 자전 주기도 27일로 공전 주기와 거의 같다. 그래서 달은 지구에 한쪽 면만 보여주고 있다. 화성의 자전 주기는 24시간 37분으로 지구와 비슷하지만, 공전 주기는 지구 시간으로 687일(약 1.88년)이다. 태양에서 가장 먼 행성인 해왕성은 공전 주기가 6만 일(약 165년)이나 된다. 해왕성은 1846년에 처음 발견되었는데, 그때부터 시작해서 한 차례의 공전이 완성된 날은 2011년 9월이었다.

태양계 너머 먼 우주에서도 시계 역할을 하는 자연현상이 진행되고 있지만, 거리가 멀수록 자연현상의 주기가 상상을 초월할 정도로 길어진다. 지구를 비롯한 태양계의 행성들이 우주 공간에 시간의 흐름을 기록하면서 태양 주위를 공전하는 동안, 태양계 자체도 거대한 궤도 운동을 하고 있다. 우리는 은하수에 속한 2000억 개의 태양계 중 하나에 불과하며, 모든 태양계는 은하의 중심에 자리 잡고 있는 초대형 블랙홀을 중심으로 자신에게 할당된 주기 운동을 수행하고 있다. 우리의 태양계는 주변의 다른 천체와 함께 시속 79만 2000km의 속도로 이동하고 있다. 이런 식으로 2억 2500만 년 동안 이동하면 처음 위치로 되돌아오는데, 이 시간을 '1은하년(galactic year)'이라 한다. 지구의 나이가 45억 년이므로, 처음 탄생한 후 지금까지 블랙홀 주위를 20회 공전했다. 은하년으로 나이를 세면 지구는 20세 청년인 셈이다. 인류가 지구에 처음 등장한 것이 25만 년 전이었으니까, 인류의 역사는 1000분의 1은하년도 안 된다. 지구의 1년에 비유하면 여름날의 오후 한나절쯤 된다.

1은하년은 정말 엄청나게 긴 시간이다. 인류의 역사가 1은하년의 한 순간에 불과하다니, 그동안 쌓아온 문명이 갑자기 초라해 보인다. 우리는 분(分), 일(日), 월(月), 연(年)이라는 짧은 시간 단위에서 살고 있기 때문에, 1은하년이 얼마나 긴 시간인지 가늠하는 것은 거의 불가능하다. 그러나 이것은 인간의 관점일 뿐, 지구에는 1은하년에 맞먹는 세월 동안 살아온 생명체도 있다.

은하시계

우주에서 정적인 것은 하나도 없다. 은하시계는 영원히 돌아갈 것이며, 그 안에 있는 모든 행성은 각자 나름대로 일-주-월-연을 겪으면서 우주의 새 역사를 써나갈 것이다. 우주의 모든 곳에서 시간은 고유한 리듬에 따라 흐르고 있다. 태양계의 외곽으로 갈수록 행성의 1년은 점점 더 길어진다. 은하수에 존재하는 2000억 개의 다른 태양계도 은하의 중심에 있는 초대형 블랙홀 주위를 공전하면서 자신만의 리듬을 유지하고 있다.

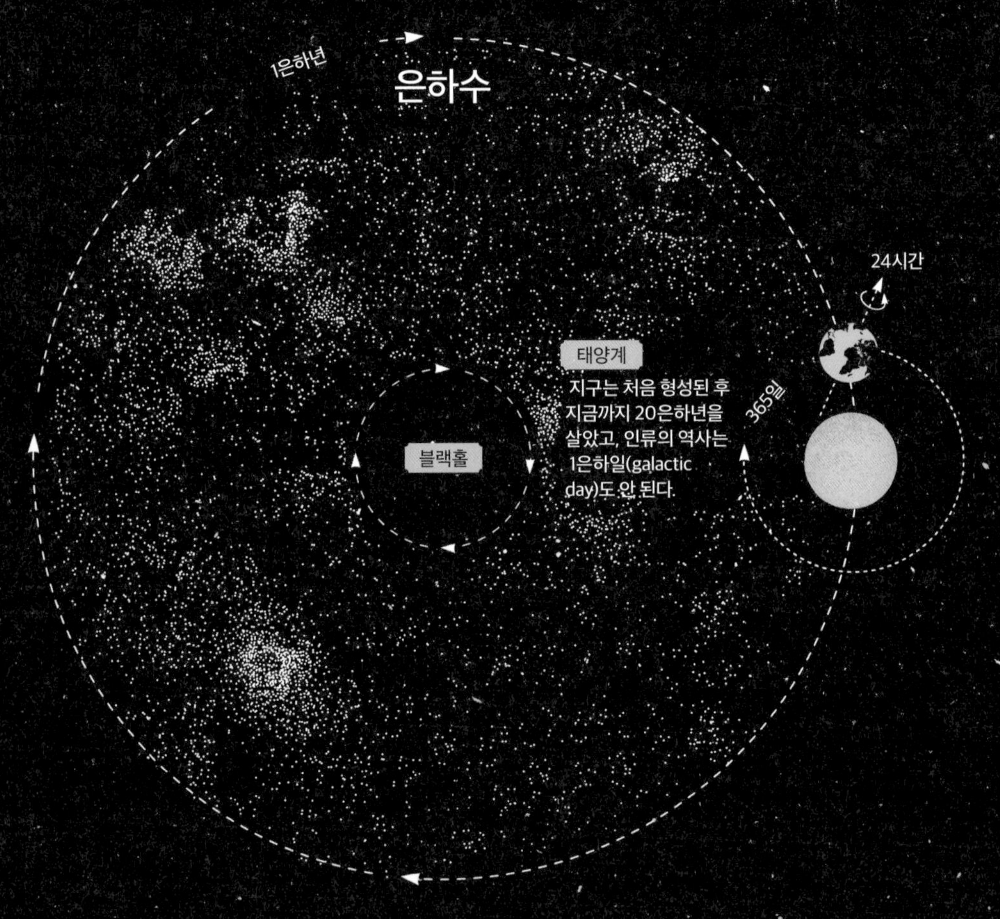
1은하년
은하수
24시간
태양계
지구는 처음 형성된 후 지금까지 20은하년을 살았고, 인류의 역사는 1은하일(galactic day)도 안 된다.
365일
블랙홀

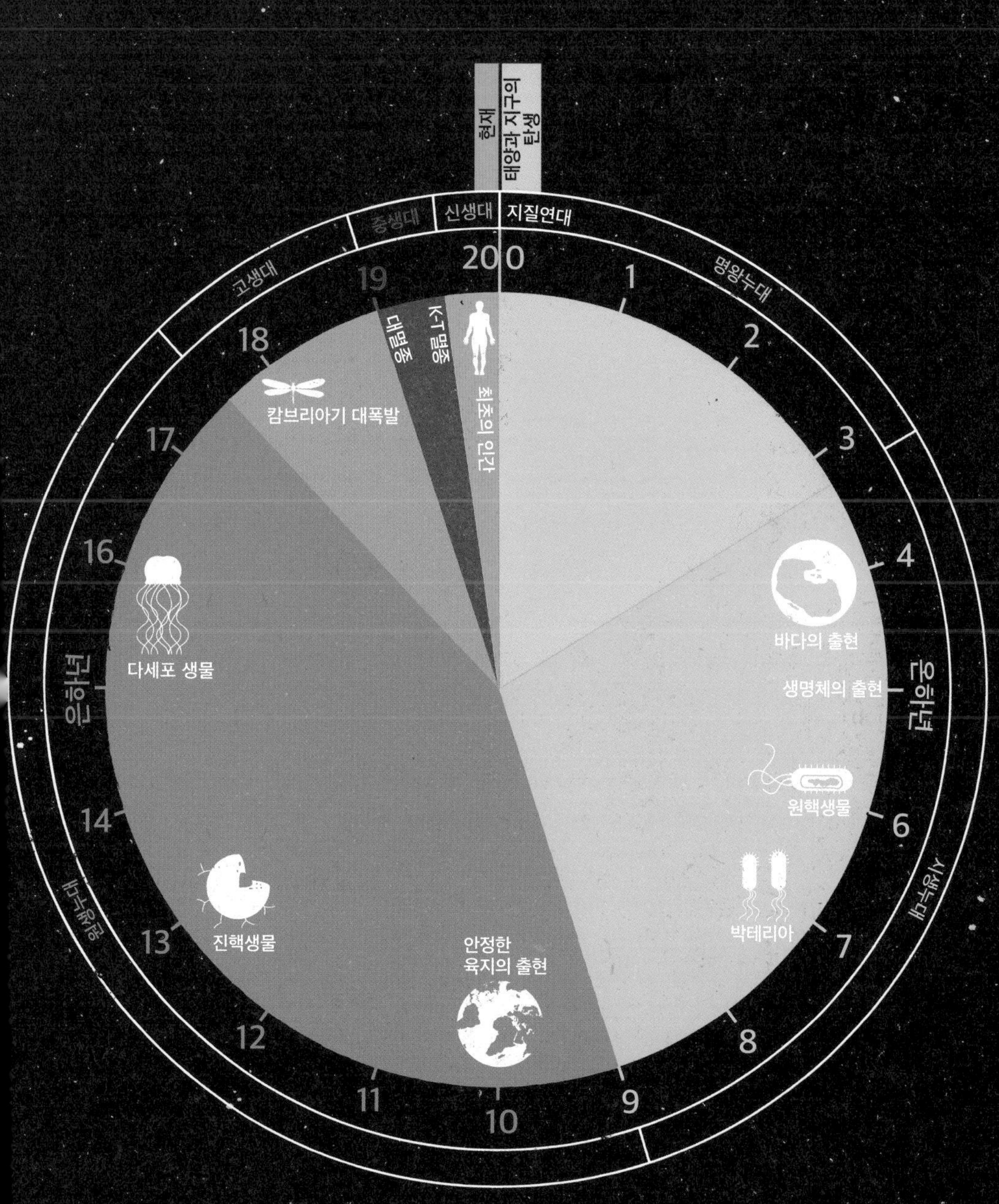

현재
태양과 지구의 탄생
중생대
신생대
지질연대
고생대
명왕누대
시생누대
원생누대
은하년
은하년
20
0
1
2
3
4
6
7
8
9
10
11
12
13
14
16
17
18
19
대멸종
K-T 멸종
최초의 인간
캄브리아기 대폭발
바다의 출현
생명체의 출현
원핵생물
박테리아
안정한
육지의 출현
진핵생물
다세포 생물

고대 생명체

코스타리카의 태평양 연안에 있는 오스티오날(Ostional) 야생동물 보호구역은 자연의 경이로 넘쳐나는 곳이다(지도에서 보면 남아메리카와 북아메리카를 잇는 가느다란 다리에 해당한다). 이곳에 가면 선사 시대부터 살아온 바다 생명체들이 해변 모래밭에 낳은 알을 심심치 않게 볼 수 있다. 우리는 허름한 축구장을 중심으로 형성된 작은 마을에 짐을 풀고, 그 근처에 있는 오스티오날 해변에서 촬영을 시작했다. 이곳은 세계에서 몇 안 되는 바다거북의 서식지이자, 지구에서 가장 오래된 생명의 순환이 이루어지는 곳이기도 하다.

촬영팀이 오스티날 야생동물 보호구역에 온 이유는 지난 1억 2000만 년 동안 해마다 이곳을 찾아왔던 바다거북을 필름에 담기 위해서였다. 1억 2000만 년이면 반(半)은하년에 해당하는 세월이다. 어두운 밤에 야간 투시용 카메라를 들고 바다거북을 기다리다 보니, 장구한 바다거북의 역사와 300만 년 남짓한 인류의 역사가 겹쳐지면서 거북의 인내가 새삼 위대하게 느껴졌다. 인간은 지구에 대하여 꽤 많은 것을 알고 있다. 북반구에는 유럽 대륙이 있고, 그 남쪽에는 지중해를 사이에 두고 아프리카 대륙이 자리 잡고 있다. 북유럽에서 동쪽으로 계속 나아가면 시베리아와 몽골, 중국을 거쳐 일본에 도달한다. 여기서 계속 동쪽으로 가면 넓디넓은 태평양을 가로질러 미국의 캘리포니아 해변에 도달할 것이다. 각 대륙의 형태는 영원히 유지될 것 같지만, 지난 1억 년 사이에 대륙이 서서히 이동하여 북아메리카 대륙은 유럽과 멀어졌고, 한 덩어리로 붙어 있던 남아메리카와 아프리카, 그리고 오스트레일리아와 남극 대륙이 분리되어 각자의 길을 가게 되었다. 바다거북의 조상들은 육지에 오를 최적기를 기다리며 지난 1억 년 동안 바다를 배회하면서 대

알을 낳기 위해 코스타리카의 오스티오날 해변에 올라온 바다거북. 1억 년 동안 면면히 이어져온 생명의 순환 과정을 현장에서 보고 있자니, 바다거북의 장구한 역사와 인간의 짧은 역사가 대비되면서 바다거북의 인내가 새삼 위대하게 느껴졌다.

륙이 변해가는 모습을 지켜보았다. 1억 년 전에는 태양계가 은하수의 반대편에 있었으므로, 하늘의 별자리도 지금과는 완전 딴판이었을 것이다. 나는 바다거북이 모래사장으로 기어 올라와 알을 낳고 조용히 바다로 돌아가는 모습을 한동안 물끄러미 바라보았다.

시간 측정의 역사

인간은 오랜 옛날부터 시간을 측정해왔다. 초창기에는 눈에 잘 띄는 자연현상을 시계로 사용했기 때문에 정확성에 한계가 있었지만, 현대의 시간 측정 기술은 상상을 초월할 정도로 정교해졌다. 인류는 약 3만 년 전부터 시간을 측정하기 시작했는데, 최초로 사용한 시계는 밤하늘에 뜬 달이었다. 석기 시대 원시인에게 달은 가장 눈에 잘 띄는 주기 현

1656년에 크리스티안 하위헌스가 발명한 최초의 진자시계는 1930년대까지 가장 정확한 시간 측정 도구였다.

상이었기에, 달의 위상 변화를 이용하여 최초의 달력을 만들었다. 그 후 시간 측정 단위가 점점 세밀해지면서 특정 시간 간격을 뜻하는 어휘가 생겨났고, 다양한 주기 운동을 이용한 시간 측정 장치가 만들어지기 시작했다.

과거에는 하루 시간대를 뜻하는 어휘가 아침, 점심, 저녁뿐이었다. 태양이나 달의 주기 현상으로는 시간을 더 이상 세분하기가 어려웠기 때문이다. 그러나 문명의 발달과 함께 생활 패턴이 복잡해지면서 시간을 더 잘게 세분해야 할 필요성이 대두했고, 그 결과 모든 기계 장치 중 가장 정밀하면서 인간의 삶에 가장 큰 영향을 미친 도구가 발명되기에 이르렀다.

인류는 오랜 세월 동안 시간을 알고 싶을 때마다 하늘을 올려다보았다. 주기적으로 움직이는 태양과 달, 그리고 별이 그 자체로 시계였기 때문이다. 그러던 어느 날, 누군가 고개를 쳐들지 않고서도 시간을 알 수 있는 장치를 발명했다. 땅에 막대를 꽂아놓고 바닥에 드리운 그림자의 위치로 시간을 읽는 해시계가 바로 그것이다. 그 후 이 장치는 다양한 문명권에 도입되어 해가 떠 있는 동안 꽤 정확한 시간을 알려주었다. 하지만 날씨가 흐리거나 해가 진 후에는 사용할 수 없다는 것이 문제였다.

해시계가 아닌 다른 방식으로 시간을 측정한 최초의 문명은 고대 이집트였다. 흐르는 물을 이용하여 시간을 측정하는 물시계의 기원은 기

갈릴레오는 정확한 주기로 왕복하는 단진자를 이용하여 시간을 측정하는 정밀 도구를 발명했다.

원전 6000년까지 거슬러 올라간다. 그러나 학계에서 인정하는 최초의 물시계는 기원전 1400년 경 이집트의 파라오 아멘호텝 3세(Amenhotep III) 때 제작되었다. 평범한 돌그릇처럼 생긴 이 시계에 물을 가득 채워 넣으면 밑바닥에 뚫린 조그만 구멍을 통해 물이 일정한 비율로 새어나오는데, 그릇 안쪽 면에 12개의 눈금이 새겨져 있어서 수위를 읽으면 시간을 알 수 있다. 해시계의 단점을 극복한 물시계는 이집트 전역에 보급되어 사람들의 생활을 지배했고, 사제들은 약속된 시간에 종교 의식을 치를 수 있게 되었다.

그 후로 물시계는 꾸준히 개선되어 여러 문화권에 빠르게 퍼져나갔으며, 물을 모래로 대체한 모래시계도 널리 사용되었다. 1522년에 배를 타고 지구를 한 바퀴 돌았던 포르투갈의 탐험가 페르디난드 마젤란(Ferdinand Magellan)은 정확한 시간을 측정하기 위해 18개의 모래시계를 사용했다.

시간을 측정하는 기술은 진자시계의 등장과 함께 새로운 단계로 접어든다. 물리학적 관점에서 진자의 운동을 처음 분석한 과학자는 갈릴레오였다. 진자가 시계로 사용된 이유는 한 번 왕복하는 데 걸리는 시간, 즉 주기가 일정하기 때문이다. 진자의 왕복 주기를 결정하는 요인은 진자가 매달려 있는 줄의 길이와 지구의 중력이다. 언뜻 생각하면 진자가 움직이는 폭에 따라 주기가 달라질 것 같지만, 사실은 그렇지 않다. 진동 각도가 아주 크지만 않으면 진자의 주기는 진폭과 거의 무관하다. 중고등학교 시절에 과학 공부를 열심히 한 사람들은 다음 공식이 그리 낯설지 않을 것이다.

$$T \approx 2\pi\sqrt{\frac{L}{g}}$$

여기서 T는 진자의 주기(period)이고 L은 진자의 길이, g는 중력 가속도이다. g는 지구 중력의 세기를 가늠하는 양인데, 지구 전역에서 9.81m/s^2으로 거의 균일하다. 따라서 길이만 잘 조정하면 특정한 주기로 진동하는 진자를 만들 수 있다. 할아버지 시대에 유행했던 커다란 추시계는 대부분 2초마다 한 번씩 추가 진동하도록 설계되어 있는데, 위의 공식에 $T = 2\text{s}$, $g = 9.81\text{m/s}^2$을 대입한 후 약간의 이항 과정을 거치면 $L = 1\text{m}$가 얻어진다. 시계추의 길이만 1m나 되었으니, 전체 크기가 어른 키보다 컸던 것이다. 진자시계는 1656년에 네덜란드 물리학자 크리스티안 하위헌스가 최초로 발명한 후 다양한 방식으로 개선되었으며, 그보다 정확한 시계가 등장한 것은 거의 300년이 지난 1930년대의 일이었다.

요즘 우리는 초정밀 원자시계 덕분에 언제 어디서나 정확한 시간을 알 수 있게 되었다. 원자시계는 전자가 에너지 준위 사이를 점프할 때 방출되는 빛의 진동수를 '진자'로 사용한 시계이다. 특정 원자에서 방출되는 빛의 진동수는 지구뿐만 아니라 우주 전역에서 항상 같기 때문에, 하루당 1억분의 1초 이내로 정확도를 유지한다. '1초'라는 단위는 원래 지구 자전 주기의 8만 6400분의 1로 정의되었다가, 원자시계가 출현한 후 "바닥 상태에 있는 세슘-133 원자가 초미세 준위 두 개 사이를 이동할 때 방출되는 단색광이 9,192,631,770개의 파장만큼 진행하는 데 걸리는 시간"으로 수정되었다. 일상적인 말로 풀어쓰면 "세슘 원자 속의 전자가 특정한 곳으로 점프할 때 방출되는 빛의 마루(파동에서 제일 높은 곳)가 당신의 눈앞에서 9,192,631,770번 지나가는 데 걸리는 시간"이다.

초정밀 원자시계를 이용하면 상상할 수 없을 정도로 짧은 시간까지 측정할 수 있다. 현재의 기술로 측정할 수 있는 시간의 최소 단위는 '1경 2000조분의 1초(1/12,000,000,000,000,000초)'이다. 이 시간 동안 빛은 일렬로 늘어선 수소 원자 36개를 지나갈 수 있다. 빛이 우주에서 가장 빠르다지만, 이런 관점에서 보니 별로 빠르지 않은 것 같다.

시간을 측정하는 기술은 해시계에서 시작하여 더 이상 정확할 수 없을 만큼 발전했지만, 시간에 대하여 우리가 할 수 있는 일이란 그저 "측정하는 것" 뿐이다. 고대의 달력에서 최첨단 원자시계에 이르는 동안 우리는 흐르는 시간을 측정하기만 했을 뿐, 시간을 제어한 적은 단 한 번도 없었다. 시간은 절대로 멈추지 않고 방향을 바꾸지도 않으며, 오직 미래를 향해 가차없이 나아간다. 바로 여기에 우주의 심오한 비밀이 숨어 있다.

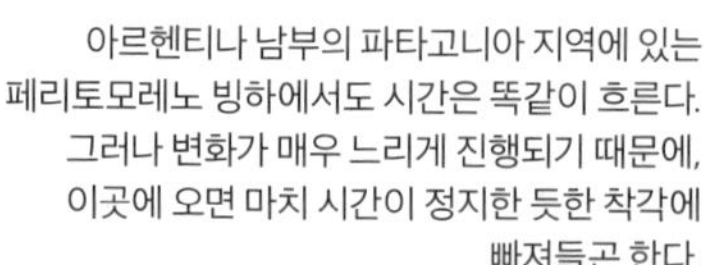

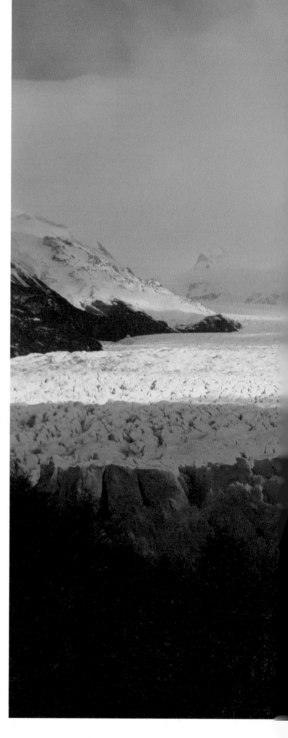

아르헨티나 남부의 파타고니아 지역에 있는 페리토모레노 빙하에서도 시간은 똑같이 흐른다. 그러나 변화가 매우 느리게 진행되기 때문에, 이곳에 오면 마치 시간이 정지한 듯한 착각에 빠져들곤 한다.

시간의 화살

아르헨티나 남부의 파타고니아(Patagonia) 지역에 있는 페리토모레노 빙하(Perito Moreno glacier)는 지구 최고의 경관을 자랑하는 곳이다. 로스 글라시아레스 국립공원(Los Glaciares National Park)에 있는 거대하고 푸른 얼음 절벽은 남부 파타고니아 빙원에서 시작하여 대륙을 쓸고 지나가는 수백 개 빙하 중 하나이다. 총면적 250km², 깊이 170m의 페리토모레노 빙하는 얼음과 물이 만나는 아르헨티노 호수(Lake Argentino)에서 끝나는데, 배를 타고 빙벽을 따라가면 천혜의 경관을 가까운 거리에서 마음껏 감상할 수 있다.

언뜻 보면 빙하는 거대한 산처럼 그 자리에 멈춰 있는 것 같다. 시간까지 빙하와 함께 얼어붙은 느낌이다. 그러나 배를 타고 빙벽에 가까이 접근하는 것은 절대 금물이다. 자칫하면 큰 사고가 날 수도 있기 때문이다. 나를 태운 배가 빙벽으로 다가가자 시간의 흐름이 몸으로 느껴지기 시작했다. 사실 이 빙하는 지난 수십만 년 동안 끊임없이 움직여왔고, 지금도 조금씩 움직이는 중이다. 높이가 70m에 이르는 빙하의 가장자리 벽은 하루에 50cm씩 호수 안으로 유실되고 있다. 매년 수십억 톤의 빙하가 호수로 떨어져 사라진다는 뜻이다. 빙하가 무너져 내리는 광경은 쉽게 볼 수 없지만 거대한 얼음 덩어리가 갈라지는 소리는 언제든

빙하 조각이 호수에 떨어지면 파도가 일어난다. 이 모든 것은 거대한 질서의 일부분이다. 질서에서 벗어난 현상이 발생하면, 이는 곧 무언가 잘못되었다는 뜻이다.

지 들을 수 있다.

이 모든 변화는 거대한 질서의 일부분이다. 눈이 내리면 얼음이 형성되고, 빙하는 계곡 아래로 서서히 움직이고, 물과 얼음이 만나면 얼음 덩어리가 호수에 떨어지면서 파도가 일어난다. 일련의 사건이 특정한 규칙에 따라 순차적으로 일어난다는 것은 시간이 흐른다는 증거이다. 규모는 작지만 우리가 매일같이 겪는 일상사들도 나름대로 규칙을 따르고 있다. 만일 어떤 사건이 평소와 다른 경로를 통해 일어난다면, 우리는 곧바로 무언가 잘못되었음을 인식하고 방어 태세로 들어간다. 그런데 일련의 사건이 거꾸로 진행될 수도 있을까? 예를 들어 호수에 파도가 발생하고 물이 갑자기 얼음 덩어리로 변해 빙벽 쪽으로 튀어 올라 빙하의 일부가 되는 사건도 일어날 수 있을까? 이런 것을 금지하는 물리 법칙은 없다. 이론적으로는 얼마든지 가능하다. 그러나 호숫가에서 아무리 오래 기다려도 이런 일은 절대로 일어나지 않는다. 우리는 식탁 위의 접시가 바닥으로 떨어져서 박살나면 그저 이맛살을 찌푸리며 진공청소기를 돌리지만, 박살난 조각들이 스스로 붙어서 접시가 되고, 그 접시가 식탁 위로 튀어 오른다면 비명을 지르며 집 밖으로 달아날 것이다. 이처럼 모든 사건에는 자연스러운 순서가 있다. 왜 그럴까? 사건의 순서가 거꾸로 뒤집어져도 물리 법칙에 위배되지 않는데, 왜 모든 사건은 지금과 같은 순서만 고집하는 것일까? 물리학자들은 그 이유를 '시간의 화살(arrow of time)'에서 찾고 있다.

이 용어를 처음 사용한 사람은 영국의 물리학자 아서 에딩턴 경이다. 그는 20세기 초에 단순하고 심오한 우주의 원리를 설명하면서 시간의 화살을 언급했다. 간단히 말해서 "시간은 특정한 방향으로만 진행한다"는 뜻이다. 에딩턴은 1차 세계대전이 진행되는 동안 아인슈타인의 상대성 이론을 영어권 국가에 전파하는 데 중요한 역할을 했고, 1919년 5월

29일에 아프리카의 프린시페 섬(Principe Island)에서 일식을 관측하여 일반 상대성 이론의 타당성을 입증했다. 1928년에는 논문 〈물리적 세계의 본질(The Nature of the Physical World)〉에서 두 가지 중요한 개념을 도입했는데, 그 당시에는 물론이고 지금까지도 과학자들 사이에 끊임없이 회자되면서 과학 문명의 아이콘으로 남아 있다. 첫 번째 개념은 이른바 '원숭이 이론(monkey theorem)'으로, "시간이 무한히 흐르면 물리 법칙에서 허용된 사건은 발생 확률이 아무리 낮아도 반드시 일어난다"는 내용이다. 예를 들어 타자기 여러 대를 방에 늘어놓고 그 안에 원숭이 떼를 들여보내면 타자기 위를 마음대로 뛰어다니며 대영박물관에 보관된 모든 책을 써낼 것이라는 이야기다. 사실, 원숭이들이 타자기로 셰익스피어의 《햄릿(Hamlet)》을 쓸 확률은 거의 0에 가깝다. 하지만 여기서 주목할 것은 시간이 '무한대'로 주어졌다는 점이다. 확률이 아무리 낮다 해도 시간이 무한대로 흐른 후 원숭이들이 쓴 무한대의 원고를 잘 추리면 《햄릿》뿐만 아니라, 이 세상에 존재하는 모든 책을 만들 수 있다. 이 논리는 에딩턴이 말했던 시간의 화살과 밀접하게 관련되어 있다. 여기서 잠시 에딩턴이 쓴 논문의 도입부를 읽어보자.

"임의의 방향으로 화살표를 그려보자. 이 화살표를 따라갔는데 무작위적 요소가 점점 많아진다면 화살표가 가리키는 방향은 미래이며, 반대로 무작위적 요소가 점점 줄어든다면 화살표가 가리키는 방향은 과거이다. 물리학적 관점에서 볼 때 과거와 미래의 차이는 이것뿐이다. 지금부터 시간이 한쪽 방향으로만 흐르는 성질을 '시간의 화살'이라 부르기로 한다. 물론 공간에는 이런 특성이 존재하지 않는다. 특정한 방향성을 갖고 있는 것은 오직 시간뿐이다."

에딩턴의 화살은 시간의 특성을 간단명료하게 보여주고 있다. 시간은 오직 한 방향으로만 진행한다. 그런데 그가 말한 '무작위성'이란 무엇을

아르헨티노 호수에 떠 있는 거대한 빙벽은 세월이 아무리 흘러도 변하지 않을 것 같지만 아주 서서히, 그리고 가차없이 미끄러져 내리고 있다.

의미하는가? 우주가 끊임없이 진화한다는 것은 분명한 사실인데, 그 진화의 원동력은 과연 무엇인가? 무작위성의 정도는 어떻게 정의해야 하는가? 과거와 미래는 왜 다른가? 시간은 왜 미래로만 흐르는가? 시간의 물리적 특성은 그런 대로 잘 알려져 있지만, 19세기 말까지만 해도 과학자들은 시간이 미래로만 흐르는 이유를 전혀 설명하지 못했다. 시간의 본질은 대체 무엇인가? 이 지독한 수수께끼는 시간과 무관해 보이는 어떤 실용적인 문제가 해결되면서 조금씩 베일을 벗기 시작했다.

무질서 속의 질서

1712년에 영국의 발명가 토머스 뉴커먼(Thomas Newcomen) 경은 최초로 상업적 가치가 있는 증기 기관을 발명하여 산업혁명의 첫발을 내디뎠다. 그러나 대부분의 사람들은 증기 기관의 발명자로 스코틀랜드의 발명가 제임스 와트(James Watt)를 떠올린다. 와트는 1763년에 글래스고 대학(Glasgow Univ.)으로부터 뉴커먼의 엔진을 수리해달라는 요청을 받았는데 수리를 진행하다가 새로운 아이디어를 몇 가지 떠올려 자신의 엔진에 적용했고, 그의 엔진은 문자 그대로 세상을 송두리째 바꿔놓았다. 와트의 증기 엔진은 기존의 어떤 엔진보다 효율이 높고 사용 분야도 다양했다. 일단 그의 엔진은 석탄 소모량이 뉴커먼의 엔진보다 훨씬 적어서 운영비를 크게 절감할 수 있었다. 더욱 중요한 것은 와트의 엔진이 축축한 광산에서 물을 빼내는 펌프뿐만 아니라, 다양한 작업 현장에 '동력 공급용 회전 운동'을 만들어낼 수 있다는 점이었다. 그 후로 증기 기관은 생산 효율을 크게 높이면서 산업혁명을 선도했고, 현대인의 삶과 가치관을 밑바닥까지 바꿔놓았다. 그러나 와트를 추종했던 19세기 공학자들은 여기에 만족하지 않고 엔진의 성능을 개선하고자 부단한 노력을 기울였다. 그들이 보기에 엔진이 발휘할 수 있는 효율에는 근본적 한계가 있는 것 같았지만, 조금이라도 효율을 높이면 생산성이 개선되는 등 커다란 보상이 뒤따랐다. 불의 온도는 어디까지 높여야 하는가? 어떤 연료를 써야 엔진의 효율이 높아지는가? 이것은 과학적 측면뿐만 아니라 사업의 성공을 위해서도 반드시 해결해야 할 문제였다. 그리하여 물리학에는 열역학(thermodynamics)이라는 새로운 분야가 탄생했고, '열', '온도', '에너지'라는 단어가 물리학 용어 사전에 정식으로 등재되었다.

독일의 수학자 루돌프 클라우지우스(Rudolf Clausius)도 바로 이 시기에 열역학에 투신하여 열의 물리적 특성을 집중적으로 연구했다. 19세기 중반까지만 해도 "열은 무조건 뜨거운 곳에서 차가운 곳으로 흐른다"는 설이 지배적이었으나, 클리우지우스를 비롯한 일부 물리학자들은 여기에 동의하지 않았다. 그런 단순한 논리로는 증기 기관의 순환 원리를 설명할 수 없었기 때문이다. 클라우지우스에게 이론적 기초를 제공한 사람은 동시대 영국의 물리학사 세임스 줄(James Joule)인데, 특이하게도 줄은 맥주 양조장을 운영하는 사업가이기도 했다. 기초 물리학의 발달에 이보다 절박한 동기가 또 어디 있겠는가? 줄에게 엔진의 효율은 곧바로 수입과 직결되는 문제였기에 증기 기관을 필사적으로 파고들었고, 마침내 열역학의 기본 원리 중 하나인 '열과 일의 상호관계'를 알아냈다.

줄은 단순하면서도 아름다운 실험 장치를 고안하여 역학적 일(mechanical work)이 열(heat)로 변환될 수 있음을 증명했다. 이것이 그 유명한 '줄의 실험(Joule's experiment)'으로, 떨어지는 추가 물통에 잠긴 물레방아를 돌려서 역학적 일(중력 위치 에너지)을 열(물의 온도)로 바꾸는 원리이다. 이때 추의 무게와 떨어진 높이, 그리고 실험 전과 실험 후의 물의 온도를 측정하면 일과 열의 상호관계를 알 수 있다. 줄은 고인 물 외에 흐르는 물과 기체 등 다양한 환경에서 동일한 실험을 실시하여 "양이 일정한 물의 온도를 1°F 높이는 데 필요한 일은 항상 똑같다"는 결론에 도달했다. 맨체스터 근교의 브룩랜즈(Brooklands) 공동묘지에 있는 그의 묘비에는 772.55라는 숫자가 선명하게 새겨져 있다. "물 1파운드(lb)의 온도를 1°F 높이는 데 772.55lb·ft^2/s^{2}의 일이 필요하다"는 뜻이다.

줄은 이 실험으로 "열은 생성되지도, 소멸되지도 않는다"는 사실을 입증했다. 열은 두 물체 사이에 흐르는 양이 아니라, 무언가 다른 것을 계량하는 양이었다. 그런데 이것은 지금까지도 분명치 않다. 현재도 여

$C\Delta T = Mgh$

M 떨어지는 추의 질량

g 지구의 중력 가속도

h 추가 떨어진 거리

C 물의 비열(比熱, specific heat)
(물 1g의 온도를 1℃ 높이는 데 필요한 열)

ΔT 수차의 회전에 따르는 물의 온도 변화

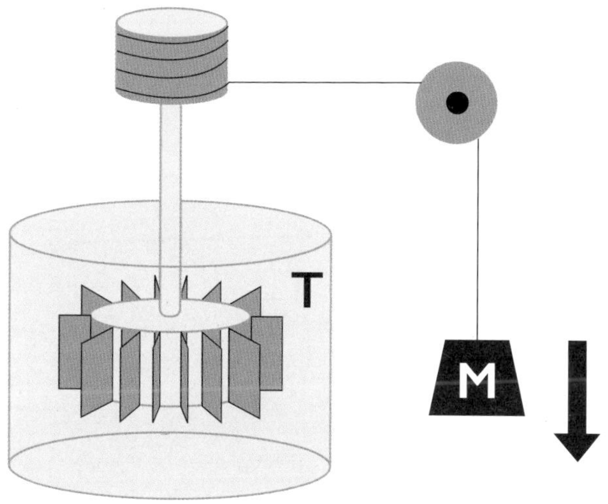

제임스 줄은 일련의 실험을 통해 역학 작업이 열로 바뀔 수 있음을 증명했다. 끈에 매단 무거운 추가 아래로 떨어지면 물통에 잠긴 수차(물레방아)가 돌면서 물의 온도가 높아지는데, 이때 물의 온도 변화는 추가 떨어진 높이에 따라 달라진다.

전히 "열은 뜨거운 곳에서 차가운 곳으로 흐른다"는 표현이 사용되기 때문이다. 지금까지 알려진 바에 의하면, 열은 에너지의 한 형태이다. 탁자 위에 놓인 그릇이 에너지(중력 위치 에너지)를 갖고 있다가 바닥으로 떨어질 때 그 에너지가 발휘되는 것처럼, 뜨거운 물체도 에너지를 갖고 있다가 차가운 물체를 만나면 에너지의 일부를 방출한다. 어떤 물체의

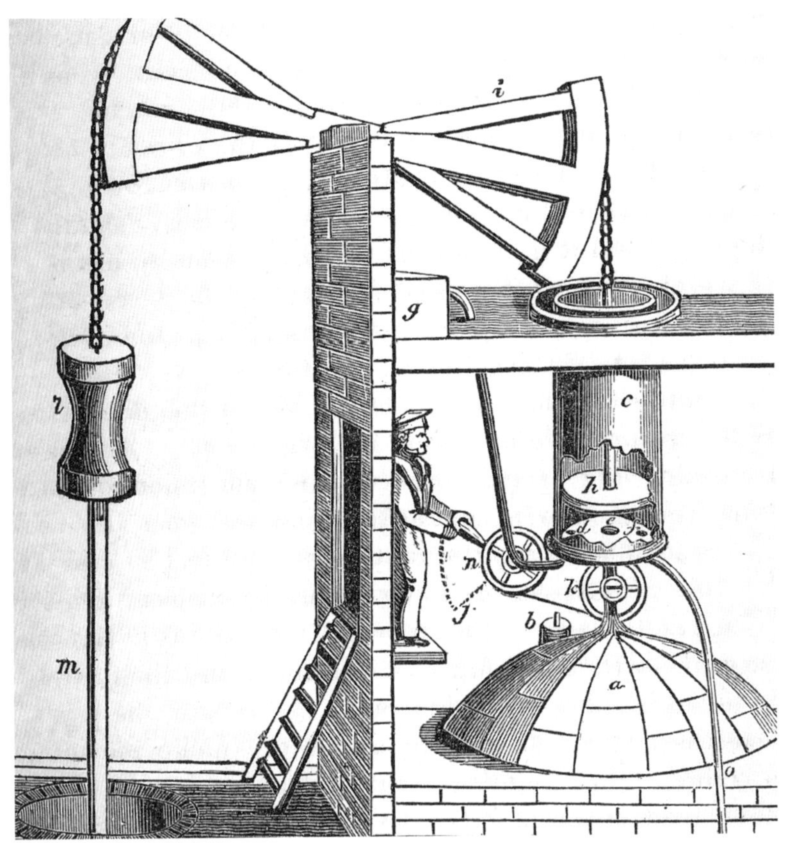

토머스 뉴커먼 경이 1712년에 제작한 엔진은 상업적으로 큰 성공을 거두었고, 여기에 영향을 받은 제임스 와트는 기존의 엔진을 개량하여 영국의 산업혁명을 이끌었다. 뉴커먼의 대기압 엔진은 증기에서 발생한 피스톤의 힘을 막대에 전달하는 방식으로, 주로 석탄 광산에서 터널 속에 고인 물을 퍼내는 데 사용되었다. 실린더의 내부 공기가 빠져나가면 진공 상태가 되면서 막대가 위로 올라가고, 실린더에 증기가 유입되면 피스톤이 위로 올라가면서 막대는 아래로 내려간다.

온도를 높이고 싶다면 줄이 추를 떨어뜨린 것처럼 그 물체에 일을 해주면 된다. 어떤 일이건 상관없다. 무거운 추를 끈에 연결해서 떨어뜨려도 되고, 빛을 쪼이거나 전기 회로를 사용해도 된다. 일의 종류에 상관없이 물체에 같은 양의 일을 해주면 온도의 변화량도 똑같다. 이것은 줄의 실험을 통해 확인된 사실로서 "에너지는 하나의 형태에서 다른 형태로 변환될 수 있지만, 어떤 경우에도 새로 창조되거나 파괴되지 않는다"는 열역학 제1법칙의 근간이 되었다. 또한 루돌프 클라우지우스는 1850년에 〈열의 역학적 이론(On the mechanical theory of heat)〉이라는 논문을 발표하여 열역학의 기초를 닦아놓았다.

열역학 제1법칙은 다음과 같이 쓸 수 있다.

$$\Delta U = Q - W$$

여기서 ΔU는 열역학계의 내부 에너지 변화량이고, Q는 외부에서 유입된 에너지, W는 계가 외부에 한 일을 의미한다. 말로 풀어서 쓰면 "계의 내부 에너지 증가량은 계에 유입된 에너지에서 계가 외부에 해준 일을 뺀 값과 같다."(좀 더 쉽게 풀면 "당신의 한 달 순소득(ΔU)은 월급(Q)에서 한 달간 지출(W)을 뺀 액수와 같다." — 옮긴이). 외부에서 계에 일을 해준 경우에는 W 앞의 부호가 +로 바뀌고, 계에서 열을 빼앗으면 Q는 음수가 된다.

열역학 제1법칙을 발표하고 15년이 지난 후, 클라우지우스는 열역학 제2법칙의 핵심이자 훗날 시간의 화살을 이해하는 데 결정적 역할을 하게 될 '엔트로피(entropy)'의 개념을 도입했다. 클라우지우스가 생각한 열역학 제2법칙은 "열은 온도가 낮은 물체에서 높은 물체로 이동하지 않는다"는 것인데, 이 문장을 아무리 음미해봐도 우주의 미래를 예견한 것 같지는 않다. 훗날 아서 에딩턴은 열역학 제2법칙에 대하여 다음과 같이 말했다.

"만일 누군가 '당신의 우주 이론은 맥스웰 방정식에 위배된다'고 지적했다면, 당신의 이론은 타격을 받겠지만 그래도 희망은 남아 있다. 맥스웰의 방정식이 틀릴 수도 있기 때문이다. 누군가 '내 실험 결과는 당신의 이론과 일치하지 않는다'고 주장한다면, 이론뿐만 아니라 실험도 의심해봐야 한다. 그러나 당신의 이론이 열역학 제2법칙에 위배된다면 하루라도 빨리 포기하는 게 상책이다. 그런 이론이 발붙일 곳은 이 세상 어디에도 없다."

엔트로피를 도입하면 열역학 제2법칙이 아주 간단해진다. 열역학적 계에서 엔트로피의 변화량은 일정한 온도에서 열의 변화량을 온도로 나눈 값과 같다. 즉,

$$\Delta S = \frac{\Delta Q}{T}$$

이다.

일정한 온도 T에서 ΔQ만큼 열을 가하면, 계의 엔트로피는 ΔS만큼 상승한다. 그래도 이 법칙이 우주의 미래와 무슨 상관이 있는지 불분명하지만, 클라우지우스는 여기서 중요한 사실을 깨달았다. 모든 물리적 과정에서 엔트로피는 변하지 않거나 증가한다. 즉, 엔트로피는 절대로 감소하지 않는다. 이것이 바로 열역학 제2법칙과 시간의 화살 사이의 연결 고리이다. 클라우지우스는 우주에서 발생 가능한 모든 물리적 과정에서 절대로 감소하지 않는, 측정 가능한 물리량을 발견한 것이다. 실험 장치를 아무리 교묘하게 세팅해도 엔트로피의 증가를 막을 수는 없다. 이것은 증기 기관을 설계할 때 매우 유용한 정보이다. 열기관이 발휘할 수 있는 효율의 한계가 바로 이 법칙으로 결정되기 때문이다. 또한 엔트로피 증가 법칙은 영구 기관(永久機關, 에너지를 투입하지 않아도 혼자서 영원히 작동하는 가설상의 기계 장치 — 옮긴이)이 원리적으로 불가능하다는 것을 간단명료하게 말해준다. 요즘도 영구 기관에 미련을 버리지 못

하고 평생을 매달리는 괴짜 발명가들이 종종 있는데, 열역학 제2법칙을 제대로 이해한 사람이라면 그런 무의미한 일에 절대로 시간을 낭비하지 않을 것이다. 열역학 제2법칙은 일종의 에너지 보존 법칙으로, "무(無)에서 유(有)를 얻을 수는 없다"는 한마디로 요약된다. 그러나 여기에는 더욱 심오한 의미가 담겨 있다. 엔트로피는 무조건 증가하는 양이므로 미래의 엔트로피는 지금보다 크고, 과거의 엔트로피는 지금보다 작다. 과거와 미래의 차이를 숫자 하나로 나타낼 수 있다니, 이 얼마나 혁명적인 발상인가!

클라우지우스는 순전히 편의를 위해 엔트로피를 도입했지만, 정확한 의미는 본인도 모르고 있었다. 엔트로피란 무엇이며, 왜 항상 증가하기만 하는가? 에딩턴이 말한 시간의 화살과 무작위성의 정체는 무엇인가? 에딩턴은 엔트로피와 무작위성을 동격으로 간주했다. 둘 사이의 관계를 이해하면 열역학 제2법칙이 우주의 죽음을 예견하는 이유도 이해할 수 있을 것이다.

활동적인 엔트로피

1908년, 나미비아 남부의 조그만 시골 마을 콜만스코프(Kolmanskop)에서 철도원으로 일하던 자카리아스 르왈라(Zacharias Lewala)가 모래밭에서 다이아몬드를 발견했다. 그는 이것을 독일인 직장 상사 아우구스트 슈타우흐(August Stauch)에게 보여주었고, 보석의 가치를 알아본 슈타우흐는 곧바로 후속 조치를 취하여 별 볼 일 없던 마을을 세계에서 가장 값진 다이아몬드 광산으로 바꿔놓았다. 당시 독일 식민 정부는 콜만스코프를 외부로부터 완전히 차단하고 독일의 사업가들에게만 채굴권을 나눠주었다. 그 후 40년 사이에 콜만스코프는 1000명이 넘는 사람들로 북적대면서 곳곳에 독일식 고급 주택과 카지노, 무도장이 들어섰고 남반구 최초로 X-선 촬영기가 도입되는 등 경제 규모가 제법 큰 중소 도시로 발전했다. 그러나 다이아몬드 채굴량이 점차 감소하면서 사람들이 하나둘 떠나기 시작했고, 1954년에 마지막 사업자가 본국으로 돌아간 후로는 완전히 버려진 도시가 되었다. 그 후 50년 동안 이곳의 건물들은 모래에 서서히 잠식되어 과거의 형체를 거의 알아볼 수 없는 지경에 이르렀다.

한때 웅장한 사막이었던 콜만스코프는 다이아몬드 때문에 50년 동안 웅장한 건축물로 덮였다가 지금은 사막의 모래바람에 묻혀 거의 유령 도시가 되었다.

콜만스코프는 나미비아 해안 남쪽 항구 도시 뤼데리츠(Lüderitz)의 외곽에 자리 잡고 있다. 우리를 안내한 가이드는 뤼데리츠에 사는 나미비아인이 특별한 사람들이라고 했다. 사실 뤼데리츠는 살기 힘든 곳으로 정평이 나 있다. 도시 시설이 취약해서가 아니라, 혹독한 바람 때문이다. 남대서양에서 불어온 바람이 아프리카 남부 해안을 거쳐 나미브 사

콜만스코프가 전성기일 때 들어선 건물들은 오늘날 모래사막 위에 폐허가 된 채 버려져 있다.

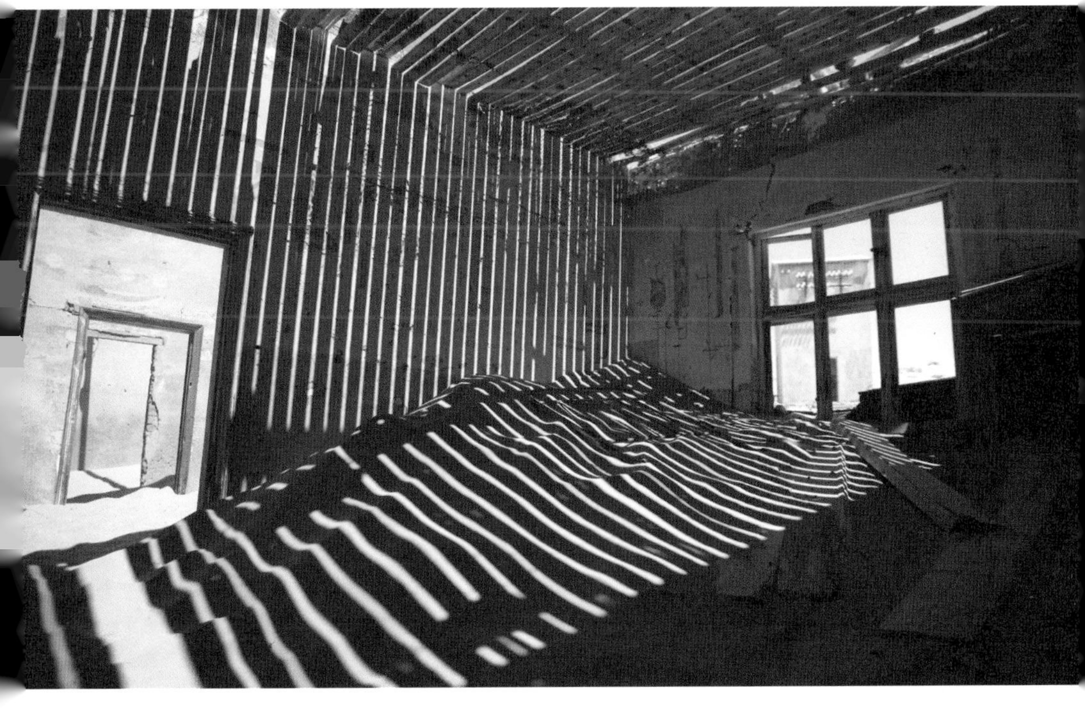

막에 도달하면 살인적인 모래바람으로 돌변하여 그 일대에 막대한 피해를 입힌다. 촬영팀이 도착했을 때는 바람이 그리 심하지 않았는데도, 손으로 얼굴을 가리지 않고서는 견딜 수 없었다. 우리는 모래로 조그만 성을 쌓아놓고 서서히 바람에 잠식되는 광경을 촬영했는데, 카메라를 몇 시간 동안 모래바람에 노출시켰다가 회수해보니 렌즈가 마치 모래 분사기에 맞은 것처럼 처참하게 망가져 있었다. 다행히 이곳은 일 년 내내 비가 거의 오지 않는 지역이다. 만일 이곳에 비까지 내렸다면 골만스코프의 건물들은 살인적인 모래바람과 부식에 시달리다가 일찌감치 모래 속으로 사라졌을 것이다.

모래바람에 서서히 붕괴되는 모래성은 무작위성과 엔트로피의 관계를 일목요연하게 보여준다. 이 내용을 이해하려면 엔트로피의 개념을 클라우지우스와 다른 관점에서 생각해볼 필요가 있다. 1870년대에 통계학적 관점에서 엔트로피를 정의한 사람은 독일의 물리학자 루트비히 볼츠만(Ludwig Boltzmann)이었다.

모래성은 여러 개의 모래 알갱이로 이루어져 있다. 이들이 성의 형태를 갖추려면 아주 특별한 순서로 배열되어야 한다. 예를 들어 내가 만든 모래성이 100만 개의 모래알로 이루어졌다고 가정해보자. 이 모래 뭉치로 성을 쌓지 않고 허리춤에서 바닥으로 떨어뜨린다면 그냥 조그만 모래 언덕이 생길 것이다. 모래 뭉치가 바닥에 떨어지면서 저절로 멋진 모래성이 만들어진다면 당신은 소스라치게 놀랄 것이다. 그런데 왜 놀라는가? 그런 일이 일어나면 안 된다는 법칙이라도 있는가? 모래 뭉치와 모래성의 차이점은 무엇인가? 이들은 같은 수의 모래알로 이루어져 있으며, 둘 다 100만 개의 모래알이 배열될 수 있는 다양한 경우 중 하나일 뿐이다. 볼츠만의 엔트로피는 모래성과 모래 뭉치의 근본적인 차이를 수학적으로 서술한 것이다. 즉, 어떤 계의 엔트로피는 계의 구성 원소를 "티 안 나게" 재배열할 수 있는 방법의 수(흔히 '경우의 수'라 한다. 정확한 표현은 아니지만 독자들은 대개 이 어휘에 더 익숙할 것이다 — 옮긴이)에 해당한다. 예를 들어 모래성은 규칙성이 매우 높은 도형이기 때문에, 모래알들이 모여 그런 모양을 만들 수 있는 방법의 수가 그리 많지 않다. 즉, 모래성은 엔트로피가 작다. 그러나 모래 언덕의 경우에는 "언덕"이라는 외형을 그대로 유지한 채 재배열될 수 있는 방법의 수가 엄청나게 많기 때문에 엔트로피가 크다. 모래 언덕이 모래성보다 엔트로피가 큰 이유는 외형을 바꾸지 않고 모래알을 재배열할 수 있는 방법의 수가 압도적으로 많기 때문이다. 볼츠만의 묘비에 새겨진 엔트로피의 정의는 다음과 같다.

$$S = k_B \ln W$$

여기서 S는 엔트로피를 나타내고 W는 계의 상태(에너지)를 바꾸지 않은 채 구성 성분을 재배열할 수 있는 경우의 수이며, k_B는 볼츠만 상수, ln은 자연로그이다. 로그가 뭔지 몰라도 걱정할 것 없다. 그저 위의 방정식이 계의 구성 성분을 재배열할 수 있는 경우의 수와 엔트로피를 연결해준다는 사실만 알고 있으면 된다.

헷갈리는 독자들을 위하여 다시 한 번 정리해보자. 모래 한 바가지를 바닥에 아무렇게나 뿌렸을 때 평범한 모래 언덕이 될 확률은 정교한 모래성이 될 확률보다 훨씬 높다. 하지만 특정 배열의 모래 언덕이 될 확률과 특정 배열의 모래성이 될 확률은 똑같다! 둘 다 모래알이 배열될 수 있는 경우의 수 중 하나이기 때문이다. 그런데 모래 언덕은 동일한 외형을 유지하면서 모래알을 재배열할 수 있는 경우의 수(W)가 많고, 모래성은 경우의 수가 적기 때문에 모래 언덕의 엔트로피가 모래성보다 모래알들이 취할 수 있는 모든 배열 상태는 확률이 똑같다. 그러나 특정한 모래 언덕에서 외형을 바꾸지 않은 채 모래알을 재배열할 수 있는 경우의 수는 모래성의 경우보다 압도적으로 많다.

큰 것이다.

여기까지는 상식적인 이야기다. 지금부터 이 상황을 모래알 하나에 집중해서 생각해보자. 당신이 쌓은 모래성에 바람이 불어 탑을 이루고 있던 모래알 중 하나가 떨어져 나갔다. 그리고 바람에 날려온 다른 모래알 하나가 바로 그 자리에 안착하여 성의 외관이 조금도 변하지 않았다. 마술이라고? 아니다. 이런 일이 일어날 확률은 매우 낮긴 하지만 0은 아니다. 다시 말해서, 물리 법칙에 위배되지 않는다는 이야기다! 실제로 이런 일이 일어났다고 해도 이상할 것은 없다. 단지 발생 확률이 아주 낮은 일이 우연히 일어난 것뿐이다. 그러나 실제 상황에서는 모래성에서 모래알 하나가 떨어져 나간 후 다른 모래알로 대체되지 않는 경우가 대부분이다. 그래서 모래성을 바람에 방치해두면 조금씩 분해되다가 결국은 부정형의 모래 언덕으로 변한다. 이것을 볼츠만식 언어로 표현하면 "모래성의 엔트로피는 시간이 흐를수록 증가하며, 모래성의 외형은 점차 모래 언덕에 가까워진다." 왜 그런가? 모래알이 모여서 모래성이 되는 배열의 수보다 모래 언덕이 되는 배열의 수가 훨씬 많기 때문이다. 따라서 모래 한 바가지를 바닥에 쏟으면 모래성이 될 확률보다 모래 언덕이 될 확률이 훨씬 높다. 이것이 바로 엔트로피가 항상 증가하는 이유다. 무질서도가 높은 쪽이 확률도 높기 때문이다! 엔트로피의 감소를 금지하는 법칙 같은 것은 존재하지 않는다. 모래바람이 불어서 저절로 모래성이 만들어질 수도 있다. 다만 그 확률이 "동전 수십억 개를 던졌을 때 모두 앞면이 나올 확률"보다 낮기 때문에 구경하기 어려운 것뿐이다.

볼츠만의 엔트로피는 에딩턴이 말한 '시간의 화살'을 이해하는 키포인트다. 엔트로피에 대해서는 앞에서 자세히 언급했지만, 워낙 중요한 개념이라서 다시 한 번 짚고 넘어가는 게 좋을 것 같다. 여기 한 줌의 모래가 당신 앞에 있다. 이것으로 만들 수 있는 배열은 총 100만 가지인데, 그중 999,999가지는 평범한 모래 언덕이고 아름다운 성에 대응되는 배열은 단 한 가지뿐이다(물론 모래 언덕과 모래성의 중간쯤 되는 배열도 있겠지만, 이야기가 복잡해지는 것을 피하기 위해 상황을 극단적으로 단순화시킨 것이다 — 옮긴이). 이 모래를 바닥에 아무렇게나 던지면 대부분의 경우 무질서한 모래 언덕이 될 것이다. 그리고 이 상태에서 바람이 불면 시간이 흐를수록 모래 언덕은 더욱 무질서한 언덕으로 변해갈 것이다. 무질서한 배열일수록 경우의 수가 많기 때문이다. 과거와 미래는 바로 이런 점에서 차이가 있다. 미래는 과거보다 무질서하다. 이런 식으로 진행될 확률이 가장 높기 때문이다. "미래는 과거보다 무작위적"이라는 에딩턴의 말은 바로 이런 의미이다. 또한 시간의 화살은 무작위성이 높아지는 방향으로 나아가기 때문에 엔트로피는 항상 증가한다.

우리 이야기는 이것으로 충분하다. 대학에서 물리학을 공부하는 학생들은 열물리학 시간에 엔트로피와 시간의 화살에 대하여 더욱 자세히 배울 기회가 있을 것이다. 그러나 엔트로피의 정체는 아직 시원하게 밝혀지지 않았으며, 앞에서 우리가 살짝 피해 갔던 어떤 문제의 핵심에 놓여 있다. 과거는 미래보다 엔트로피가 작고, 모든 것은 시간이 흐를수록 무질서해진다. 그렇다면 우주의 질서는 원래 어디서 온 것일까?

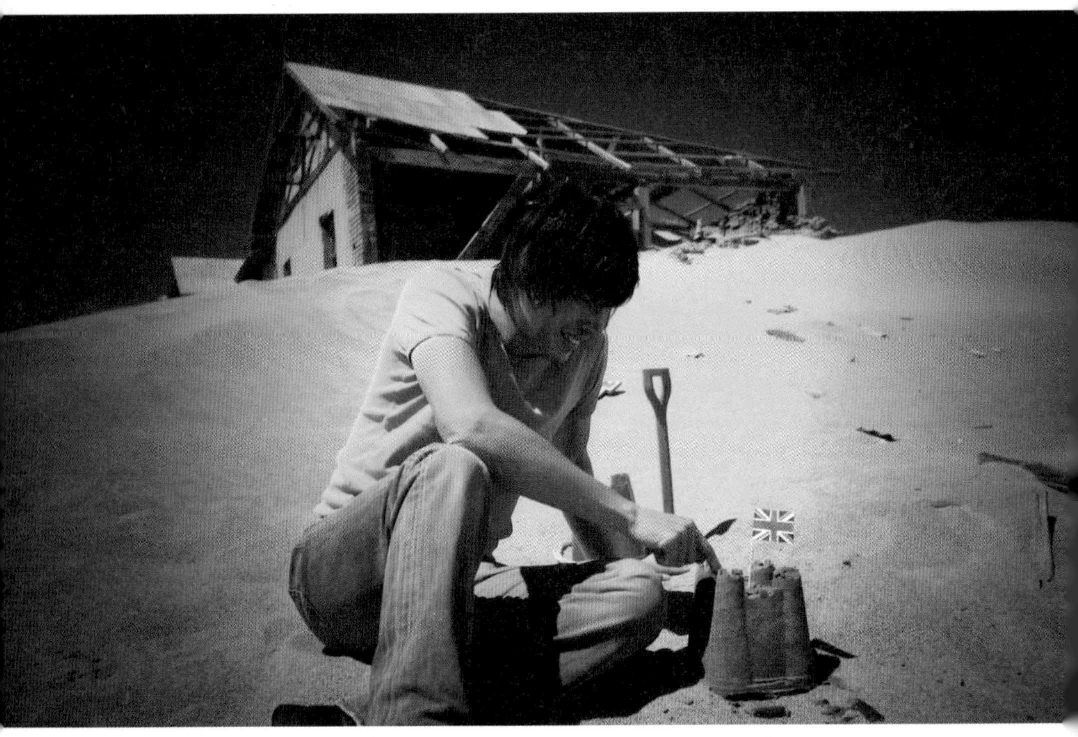

공들여 쌓은 모래성이 바람에 서서히 붕괴되는 것은 엔트로피의 증가를 보여주는 대표적 사례다. 그래서 과거는 항상 미래보다 질서정연하다(과거가 현재보다 더 무질서하고 지저분해 보이는 것은 사람이 밀집한 지역에 국한된 현상이다. 도시가 질서정연하게 정돈될수록 그 외의 지역은 무질서해지고 자연환경이 파괴된다. 이 모든 과정에서 전체 엔트로피는 항상 증가한다! — 옮긴이).

모래성의 경우에는 확실한 답이 존재한다. 모래성의 질서는 내가 만들었다. 그런데 나는 어디서 왔는가? '나'라는 질서정연한 생명체는 어떻게 지구에 존재하게 되었는가? 질서정연하기는 지구도 마찬가지다. 그렇다면 지구는 또 어디서 왔으며, 수천억 개의 별들이 질서정연하게 회전하고 있는 은하수는 어떻게 존재하게 되었는가? 우주가 그토록 질서정연한 상태에서 시작된 데에는 그럴 만한 이유가 있을 것이다. 그 이유는 분명치 않지만 우주는 훗날 행성, 별, 은하가 등장할 만큼 충분한 질

무질서는 질서보다 확률이 높다

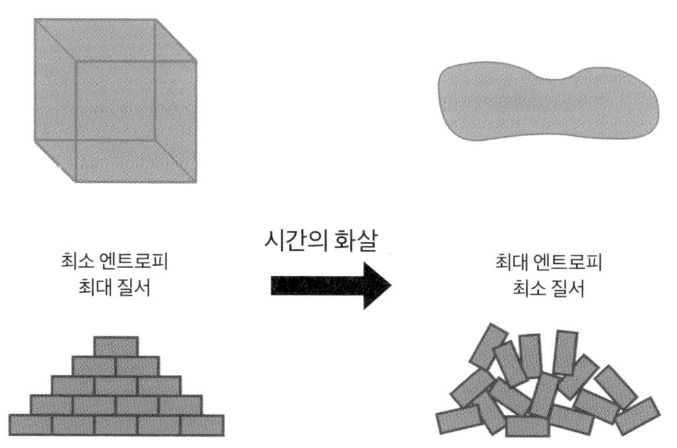

서를 가진 채 태어났다. 중력은 우주의 한 부분에 태양계와 같이 질서정연한 시스템을 창조할 수 있다. 그러나 우주에 공짜는 없는 법이어서, 태양계가 형성된 대가로 다른 지역은 이전보다 훨씬 무질서해졌다. 따라서 우주 초기에는 질서의 정도가 매우 높았을 것이다. 그런데 왜 하필 그런 상태로 태어났을까? 우연이었을까? 아니다. 고도로 질서정연한 상태는 무질서한 상태보다 확률이 훨씬 낮다. 모래바람이 몰아치는 사막에서는 모래성이 만들어질 확률보다 모래 언덕이 생길 확률이 압도적으로 높다. 지금의 우주는 137억 년 전의 우주보다 훨씬 무질서하기 때문에, "우주가 137억 년 전에 질서정연한 상태로 태어났을 확률"보다 "10억분의 1초 전에 행성, 별, 은하, 그리고 인간을 모두 갖춘 채 태어났을 확률"이 훨씬 높다. 이 역설적인 상황을 어떻게 이해해야 할까? 모르긴 몰라도, 초기 우주의 엔트로피는 무언가 흥미로운 비밀을 감추고 있음이 분명하다.

나미비아의 콜만스코프
다이아몬드 광산은 1954년에 버려진 후
시간의 화살을 따라가면서 완전히
폐허가 되었다. 이곳의 모든 건물은
질서정연한 상태에서 무질서한 상태로
서서히 변해가고 있으며,
아름다운 장식으로 도배되었던 방들은
거의 헛간이 되었다. 지구에서는
시간이 이런 방향으로 흐른다.
그러나 우주가 따라가고 있는
시간의 화살에 비하면 이 정도는
아무것도 아니다.

콜만스코프는 한때 다이아몬드 광산이 발견되면서 호화로운 전성기를 누렸으나, 50년 전에 버려진 후 시간의 가차없는 공격을 이기지 못하고 완전히 폐허가 되었다.

우주의 순환

우주는 탄생-삶-죽음으로 이어지는 생명체의 순환을 그대로 따르고 있다. 과학자들은 오랜 연구와 관측을 통해 우주의 탄생과 초기 상태에 대하여 많은 정보를 알아냈고, 137억 년 동안 거쳐온 진화 과정도 상당 부분이 알려진 상태이다. 지금 우리는 우주의 초기 단계인 항성기에 살고 있지만, 미래에 대해서도 꽤 많은 부분을 예측할 수 있는 수준에 도달했다. 지금까지 알려진 정보를 토대로 우주의 과거-현재-미래를 요약하면 아래 그림과 같다.

갈색왜성

백색왜성

광자

전자

블랙홀

쿼크

전자

1. 초창기

0~10^5년

빅뱅, 인플레이션, 핵융합이 일어난 시기. 초창기가 끝날 무렵에 우주는 처음으로 투명해진다.

2. 항성기

10^6~10^{14}년(현재)

현재 시대. 물질이 별, 은하, 은하단으로 배열된다.

3. 축퇴기

10^{15}~10^{35}년

은하는 더 이상 존재하지 않으며 갈색왜성과 백색왜성, 그리고 블랙홀이 주류를 이루고 태양은 흑색왜성이 된다. 백색왜성은 암흑물질을 흡수하여 최소한의 에너지를 계속 방출한다.

4. 블랙홀기

10^{40}~10^{100}년

모든 천체가 사라지고 블랙홀만 남는다. 블랙홀은 서서히 증발하면서 질량을 잃고, 블랙홀기가 끝날 무렵에 에너지가 매우 작은 광자 전자, 양전자 그리고 뉴트리노(중성미자)만 남는다.

수소 원자

불안정한 포지트로늄 원자(positronium, 전자와 양전자가 일시적으로 결합한 상태 — 옮긴이)

양전자

ULTIMATE FATE OF THE UNIVERSE: THE THEORIES

5. 암흑기

10^{101}년~∞

부분의 우주 공간은 텅 빈 태가 되고, 광자와 뉴트리노, 자와 양전자가 텅 빈 공간을 아다닌다. 끔은 전자와 양전자가 합하여 포지트로늄 원자가 성되기도 하지만 상태가 워낙 안정하기 때문에 오래가지 하고 곧바로 소멸한다.

6. 열역학적 죽음

먼 훗날 우주가 맞게 될 가장 그럴듯한 미래. 우주가 지금처럼 계속 팽창한다면 절대온도 0K에 도달하여 열역학적 죽음을 맞이한다.

6a. 빅 바운스

빅뱅을 순환-반복적으로 해석하면 우주는 탄생과 죽음을 반복한다. 이전의 우주가 붕괴하면 특이점을 거쳐 새로운 우주가 탄생한다.

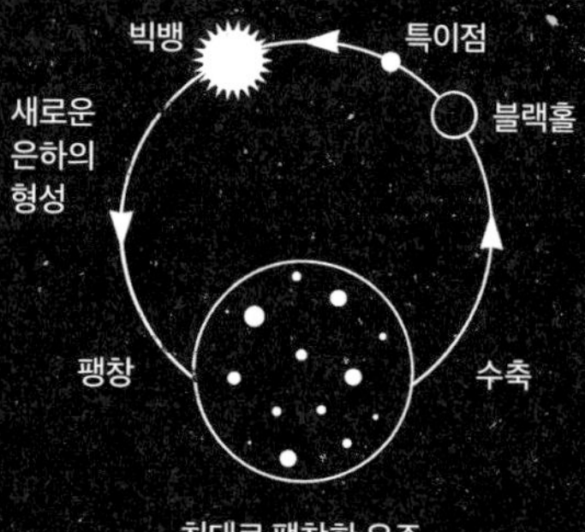

6b. 빅 크런치

우주가 팽창하다가 어느 순간부터 수축하기 시작하여 블랙홀 특이점으로 사라진다.

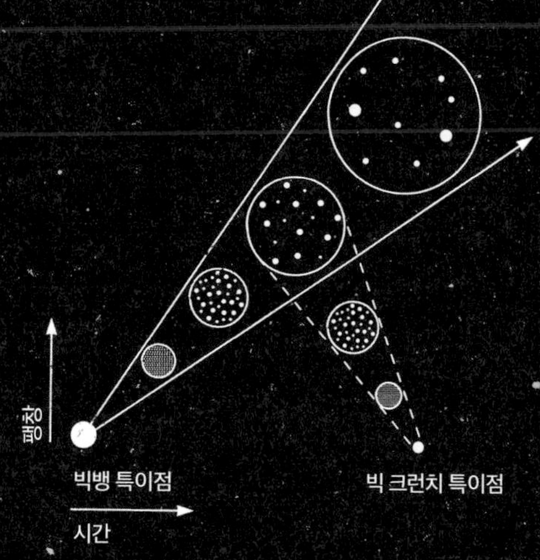

6c. 다중우주

원래 우주에는 무한한 간격으로 떨어진 곳에서 여러 개의 빅뱅이 동시에 일어나 팽창하고 있다. 우리의 우주는 그중 하나에 불과하다.

우주의 일생

인간과 마찬가지로 행성과 별도 탄생과 죽음을 겪는다. 생(生)과 사(死)가 순환하는 것은 우주도 마찬가지다. 우주는 137억 년 전에 빅뱅과 함께 탄생했고, 초창기에는 뜨거운 물질들이 빛을 발하긴 했지만 빅뱅 후 처음 1억 년 동안은 환경이 너무 격렬하여 별이 생성되지 못했다. 그 후 우주가 계속 팽창하여 충분히 식었을 무렵, 원시 먼지와 기체, 그리고 암흑물질이 중력에 의해 한 지점으로 모여들면서 별과 은하가 형성되었고, 우주는 별들의 전성시대인 항성기(恒星期, Stelliferous Era)로 접어든다.

최초의 별이 탄생하던 순간은 우주의 앞날을 결정하는 중요한 이정표였다. 우주에 별이 존재하게 됨으로써 '형태 없는 우주'로 존재하던 시기는 막을 내리고 별들이 우주를 지배하는 항성기가 시작되었다. 이

태양은 은하수를 이루는 2000억 개 별 중 하나일 뿐이다. 태양은 시간의 화살을 따라 끊임없이 변해왔고 앞으로도 그럴 것이다.

최초의 별이 탄생하던 순간은 우주의 앞날을 결정하는 중요한 이정표였다……. 그것은 빛의 시대가 왔음을 알리는 신호탄이었으며, 우리 눈에 우주가 보이기 시작한 순간이기도 했다.

때부터 하늘은 검은색으로 변했고, 곳곳에 자리 잡은 별과 은하가 보석처럼 빛을 발하기 시작했다. 지금 우리는 바로 이 시기에 살고 있다. 별빛이 밤을 장식하고 낮을 환하게 만드는 시기다.

태양은 우리은하에 속한 2000억 개 별 중 하나이며, 관측 가능한 우주에는 은하수와 비슷한 은하들이 1000억 개쯤 존재한다. 2000억×1000억 개(2×10^{22}개) 중 하나에 불과한 태양이 우리의 생사를 좌우하고 있는 것이다. 우주의 나이가 137억 년이라고 하면 엄청나게 오래 산 것 같지만, 사실 우주는 아직 유년기를 벗어나지 못했다. 우주는 은하와 별, 성운, 행성 들로 가득 차 있지만 아직은 항성기의 초기 단계일 뿐이다. 그리고 우주는 전혀 정적인 곳이 아니다. 시간의 화살이 미래를 향해 가차없이 이동하는 한, 우주는 끊임없이 변하면서 역동적인 장면을 연출할 것이다.

최초의 별

2009년 4월 23일, 그리니치 표준시로 오전 7시 55분에 NASA의 스위프트 위성(Swift satellite)이 우주 저편에서 10초 동안 지속되는 감마선 폭발(gamma-ray burst)을 관측했다. 스위프트 위성은 우주 전역에 걸쳐 아주 드물게 일어나는 감마선 폭발을 연구할 목적으로 설계된 위성이다.

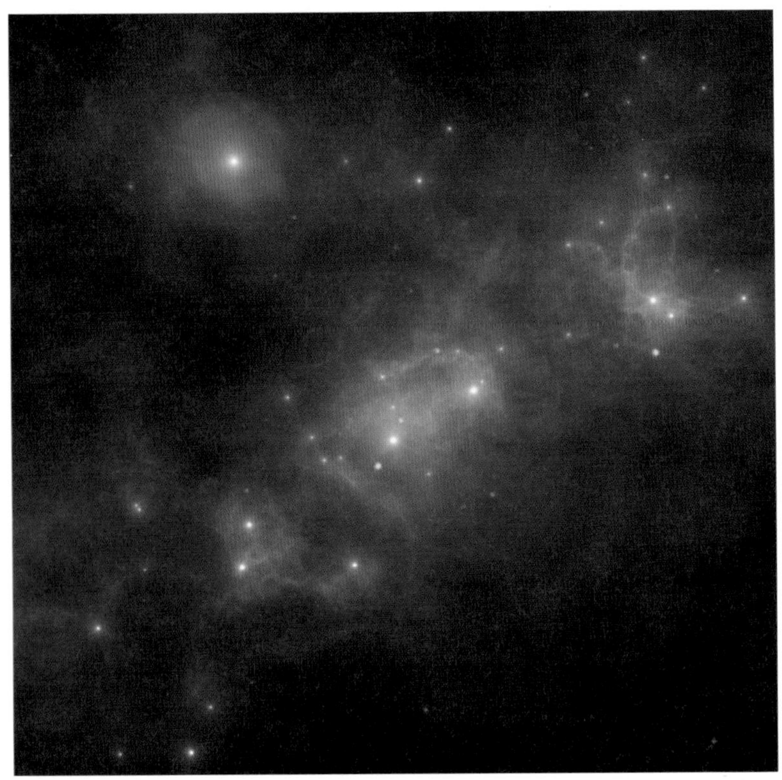

지금 우주는 별의 전성시대인 항성기 초기에 접어들었다. 항성기가 끝나면 별은 더 이상 존재하지 않을 것이다. 은하수에서 찬란한 빛을 발하는 수천억 개의 별들도 언젠가는 모두 사라질 것이다.

감마선 폭발이 한 번 일어나면 몇 초 동안 우주에서 가장 강력한 복사에너지가 방출되는데, 그 원인은 가장 무거운 별이 블랙홀로 수축되기 직전에 겪는 초신성 폭발일 것으로 추정된다. 감마선 폭발이 어느 정도 진정된 오전 8시 16분, 폭발의 잔상이 하와이에 있는 영국 적외선 망원경 UKIRT(UK's Infrared Telescope)에 포착되었고, 전 세계에 흩어져 있는 대형 천체망원경들도 지평선 위로 초신성이 떠오르기를 기다렸다. 폭발의 잔상은 몇 시간 동안 지속되었는데, 그 후 점점 흐려지다가 4월 28일

감마선 폭발은 우주에서 가장 밝은 빛이 방출되는 극적인 사건이다. 수명을 다한 별의 중심부가 계속 붕괴하여 블랙홀이 되는 순간, 강력한 가스 제트가 우주 공간으로 분출된다.

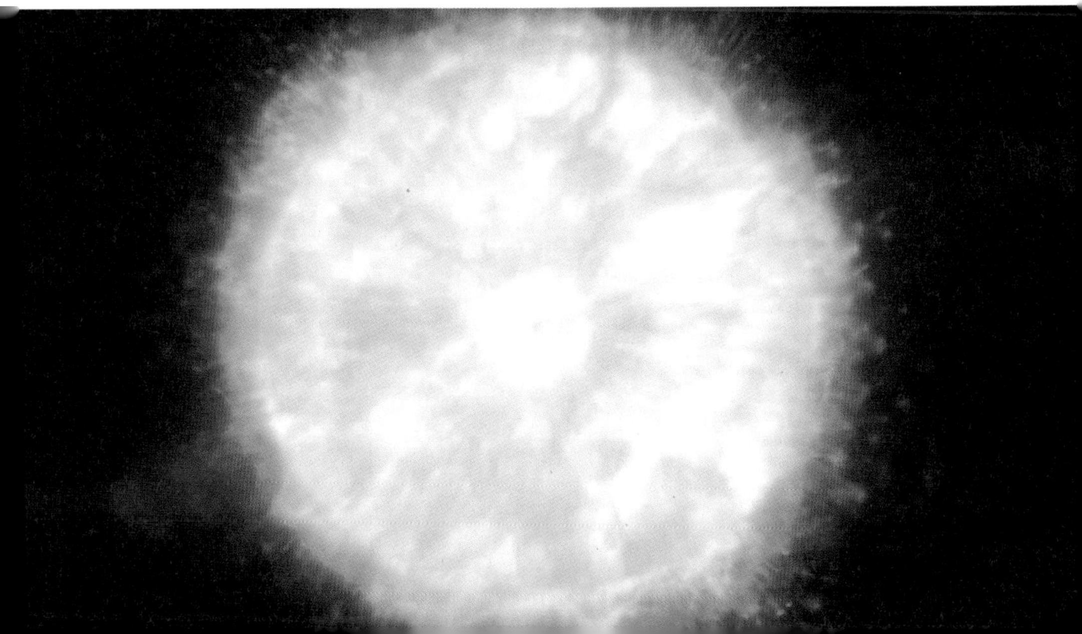

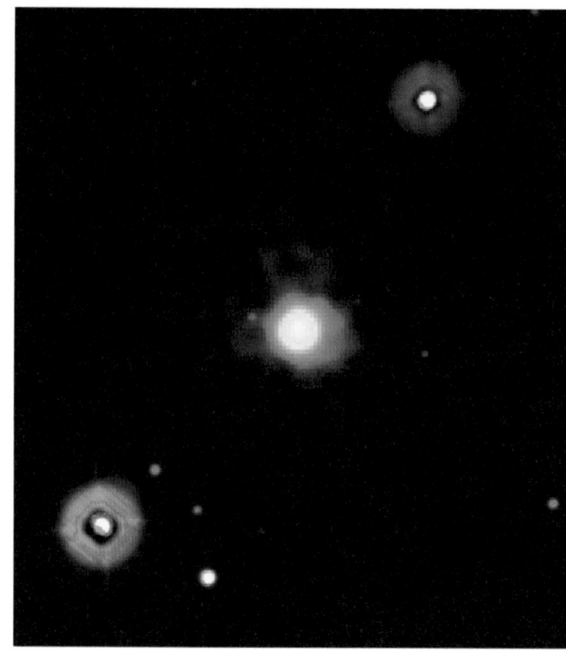

GRB 090423에서 일어난 감마선 폭발 장면. 이 사진은 NASA의 스위프트 위성에 탑재된 자외선 광학망원경(푸른색, 녹색)과 X-선 망원경(주황색, 적색)이 따로 촬영한 영상을 합성한 것이다.

에 하늘에서 완전히 사라졌다.

위 사진은 두 대의 스위프트 망원경이 찍은 영상을 합성한 것으로, 사진 중앙에 붉은색으로 빛나는 점이 인상적이다. 이 붉은 점은 한때 우주에서 제일 밝은 별이었던 GRB 090423의 잔해로서, 분류상으로는 볼프-레예 별에 속한다(이 명칭은 프랑스의 천문학자 샤를 볼프[Charles Wolf]와 조르주 레예[George Rayet]의 이름에서 따왔다). 볼프-레예 별은 질량이 태양의 20배가 넘는 헤비급이어서 태어난 지 수십만 년 만에 연료를 소진하고 빠르게 수축되었다가 태양이 100억 년 동안 방출할 빛을 1초도 안 되는 짧은 순간에 한꺼번에 방출하고 극적인 죽음을 맞이한다.

GRB 090423은 볼프-레예 별 중에서도 질량이 태양의 40~50배에

볼프-레예 별은 핵 원료가 바닥난 후 갑자기 수축되었다가
태양이 100억 년 동안 방출할 빛을 1초도 안 되는
짧은 순간에 한꺼번에 방출했다.

달하는 슈퍼헤비급이어서 죽을 때도 엄청 요란하게 죽었다. 그러나 이 사건에서 천문학자들의 관심을 끈 것은 폭발 자체가 아니라 폭발이 일어난 시기였다. 사진 속 붉은 빛은 아주 오래전에 방출되어 스위프트 망원경에 도달할 때까지 엄청나게 먼 거리를 날아왔다. 앞에서도 말했지만 망원경에 잡힌 천체들은 아주 먼 거리에 있기 때문에, 우리 눈에 보이는 것은 지금의 모습이 아니라 아득한 과거의 모습이다. 실제로 사진 속의 붉은빛은 거의 우주의 나이만큼 오랜 세월 동안 우주 공간을 날아왔다. GRB 090423은 우주의 나이가 6억 살이 되었을 무렵, 그러니까 지금부터 거의 130억 년 전에 수명을 다한 별이다.

〈경이로운 우주〉 다큐멘터리 촬영이 한창 진행되던 2010년 가을까지만 해도 GRB 090423은 우주에서 가장 오래된 단일 천체로 알려져 있었으나, 허블 우주망원경이 촬영한 '울트라 딥 필드(본문 94쪽 사진 참조)'에서 GRB 090423보다 조금 더 오래된 은하가 발견되었다. UDFy-38135539로 명명된 이 은하는 현재 '가장 오래된 천체'와 '가장 먼 천체'라는 두 분야에서 챔피언 타이틀을 보유하고 있다. 우주의 팽창을 고려할 때 현재 UDFy-38135539까지 거리는 약 300억 광년이다. 거대한 폭발을 일으킨 후 유령처럼 희미한 빛을 발하는 GRB 090423은 우주에서 처음으로 생성된 별 중 하나이며, 장렬한 폭발로 우주의 거대한 시간 규모를 일깨워준 일등공신이었다.

별의 운명

시간의 화살은 시간이 처음 창조되었을 때부터 우주 모든 곳에서 자신의 역할을 수행해왔다. 우리의 문명과 지구, 태양계, 은하 등 모든 것의 운명은 시간의 화살에 따라 결정되고, 그와 함께 엔트로피의 상향 행진도 가차없이 진행된다. 그 누구도 시간의 화살에 저항할 수 없다. 이 우주에는 영원히 사는 별도 없고, 영원히 회전하는 행성도 없다. 우주는 자연의 법칙을 따르고 있기에, 모든 것은 오늘과 완전히 다른 내일을 향해 서서히 붕괴하고 있다.

우주가 탄생한 후 137억 년이 지난 지금, 우리는 우주 역사상 가장 생산적인 시기에 살고 있다. 항성기는 삶과 죽음을 겪는 시기이자, 중력과 핵융합이 치열한 경쟁을 벌이는 역동적이고 변화무쌍한 시기이다. 100년도 살기 어려운 인간에게 이 변화는 매우 느리게 진행되는 것처럼 보이지만, 우주적 시간 규모에서 보면 난리도 이런 난리가 없다. GRB 090423에서 보았듯이, 우주에 영원한 별은 존재하지 않는다. 지금 찬란한 빛을 발하는 별들도 언젠가는 죽을 운명이다. 물론 태양도 예외가 아니다.

태양은 45억 7000만 년 전에 수소와 헬륨, 그리고 소량의 무거운 원소들이 중력으로 뭉치면서 탄생했다. 그리고 45억 6999만 년 후에 인간이라는 종(種)이 지평선에서 뜨고 지는 태양을 영원한 존재로 믿으면서 태양의 움직임을 기준으로 시간의 흐름을 기록하기 시작했다. 태양도 언젠가 죽을 운명이라는 것을 우리가 깨달은 지는 100년도 채 되지 않는다.

우리는 태양이 지평선에서 뜨고 지는 것을 당연하게 생각한다. 그러나 우리는 태양이 영원하지 않다는 사실도 잘 알고 있다.

죽어가는 태양을 지구에서 바라본 모습(컴퓨터시뮬레이션으로 작성한 그림).

우주의 종말

전체 수명의 절반을 살아온 태양은 매초 6억 톤의 수소를 헬륨으로 바꾸면서 막대한 에너지를 방출하고 있으며, 이 과정은 앞으로 50억 년 동안 계속될 예정이다. 태양은 처음부터 다소 유리한 조건을 타고났기 때문에 막판에 쉽게 사라지지는 않을 것이다. 수소가 모두 고갈되면 태양은 잠깐 동안 수축했다가, 헬륨을 원료 삼아 두 번째이자 마지막 핵융합 반응을 재개하여 산소와 탄소를 생산하고, 이 과정에서 생성된 에너지에 의해 바깥쪽으로 팽창하면서 몸집을 키울 것이다. 처음에는 잘 느껴지지 않겠지만 이때 태양에서 발생한 여분의 열에너지는 서서히 지구를 잠식할 것이며, 태양의 지름이 지금보다 250배 가까이 커지면서 수성과 금성을 집어삼키고 지구를 향해 다가올 것이다.

이때가 되면 지구는 뜨거운 열기에 고스란히 노출되어 총체적인 파국을 맞게 된다. 50억 년 후에도 지구에 인류가 살고 있다면 그야말로 완벽한 종말을 온몸으로 겪게 될 것이다. 태양의 표면이 점점 부풀면서 지구를 향해 다가오면 바닷물은 열기를 이기지 못해 펄펄 끓어오르고 대기의 분자들도 우주 공간으로 산산이 흩어진다. 이 절망적인 상황에서 인류가 그동안 개발해온 과학 기술을 이용하여 극적으로 탈출에 성공한다면 지구의 종말은 인류 역사의 한 페이지에 기록되겠지만, 아무 대책을 세우지 못한다면 한때 인간이 지구에 살았다는 사실조차 까맣게 잊힐 것이다.

지구에 생명체가 멸종한 후, 태양은 지평선을 가득 채울 정도로 커졌다가 결국은 지구를 완전히 집어삼킬 것이다. 한때 지구의 모든 생명체를 먹여 살렸던 태양은 최후의 순간에 적색거성으로 변한다. 앞으로 60억 년이 지나면 태양은 아름다운 빛을 방출하는 행성상성운으로 존재하면서 서서히 소멸해갈 것이다. 이 모든 과정을 예측할 수 있는 것은 천문학자들이 지난 100여 년 동안 삶의 마지막 단계에 도달한 별들을 꾸준히 관측해온 덕분이다. 밤하늘에서 찬란한 빛을 발하는 행성상성운이 곧 우리의 미래인 셈이다.

먼 훗날, 천체망원경을 아직 발명하지 못한 외계 생명체들의 눈에 우리 태양의 마지막 모습이 들어온다면, "저 별은 나의 별, 어쩌고……" 하면서 낭만적인 밀어를 주고받을지도 모를 일이다. 우리도 한때 그랬으니, 그들이라고 다를 이유가 없지 않은가? 앞으로 수십억 년 동안 지구의 문명이 아무리 발달한다 해도, 결국은 부풀어 오르는 태양에게 잡아먹혀 한 줌의 재로 사라질 것이다.

그 후 태양은 빛을 대부분 잃고 원래 크기의 100만분의 1도 안 되는 백색왜성으로 수축된다. 현재의 지구보다도 작은 크기다. 이것이 우리 은하에 속한 거의 모든 별이 앞으로 겪게 될 운명이다. 의미 있는 삶을 살기 위해 평생을 노력하다가 한줌 흙으로 사라지는 우리의 운명과 너무도 비슷하지 않은가?

태양계로부터 8광년 거리에 있는 시리우스는 큰개자리의 알파성이다. 태양계와 가까운 것도 한 이유지만 시리우스는 지름이 태양의 두 배이고 고유 밝기가 태양의 25배여서, '밤하늘에서 가장 밝은 별'이라는 타이틀을 굳건히 지키고 있다. 오래된 천문학 기록에 시리우스가 등장하는 것은 별로 놀라운 일이 아니다.

지난 수천 년 동안 천문학자들은 시리우스가 하나의 별이라고 생각했다. 그러나 1862년에 미국의 천문학자 앨번 그레이엄 클라크(Alvan Graham Clark)가 시리우스의 잔광에 가려진 별을 하나 발견했고, 그로부터 거의 130년이 흐른 후 허블 우주망원경이 보내온 사진에는 시리우스의 왼쪽 아래에서 희미하게 빛나는 별이 선명하게 찍혀 있었다. 이 별은 천문학자들의 분석 결과 백색왜성으로 판명되어 '시리우스 B'라는 이름으로 불린다. 시리우스 B는 백색왜성 중에서 질량이 비교적 큰 축에 속하며, 태양과 비슷한 질량이 지구만 한 크기로 압축된 상태이다. 이런 별은 핵융합을 일으킬 만한 원료를 더 이상 갖고 있지 않기 때문에, 천천히 식어가는 용광로처럼 희미한 빛을 간신히 방출할 뿐이다. 다른 백색왜성들과 마찬가지로 시리우스 B에는 헬륨 핵융합 반응의 잔여물인 산소와 탄소가 엄청난 밀도로 압축되어 있다(보통 별의 밀도의 100만 배가 넘는다). 이것이 바로 60억 년 후 태양의 모습이다. 그때까지 지구가 존재한다면, 지구에서 바라본 태양은 보름달보다 희미할 것이다(달은 태양빛을 반사하고 있으므로 태양이 희미해지면 달도 거의 보이지 않을 것이다 — 옮긴이).

우주의 어떤 별도 죽음을 피할 수 없다. 세월이 충분히 흘러 밤하늘의 모든 별이 수명을 다하면 우주 전체가 암흑천지로 변할 것이다. 이것은 시간이 미래로 흐르는 한 피할 수 없는 결과이다. 우주의 경이를 낳은 별과 행성, 그리고 모든 은하는 결코 영원히 살 수 없다. 지금은 우리가 별의 전성시대인 항성기에 살고 있어서 온갖 별들의 향연을 마음껏 즐기고 있지만, 늙은 우주에는 적색왜성(red dwarf)이라는 한 종류의 별만 남을 것이다.

(위) 시리우스 A와 그것의 희미한 파트너 시리우스 B를 확대한 그림. 이들은 직녀성, 데네브(Deneb, 백조자리 알파성 — 옮긴이), 견우성과 함께 여름 밤하늘에서 가장 눈에 잘 띄는 별이다. 시리우스에서 태양을 바라본다면 지구에서 바라본 시리우스 B와 크게 다르지 않을 것이다(이 그림에서 태양은 시리우스 A의 오른쪽 아래에 있다).

(아래/왼쪽) 2005년 초에 허블 우주망원경이 촬영한 부메랑성운(Boomerang nebula). 별이 죽으면서 남긴 잔해가 두 방향으로 분출되고 있다. 이 별의 주변에서 빠르게 팽창하고 있는 행성상성운은 천문 관측 사상 가장 온도가 낮은 곳으로 기록되었다.

(아래/오른쪽) 허블 우주망원경이 촬영한 시리우스 A의 모습. 왼쪽 아래에 있는 작은 점은 시리우스 A의 자매 별인 시리우스 B이다. 시리우스 B의 밝기는 시리우스 A의 1만분의 1에 불과하다.

시리우스 A
밤하늘에서 가장 밝은 별. 지구와 거리는 8.6광년으로, 아주 가까운 별에 속한다.

시리우스 B
시리우스 A의 자매 별. 지구에서 가장 가까운 백색왜성으로, 50년에 한 번씩 시리우스 A 주위를 공전하고 있다.

견우성(Altair)
여름 밤하늘에서 직녀성, 데네브와 함께 대삼각형을 이루는 별.

태양
시리우스에서 바라본 태양은 여름밤 대삼각형 근처에 자리 잡고 있다.

데네브
여름 밤하늘에서 대삼각형을 이루는 별들 중 하나.

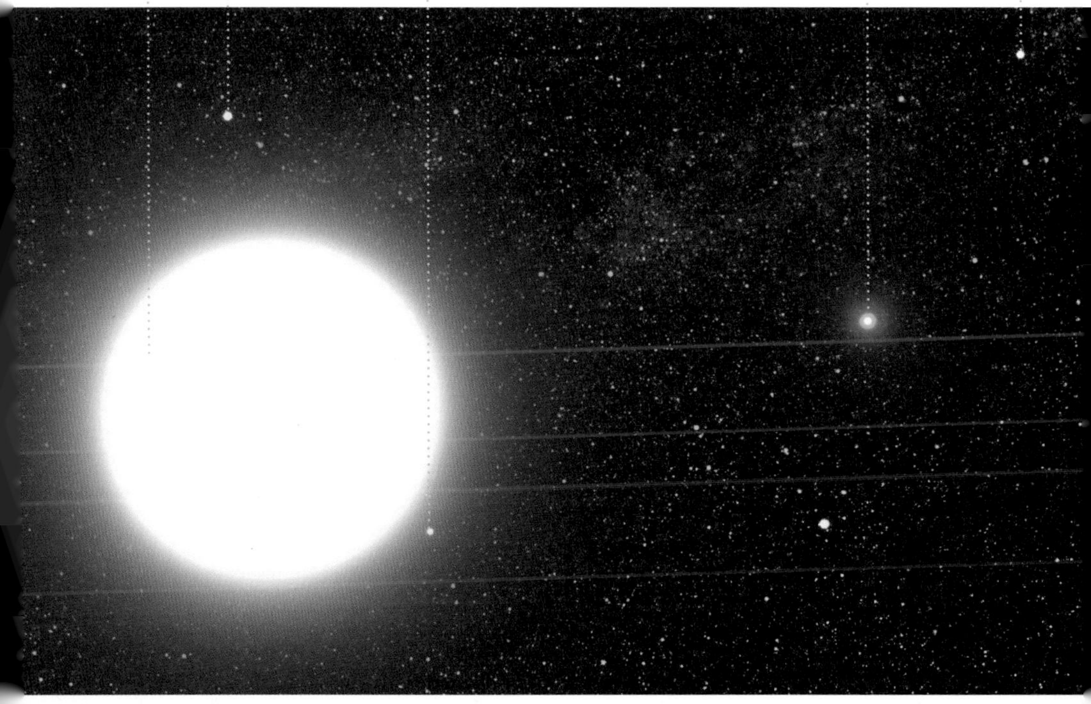

태양의 최후

태양은 아직 청춘이지만, 다른 별들과 마찬가지로 언젠가는 죽어야 할 운명이다. 앞으로 50억 년 후, 핵융합 원료인 수소가 고갈되면 태양의 삶에서 가장 역동적인 최후의 드라마가 펼쳐지기 시작한다. 태양이 죽음의 초기에 접어들면 덩치가 마구 커지면서 수성과 금성을 집어삼키고 지구의 바닷물을 증발시킬 것이다. 지구의 생명체가 뜨거운 열에 멸종한 후에도 태양은 계속 몸집을 키워 지구를 완전히 집어삼키고, 60억 년 후에는 적색거성이 된다. 그 후 태양의 바깥층을 이루는 기체와 먼지가 우주 공간으로 날아가고 태양은 백색왜성으로 쪼그라들면서 격정적인 삶에 종지부를 찍을 것이다.

수성

금성

지구

1단계
주계열성

2단계
적색거성

수소 원료가 고갈되면 적색거성으로 변하기 시작한다.
이때가 되면 중심부는 안으로 수축하고 바깥층은 열에너지에 의해 걷잡을 수 없이 팽창한다.

태양이 커질수록 바깥층은 온도가 내려가면서 붉은 색으로 변한다. 태양의 지름은 250배까지 커지고, 이 과정에서 수성과 금성은 태양에게 완전히 잡아먹힌다.

지구가 점점 뜨거워져 바닷물이 끓고 대기는 우주 공간으로 날아간 생명체는 모두 멸종하 지구에는 잿더미만 남는다.

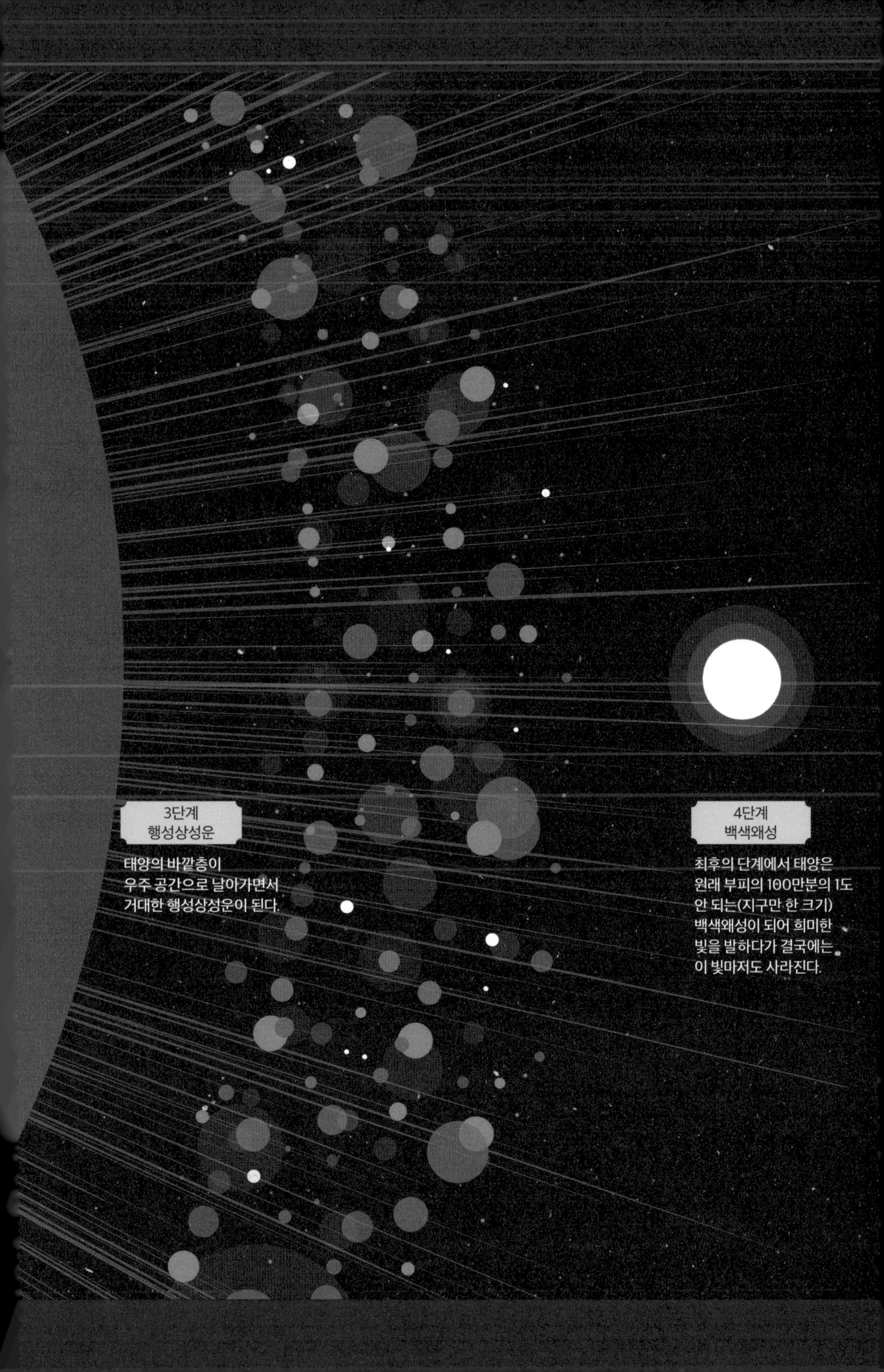
3단계
행성상성운
태양의 바깥층이
우주 공간으로 날아가면서
거대한 행성상성운이 된다.
4단계
백색왜성
최후의 단계에서 태양은
원래 부피의 100만분의 1도
안 되는(지구만 한 크기)
백색왜성이 되어 희미한
빛을 발하다가 결국에는
이 빛마저도 사라진다.

최후의 별

태양계에서 가장 가까운 별은 프록시마 켄타우리다. 이 별은 거리가 4.2광년밖에 안 되는데도 맨눈으로는 보이지 않으며, 망원경으로 찍어도 훨씬 멀리 있는 별들보다 희미하다. 이토록 존재감이 떨어지는 이유는 프록시마 켄타우리가 초경량급 별이기 때문이다. 질량이 태양의 12%밖에 안 되는 이 별의 밝기는 태양의 1만 8000분의 1에 불과하다.

프록시마 켄타우리는 우주에서 제일 흔한 적색왜성에 속한다. 적색왜성은 표면 온도가 4000K에 불과하지만, 밝고 큰 별보다 유리한 점이 있다. 덩치가 작기 때문에 연료 소비 속도가 엄청나게 느려서 수명이 거의 수조 년에 달한다. 다시 말해서, 앞으로 시간이 충분히 흐르면 우주에는 프록시마 켄타우리 같은 적색왜성만 남게 된다는 뜻이다.

만일 인류가 머나먼 미래까지 살아남는다면, 우리 후손들은 적색왜성 주변의 어느 행성에 정착하여 에너지를 공급받을 가능성이 크다. 우리 조상들이 모닥불 주위에 모여 앉아 추운 밤을 견뎌냈던 것처럼, 까마득한 후손들은 적색왜성으로부터 우주의 마지막 에너지를 활용하며 살아갈 것이다.

적색왜성에서는 핵융합이 느리게 진행되어도 안으로 향하는 중력과 밖으로 향하는 압력이 균형을 이룰 수 있기 때문에, 연료가 매우 천천히 소비된다. 그래도 적색왜성은 여전히 활동적인 별로서, 내부에서 발생한 이류(移流, convective current)에 의해 표면이 조용할 날이 없다. 적색왜성의 표면에서는 태양 플레어(solar flare)와 X-선이 폭발하듯 방출되어 사방으로 흩어진다.

그러나 적색왜성이 연료를 아무리 아껴 쓴다 해도 시간의 화살을 피해 갈 수는 없다. 현재 우주 나이의 300배에 해당하는 시간, 즉 4조 년

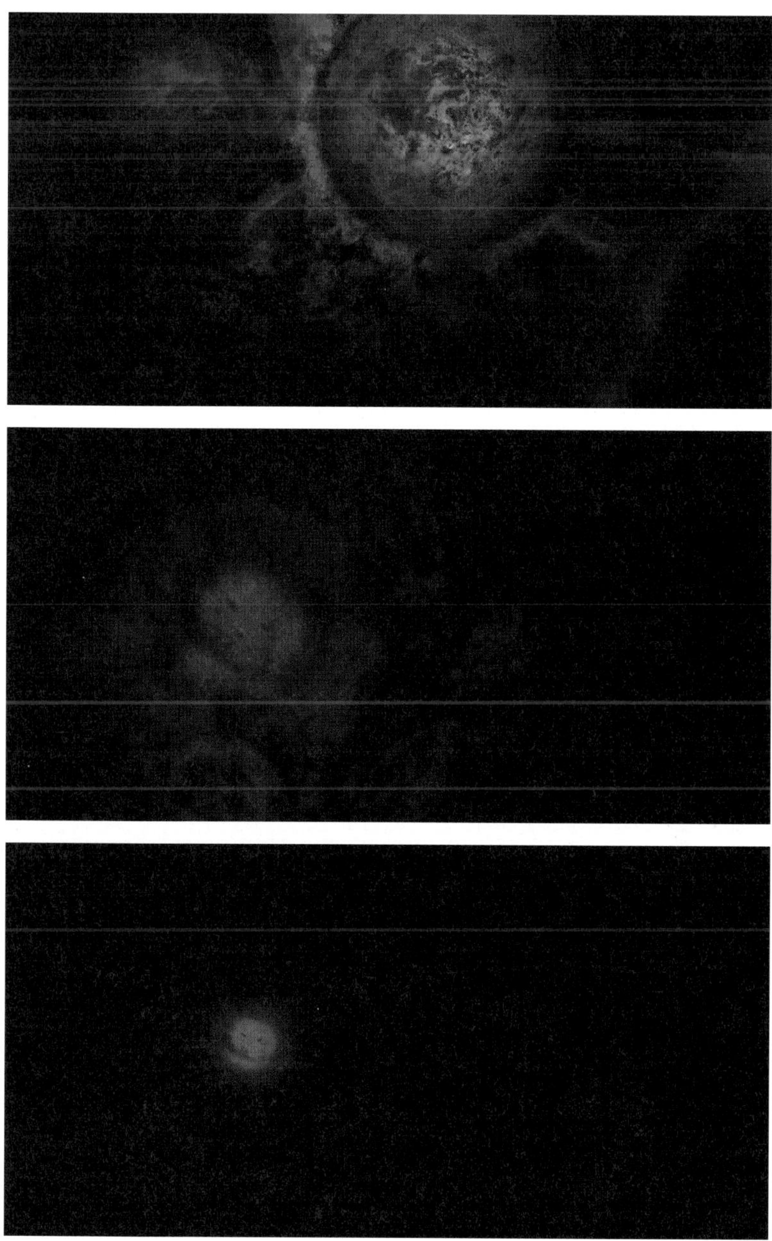

컴퓨터 그래픽으로 구현한 프록시마 켄타우리의 마지막 순간. 이 별은 향후 4조 년 동안 서서히 수축되다가 희미한 백색왜성으로 삶을 마감할 것이다.

이 지나면 프록시마 켄타우리도 연료가 고갈되어 서서히 백색왜성으로 변할 것이다. 이때가 되면 우주에는 백색왜성과 블랙홀만이 남을 것이며, 100조 년 후에는 항성기가 막을 내리고 축퇴기(Degenerate Era)가 도래할 것이다. 여기서 시간이 더 흐르면 황량하고 적막한 암흑만이 남겠지만, 그래도 우주의 시간은 여전히 미래를 향해 흐를 것이다.

앞으로 수조 년이 지나면 백색왜성과 블랙홀만이 외롭게 우주를 지킬 것이며, 100조 년 후에는 별의 전성시대인 항성기가 막을 내리고 축퇴기로 접어들 것이다.

NASA의 은하진화탐사선이 촬영한 기린자리 Z형 연성계(binary star system) 주변의 모습. 밝게 빛나는 별들 사이에서 백색왜성이 자신의 존재를 드러내고 있다.

종말의 시작

남대서양의 찬 바닷물이 뜨거운 나미브 사막과 만나는 나미비아의 북쪽 해안 지대는 지구에서 환경이 가장 척박한 곳으로, '스켈레톤 코스트(Skeleton Coast, 해골 해안)'라는 살벌한 이름까지 붙어 있다. 17세기 포르투갈의 항해사들은 이 지역을 '지옥으로 들어가는 문(the gate to hell)'이라 불렀고, 나미비아의 원주민들 사이에서는 '누구든지 들어서면 신의 분노를 사는 곳'으로 알려져 있다. 요즘 이곳으로 가려면 강력한 사륜구동차를 타거나, 월비스만(Walvis Bay)의 항구에서 헬리콥터를 타야 한다. 어렵게 이곳에 진입하여 남대서양 해변 모래사장에 발을 디뎠다 해도 안심은 절대 금물이다. 해안을 따라 이동하는 차가운 벵겔라 해류(Benguela current)의 영향으로 아침마다 짙은 안개가 끼고 대서양의 매서운 바람이 모래사장의 모양을 수시로 바꿔놓기 때문에 현재 위치를 파악하기가 매우 어렵다. 항해사들에게는 그야말로 최악의 상황이다. 지난 수천 년 동안 스켈레톤 코스트에서 수천 척의 배가 좌초한 것도 이런 적대적 환경 때문이었다. 지금 이곳에 있는 난파선들은 녹이 잔뜩 낀 채 뼈대만 앙상하게 남았다. 그래서 이름이 '스켈레톤 코스트'인 것이다. 난파한 배에서 가까스로 탈출하여 해안에 올라왔다 해도, 이 지옥 같은 곳을 탈출하려면 눈앞에 펼쳐진 수백 km의 사막을 가로질러야 한다. 간단히 말해서, 스켈레톤 코스트에 고립되면 살아 나올 확률은 0이다.

1909년 9월 5일, 독일에서 출발하여 서아프리카로 향하던 길이 91m, 무게 2272톤짜리 증기선 에두아르트 볼렌호도 이곳에서 최후를 맞았다. 그 후 100년이 넘도록 모래바람에 고스란히 노출되어, 지금은 배의 골격만 간신히 남은 채 모래 언덕에 거의 묻혀 있다. 우리가 도착했을

나미비아 북쪽 해안의 스켈레톤 코스트.
지난 수천 년 동안 수천 척의 배들이
이곳에서 좌초해 최후를 맞았다.
지금도 이곳에는 100여 년 전에 좌초된
에두아르트 볼렌호가 앙상한 뼈대만 남은 채
모래 언덕에 묻혀 있다.

때 자칼 무리가 에두아르트 볼렌호를 에워싸고 있었는데, 의외로 사람을 크게 경계하지 않는 것 같았다. 100년 전, 값진 화물을 싣고 출항했던 최첨단 선박이 뼈대만 남은 채 모래 언덕에 묻힌 모습을 보고 있자니, 시간의 덧없음과 막강한 위력, 그리고 별의 최후가 눈앞에서 오버랩되며 묘한 감정에 빠져들었다.

머나먼 미래에 우주의 마지막 불빛은 에두아르트 볼렌호처럼 열역학 제2법칙을 피해갈 수 없다. 물론 백색왜성도 예외가 아니다. 우주의 마지막 별이 서서히 빛을 잃어갈 무렵에는 가시광선도 더 이상 방출되지 않는다. 앞으로 수조 년 후에는 차갑고 어두운 흑색왜성(black dwarf)이 우주에 존재하는 유일한 천체가 될 것이다.

흑색왜성이란 축퇴 물질(degenerate matter, 저온에서 양자역학의 법칙에 따라 상호작용을 하지 않는 페르미온의 집합체 — 옮긴이)로 이루어진 차갑고 어두운 천체로서, 별이 이 단계에 도달하려면 거의 140억 년이 걸리기 때문에 아직 우주에는 존재하지 않는다. 그러나 물리학의 기본 법칙을 이용하면 흑색왜성의 마지막 순간을 구체적으로 예측할 수 있다. 스켈레톤 코스트에 좌초된 배가 사막의 모래바람에 쓸려 점차 사라지는 것처럼, 우주 최후의 물질인 흑색왜성도 결국은 복사 에너지로 증발하여 아무것도 남지 않을 것이다. 하지만 구체적인 과정은 아직 알려지지 않았다. 수조 년이 흘러 양성자와 중성자, 전자의 거동을 예측하려면 '대통일 이론(Grand Unified Theory)'이 완성되어야 하는데, 이 이론에 따르면 우주에서 가장 안정한 입자인 양성자는 결국 복사 에너지로 붕괴된다. 물리학자들은 이 가설을 확인하려고 세계 각지에서 대규모 실험을 진행하고 있지만, 양성자가 붕괴되는 사례는 아직 한 번도 발견되지 않았다. 그러나 지금까지 검증된 이론만으로도 우주의 최후를 어느 정도 짐작할 수 있다.

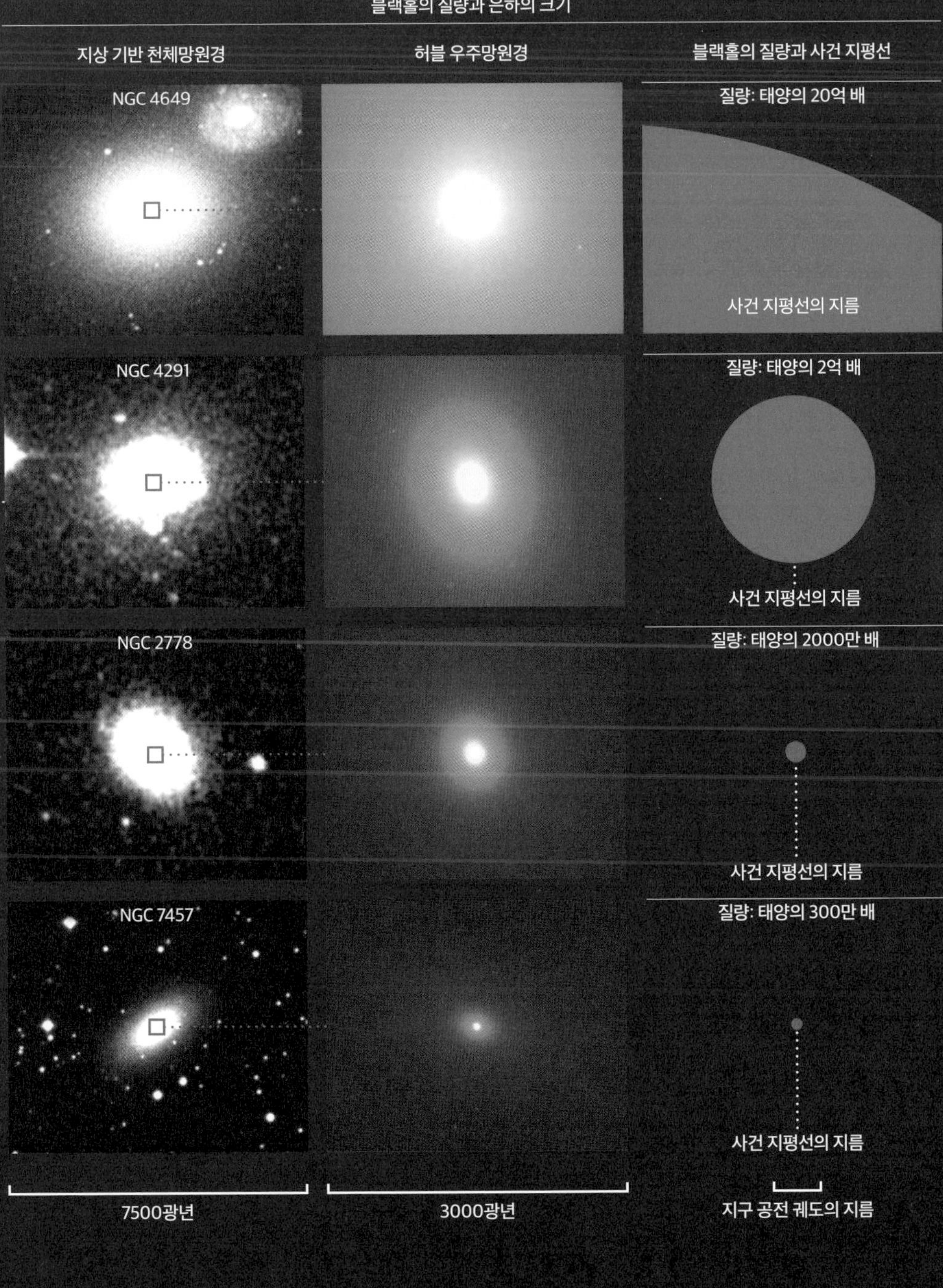
블랙홀의 질량과 은하의 크기
지상 기반 천체망원경
허블 우주망원경
블랙홀의 질량과 사건 지평선
NGC 4649
질량: 태양의 20억 배
사건 지평선의 지름
NGC 4291
질량: 태양의 2억 배
사건 지평선의 지름
NGC 2778
질량: 태양의 2000만 배
사건 지평선의 지름
NGC 7457
질량: 태양의 300만 배
사건 지평선의 지름
7500광년
3000광년
지구 공전 궤도의 지름

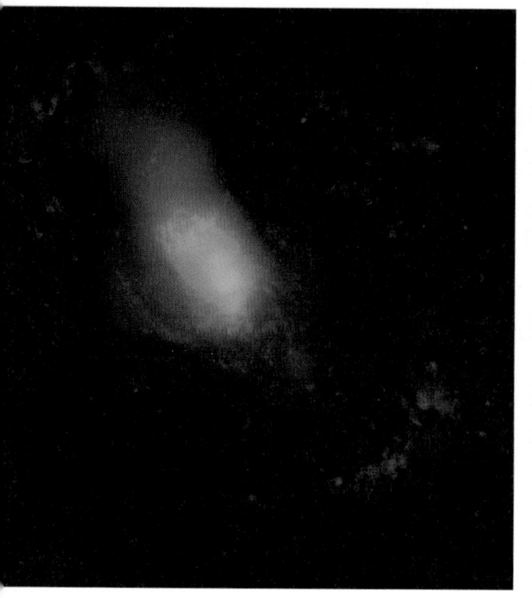

NGC 1068 은하의 중심부에 있는 초대형 블랙홀에서 기체가 뿜어져 나오고 있다. 찬드라 X-선 관측 위성이 보내온 자료를 합성한 이미지.

앞으로 수조 년이 지나면 차갑고 어두운 흑색왜성이 우주에 존재하는 유일한 천체가 될 것이다.

흑색왜성이 사라지면 우주에는 빛의 입자인 광자와 블랙홀만 남는다. 여기서 상상할 수 없을 만큼 긴 시간이 흐르면 블랙홀까지 증발하여 결국에는 광자만 남고, 우주가 팽창함에 따라 모든 광자의 온도는 절대온도 0K(−273.15°C)로 수렴한다. 이렇게 될 때까지 대략 얼마나 걸릴까? 방금 "상상할 수 없을 정도로 긴 시간"이라고 했는데, 정말로 상상하기가 어렵기 때문이다. 굳이 숫자로 표기하자면 1만×1조×1조×1조×1조×1조×1조×1조×1조 년(10^{100}년)쯤 된다. 이것이 얼마나 긴 시간인지 감을 잡기 위해 간단한 사례를 훑어보자. 우주에 있는 원자를 1년에 한 개씩 세어나간다고 할 때, 관측 가능한 우주에 존재하는 모든 원자를 마지막 별의 마지막 잔해가 붕괴하면……
우주는 마침내 종말을 맞게 된다.

하나도 빠짐없이 헤아리려면 어느 정도의 시간이 필요할까? 엄청나게 긴 시간이 걸리겠지만, 10^{100}년 근처에는 가지도 못한다.

마지막 별의 마지막 잔해가 붕괴되고 광자의 온도가 절대온도 0K에 도달하면, 길고도 길었던 우주의 이야기는 드디어 막을 내린다. 이때가 되면 우주는 더 이상 할 일이 없기 때문에 엔트로피는 증가를 멈추고 아무 일도 일어나지 않는다.

이것이 바로 우주의 열역학적 죽음(heat death)이다. 물론 그 후에도 달라지는 건 없다. 아무것도 변하지 않으니 시간의 흐름을 측정할 방법이 없고, 지역에 따른 온도 차이가 없으니 에너지의 이동이 없고, 에너지가 이동하지 않으니 일어날 사건도 없다. 이런 상황에서도 시간은 흐르고 있을까? 아니다. 시간의 화살도 더 이상 움직이지 않는다. 이것은 물리학의 기본 법칙에서 유도되는 필연적 결과이다. 우주는 언젠가 반드시 죽는다. 수천억 개의 은하와 그 은하들 안에 들어 있는 수천억×수천억 개의 별은 모두 사라지고, 생명체도 더 이상 존재하지 않을 것이다.

더없이 소중한 시간

태양계가 죽고, 별들이 죽고, 우주도 죽고, 생명체가 존재했다는 기억조차 사라진다니, 이보다 허무한 소식이 없다. 우주를 다시 되돌릴 수는 없을까? 우주를 다시 재건해서 불멸의 존재로 만든 후, 그 안에서 우리가 살아가도록 만들 수는 없을까? 안타깝게도 그런 방법은 없다. 절대로 불가능하다.

시간의 화살은 우주를 가차 없이 죽음으로 몰고 간다. 사실 생명체에게 우호적인 환경을 조성한 일등공신도 바로 시간이었다. 빅뱅 후 우주가 식은 것은 시간이 흐른 덕분이고, 물질이 중력으로 응축되어 은하와 별과 행성이 만들어진 것도 시간이 흐른 덕분이며, 지구에 복잡한 생명체가 탄생할 수 있었던 것도 시간이 흐른 덕분이었다. 그리고 이 모든 과정은 질서에서 무질서로 향하는 열역학 제2법칙에 따라 진행되었다.

시간은 우주의 청소년기에 생명체를 위한 창문을 열어놓았으나, 그 창문은 머지않아 닫힐 것이다. 우주에 생명체가 존재할 수 있는 시간대는 우주 수명의 1000×10억×10억×10억×10억×10억×10억×10억×10억×10억분의 1%밖에 안 된다.

우주의 가장 큰 경이는 별이나 행성, 또는 은하가 아니다. 내 개인적인 생각이지만, 그토록 짧은 시간대에 우리가 살고 있다는 것, 바로 그것이 가장 큰 경이인 것 같다.

지구에 최초로 생명체가 등장한 것은 약 38억 년 전이다. 20만 년 전에는 아프리카에 최초의 인간이 등장했고, 2500년 전부터 인간은 태양을 숭배하면서 태양의 움직임을 기록하기 시작했다. 지금 우리는 태양을 숭배하지는 않지만, 찬킬로의 13개 탑과는 비교가 안 될 정도로 복

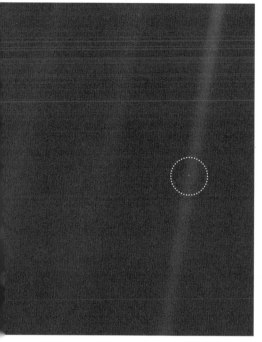

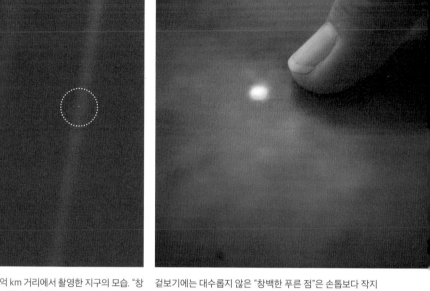

보이저 1호가 60억 km 거리에서 촬영한 지구의 모습. "창백한 푸른 점"으로 불리는 이 사진은 60장의 영상을 겹쳐서 만든 것이다.

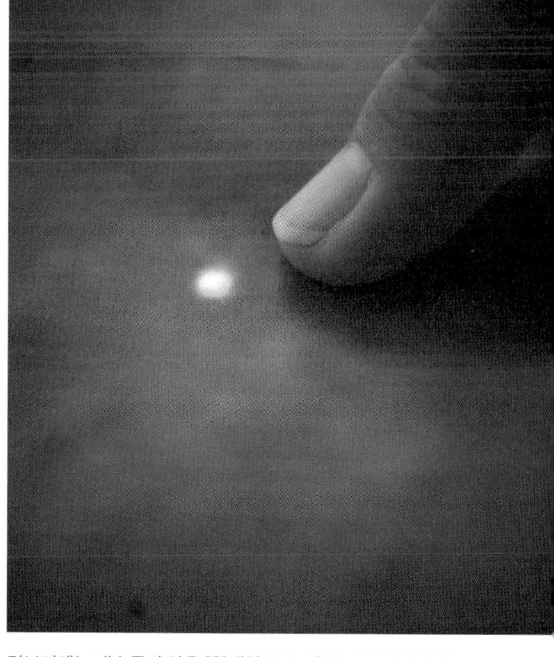

겉보기에는 대수롭지 않은 "창백한 푸른 점"은 손톱보다 작지만, 지구와 관련된 영상 데이터 중 가장 중요하고 아름다운 사진으로 꼽힌다.

잡하고 정교한 관측소에서 태양을 과학적으로 분석하고 있다. 그동안 우리는 먼 거리에 있는 별들을 관측함으로써 우주의 과거를 보았고, 현재 우주의 상당 부분을 깊이 이해하고 있다. 더욱 놀라운 것은 수학과 물리학을 이용하여 우주의 미래와 아득한 훗날에 찾아올 종말까지 예측할 수 있게 되었다는 점이다.

우리 자신을 이해하고 우주에서 우리의 위치와 역할을 이해하려면 무한한 상상력으로 하늘을 관측하고, 우주를 향한 탐험과 연구를 꾸

지구에서 지내는 시간은 귀하면서도 덧없이 흘러간다. 이 시간을 가치 있게 사용하는 한 가지 방법은 경이롭고 아름다운 우주에 대하여 과학적인 질문을 제기하고 올바른 답을 찾는 것이다. 이런 시도를 반복하다 보면 언젠가는 우주를 관장하는 가장 근본적인 법칙을 발견하게 될 것이다.

준히 이어나가야 한다고 생각한다. 우주의 비밀은 그것을 찾는 자에게만 모습을 드러내기 때문이다.

1977년, 우주 탐사선 보이저 1호가 태양계 탐사라는 원대한 임무를 띠고 발사되어 거대한 가스 행성인 목성과 토성을 거쳐 태양계 끝으로 나아갔다. 13년이 흘러, 임무를 거의 마친 보이저 1호는 카메라 렌즈를 지구 쪽으로 돌려 마지막 사진을 찍었는데, 이 사진이 바로 그 유명한 "창백한 푸른 점"이다. 어두운 우주 공간 한복판에 외롭게 떠 있는 창백한 점 하나, 그것은 우리가 살고 있는 행성 지구였다. 너무도 아름답지 않은가! 60억 km 거리에서 찍은 이 사진은 지금까지 촬영한 지구 사진 중 가장 먼 거리에서 찍은 사진으로 남아 있다.

우리가 아는 한, 이 드넓고 광활한 우주에서 생명체가 사는 곳은 이 작은 점뿐이다. 우주에 존재하는 모든 생명체가 창백한 푸른 점에 집결해 있는 것이다. 이 또한 얼마나 경이로운 사실인가!

천문학자 칼 세이건은 이렇게 말했다.

"천문학은 인격 형성을 돕는 겸손한 학문이다. 먼 거리에서 찍은 지구 사진만큼 사람을 겸손하게 만드는 것이 또 있을까? 우주를 탐구하다 보면 사람들을 더욱 친절하게 대하고 지구를 소중히 여겨야겠다는 생각이 자연스럽게 떠오른다. 지구는 우리의 유일한 집이고, 인류는 한 지붕 밑에서 함께 사는 가족이기 때문이다."

인간뿐만 아니라 우리가 아는 모든 생명체도 지구를 집으로 삼고 있다. 인간보다 그들이 먼저 살기 시작했으니, 우선권을 따지면 오히려 우리에게 불리하다. 이 모든 생명체가 지구에서 살 수 있는 시간은 그리 길지 않다. 아니, 우주의 수명에 비하면 찰나에 불과하다. 지금 우리는 질서에서 무질서로 나아가는 장구한 시간의 한 단편에서 살고 있다. 우리가 우주에서 살 수 있는 시간대는 지금뿐이다. 이 사실을 마음속 깊이 새긴다면 시간을 낭비하는 바보짓은 절대 하지 않을 것이다.

우리의 존재가 지극히 보잘것없고 단명하다고 해서 중요하지 않다는 뜻은 결코 아니다. 생명체는 우주가 스스로를 이해하는 유일한 수단이기 때문이다. 우리는 지구에 생존해온 짧은 시간 동안 태양계의 끝까지 탐사했고, 천체망원경을 발명하여 130억 년 전에 탄생한 별을 관측했으며, 우주를 지배하는 근본 법칙 몇 개를 알아냈다. 이것이 바로 우리가 중요한 이유이다. 인간은 이 아름답고 웅장한 우주를 이해하고 탐험하려는 본능적 욕구가 있기 때문에, 우주에서 가장 귀하고 소중한 존재이다. 적어도 내 생각은 그렇다.

지금도 우주 어딘가에는
무언가 대단한 것이
우리에게 발견되기를
기다리고 있다.

—칼 세이건

감사의 말

제일 먼저, BBC 다큐멘터리 〈경이로운 우주〉의 제작에 참여했던 모든 분에게 감사의 말을 전하고 싶다. 특히 시리즈 전체에 걸쳐 수고를 아끼지 않았던 조너선 르노프(Jonathan Renouf)와 제임스 반 데르 풀(James van der Pool), 그리고 복잡한 콘텐츠를 아름다운 TV 영상으로 만들어준 스티븐 쿠터(Stephen Cooter)와 마이클 래치만(Michael Lachmann), 크리스 홀트(Chris Holt)에게 깊이 감사드린다.

레베카 에드워즈(Rebecca Edwards), 다이애나 엘리스-힐(Diana Ellis-Hill), 로라 멀홀랜드(Laura Mulholland), 벤 윌슨(Ben Wilson), 케빈 화이트(Kevin White), 조지 맥밀런(George McMillan), 크리스 오펜쇼(Chris Openshaw), 대런 조너서스(Darren Jonusas), 피터 노리(Peter Norrey), 사이먼 사이크스(Simon Sykes), 수지 브랜드(Susie Brand), 루이스 샐코(Louise Salkow), 로라 데이비(Laura Davey), 폴 애플턴(Paul Appleton), 셰리든 텅(Sheridan Tounge), 줄리 윌킨슨(Julie Wilkinson), 래티샤 듀컴(Laetitia Ducom), 리디아 델몬트(Lydia Delmonte), 데이지 뉴먼(Daisy Newman), 제인 런들(Jane Rundle), 니콜라 킹검(Nicola Kingham), 그리고 BDH팀과 후반 제작팀에게도 고마운 마음을 전한다.

또한 다큐멘터리를 책으로 제작하는 데 많은 도움을 주신 수 라이더(Sue Ryder)와 제프 포셔(Jeff Forshaw) 교수, 마일즈 아치볼드(Myles Archibald), 그리고 하퍼 콜린스(Harper Collins) 출판사의 담당자들에게도 깊이 감사드린다.

특히 케빈 화이트는 사진을 적재적소에 배치하여 책의 품격을 한층 더 높여주었다.

이 책의 저자는 브라이언 콕스(Brian Cox)와 앤드루 코헨(Andrew Cohen), 두 사람이다.

브라이언은 이 책을 집필할 수 있도록 별도의 시간을 허락해준 맨체스터 대학교와 영국 학술원에, 앤드루는 책을 쓰는 동안 옆에서 줄곧 힘이 되어준 애나(Anna)에게 각별한 고마움을 전한다.

옮긴이의 말

이 책은 BBC 방송국의 과학 다큐멘터리 시리즈 중 하나인 〈경이로운 우주(Wonders of the Universe)〉를 책으로 엮은 것이다. TV와 책은 둘 다 시각을 통해 정보 전달이 이루어지지만 영상은 문자보다 훨씬 많은 정보를 담고 있기 때문에, 방송과 동일한 품질의 책을 만들기란 여간 어려운 일이 아니다. 대부분의 사람들이 책보다 TV를 선호하는 것도 이와 무관하지 않을 것이다. 〈경이로운 우주〉 TV 다큐멘터리 제작팀은 우주적 사건을 시각적으로 보여주기 위해, 그와 유사한 사건이 진행되고 있는 지구의 특정 장소를 소개하는 데 많은 시간을 할애했다. 우주의 순환을 보여주기 위해 티베트의 화장터를 찾아가고, 태양의 움직임을 설명하기 위해 이집트와 남아메리카의 고대 유적지를 방문하는 식이다. TV로 볼 때는 흥미진진했겠지만 이런 프로그램을 책으로 엮는 것은 전혀 다른 이야기여서, 자칫하면 평범한 화보집에 머물기 십상이다. 옮긴이는 실제로 이런 사례를 여러 번 목격했다. 그러나 이 책은 고품질의 생생한 사진과 정교하고 과감한 편집을 통해 TV의 시각적 효과를 최대한 살리면서 원래의 콘텐츠를 충실하게 전달하는 데 성공했다. 게다가 책은 TV와 달리 아무런 장비 없이 원하는 부분을 골라 여러 번 반복해서 읽을 수 있으므로 소장 가치도 높다.

이 책의 키워드는 "순환하는 우주"이다. 지구에서는 생태계가 순환하고, 행성과 위성은 자전과 공전을 통해 순환하고, 별도 탄생과 죽음을 반복하면서 거대한 순환에 동참하고 있다. 심지어 브레인 우주 가설에 따르면 우주 자체도 순환한다. 마치 힌두교와 불교에서 말하는 '윤회'가 우주 전체에 적용되는 것 같다. 흔히 윤회라고 하면 사람이 죽은 후 다른 육체로 환생하는 과정을 떠올리지만 이것은 죽음을 피하고 싶은 지극히 인간 중심적인 발상이고, 진정한 윤회란 "한정된 자원을 가장 효율적으로 활용하는 방법"일 뿐이다. 그리고 순환 과정을 지배하는 물리 법칙은 우주 어디에서나 똑같이 적용되기 때문에, 별의 순환을 확인하기 위해 굳이 별이 있는 곳까지 갈 필요가 없다. 그와 비슷한 과정이 지구에서도 진행되고 있기 때문이다. 우주가 팽창한다는 사실을 알려준 단색광의 특성은 잠베지강의 빅토리아 폭포 주변에 뜬 무지개에서 찾을 수 있고, 주어진 자원을 재활용하면서 순환하는 우주의 원리는 티베트의 파슈파티나트 사원에 있는 대형 화장터에서 체험할 수 있으며, 무질서를 향해 나아가는 시간의 화살의 원리는 아르헨티나 남부의 파타고니아 지역에 있는 페리토모레노 빙하에서 눈으로 확인할 수 있다. 역시 BBC 다큐멘터리다운 참신한 발상이다. 바닷물의 맛을 알기 위해 굳이 바닷물을 다 삼킬 필요가 없듯이, 우주의 섭리를 이해하기 위해 우주 공간을 휘젓고 다닐 필요는 없다. 우주를 관장하는 법칙이 모든 곳에 똑같이 적용된다는 확신만 있다면, 가까운 곳에서 비슷한 사례를 얼마든지 찾을 수 있다. 그리고 우리에게 이 확신을 가져다준 일등공신은 다름 아닌 과학이다. 물리학, 화학, 천문학, 우주론 등이 다양한 이론과 실험으로 법칙을 검증해준 덕분에 굳이 우주선을 타지 않고서도 우주가 겪어온 과정을 가까운 곳에서 눈으로 확인할 수 있는 것이다.

이 책의 저자 중 한 사람인 브라이언 콕스는 나와 인연이 있는 사람이다. 직접 만난 적은 없지만, 그의 전작인 《퀀텀 유니버스(Quantum

Universe)》를 번역하면서 그의 논리와 문체를 접한 적이 있다. 내 개인적인 생각일지도 모르지만, 그의 글을 읽다 보면 20세기 최고의 물리학자이자 가장 열정적인 과학 전도사였던 리처드 파인먼(Richard Feynman)이 떠오른다. 복잡한 내용을 장황하게 벌려놓지 않고, 최소한의 매개체만을 이용하여 간단명료하게 설명하는 방식이 파인먼과 많이 닮았다. 또한 파인먼이 생전에 선술집에서 봉고를 연주하며 학생들과 소통을 시도했던 것처럼, 브라이언 콕스도 1990년대에 록밴드의 키보드 연주자로 활동하면서 물리학이 아닌 다른 채널을 통해 대중과의 소통을 시도한 적이 있다. 간단히 말해서, 상아탑에 갇혀 그들만의 언어를 고집하는 과학자가 아니라는 뜻이다. BBC 다큐멘터리의 진행자로 발탁된 것도 복잡하고 어려운 내용을 피부에 와 닿게 설명하는 그의 탁월한 능력 때문이었을 것이다(게다가 그는 중년인데도 불구하고 청년 같은 외모를 유지하고 있으며, 심지어 얼굴도 잘 생겼다!).

사람들이 우주 관련 서적에 관심을 갖는 이유는 우주에서 자신의 위치를 확인하고 삶의 의미와 가치를 찾는 데 도움이 되기 때문일 것이다. 우주 전역에 똑같이 적용되는 법칙이라면 우리에게도 당연히 적용되어야 한다. 발등에 떨어진 불을 끄느라 정신없이 돌아다니는 와중에 이 책을 읽으면서 잠시나마 자신의 현 위치를 돌아보았다면, 그것으로 이 책은 제 역할을 다한 셈이다. 우주의 섭리를 항상 염두에 두고 살 필요는 없지만, 지금처럼 살아야 하는 이유를 아는 것과 모르는 것 사이에는 커다란 차이가 있기 때문이다.

찾아보기

ㄷ

ㄹ

ㅁ

ㅂ

ㅈ

ㅊ

ㅋ

ㅌ

ㅍ

ㅎ

A~Z

도판의 출처

34~35, 110~111, 154~155, 188~191, 222~223, 346~347, 360~361, 392~393. 406~407 Nathalie Lees © HarperCollins; 37~39, 41~42, 47(아래), 48, 57, 68, 85, 89, 92~94, 109, 117, 120(아래), 124, 132, 134, 147, 148, 149, 150, 165, 167, 168, 207, 216, 217, 228, 230, 236, 239, 240, 241, 243, 253(위), 267(아래), 275, 287, 292, 305, 310, 312, 318, 334, 348, 398, 405, 411, 415, 416(왼쪽), 419 NASA; 52 GIPHOTOSTOCK / SCIENCE PHOTO LIBRARY; 63 © Scott Smith / Corbis; 77 © JASON REED / Reuters / CORBIS; 84 AlltheSky.com; 86 PASCAL GOETGHELUCK/SCIENCE PHOTO LIBRARY; 137 DAVID PARKER / SCIENCE PHOTO LIBRARY; 153 ECKHARD SLAWIK / SCIENCE PHOTO LIBRARY; 160(아래) DIRK WIERSMA / SCIENCE PHOTO LIBRARY; 162-163 © 2010 Theodore Gray; 179 © Charles O'Rear / CORBIS; 186 CERN / SCIENCE PHOTO LIBRARY; 199 US DEPARTMENT OF ENERGY / SCIENCE PHOTO LIBRARY; 205 © Tony Hallas / Science Faction / Corbis; 250-251 © NASA / Corbis; 252 NASA / SCIENCE PHOTO LIBRARY; 253(아래) Caltech; 259 ERICH SCHREMPP / SCIENCE PHOTO LIBRARY; 270-271 ESA / DLR / FU BERLIN(G. NEUKUM) / SCIENCE PHOTO LIBRARY; 283(위) © Tony Hallas/Science Faction / Corbis; 294~295 John Dubinski; 297 B. MCNAMARA(UNIVERSITY OF WATERLOO) / NASA / ESA / STScI / SCIENCE PHOTO LIBRARY; 300 © Roger Ressmeyer / CORBIS; 183 MARTIN BOND / SCIENCE PHOTO LIBRARY; 324~325 SCIENCE PHOTO LIBRARY; 188 ROYAL ASTRONOMICAL SOCIETY / SCIENCE PHOTO LIBRARY; 341 NASA / SCIENCE PHOTO LIBRARY; 365 SCIENCE PHOTO LIBRARY; 378 SCIENCE, INDUSTRY & BUSINESS LIBRARY / NEW YORK PUBLIC LIBRARY / SCIENCE PHOTO LIBRARY; 422-423 © CORBIS

그 외 이미지 © BBC

경이로운 우주

1판 1쇄 2019년 2월 28일
1판 7쇄 2024년 1월 4일

지은이 브라이언 콕스, 앤드루 코헨
옮긴이 박병철
펴낸이 김정순
편집 허영수 장준오 이근정 주이상
디자인 김진영
마케팅 이보민 양혜림 손아영

펴낸곳 (주)북하우스 퍼블리셔스
출판등록 1997년 9월 23일 제406-2003-055호
주소 04043 서울시 마포구 양화로 12길 16-9(서교동 북앤빌딩)
전자우편 henamu@hotmail.com
홈페이지 www.bookhouse.co.kr
전화번호 02-3144-3123
팩스 02-3144-3121

ISBN 979-11-6405-009-3 03400

해나무는 (주)북하우스 퍼블리셔스의 과학 브랜드입니다.